JN076797

すぐわかる化学業界

ケミカルビジネス情報MAP

2022

化学工業日報社

ひとりの商人、無数の使命

ひとりの商人がいる。そしてそこには、数限りない使命がある。

伊藤忠商事の商人は、たとえあなたが気づかなくても、日々の暮らしのなかにいる。

目の前の喜びから100年後の希望まで、ありとあらゆるものを力強く商っている。

彼らは跳ぶことを恐れない。壁を超え、新しい生活文化をつくる。そして

「その商いは、未来を祝福しているだろうか？」といつも問いつづける。

商人として、人々の明日に貢献したい。なにか大切なものを贈りたい。

商いの先に広がる、生きることの豊かさこそが、本当の利益だと信じているから。

人をしあわせにできるのは、やはり人だと信じているから。

だから今日も全力で挑む。それが、この星の商人の使命。伊藤忠商事。

人間さんよ。

ボクらや、
地球のことも、
ヨロシクね。

すべての
いのちに、
おいしい
空気を。

地球環境への負荷を軽減していくために、
東ソーは、自動車の排ガスを浄化する
「ハイシリカゼオライト」を開発。
いつまでも澄んだ、
この星の空気を守っていきます。

問う。
創造する。

TOSOH

東ソー株式会社

自然には
つくれない
未来がある。

自然は偉大だ。けれど自然だけでは、できない
こともある。私たち昭和電工は、もっと世界に
驚きや感動を届けるために生まれ変わります。
これまで以上に、みなさまの声に深く耳を傾け、
技術を磨き上げることで「こころ」動かす製品や
サービスを、「社会」をより良い方向へ動かす
ソリューションを提供します。化学の可能性は
無限だ。その可能性をひとつでも多く実現していく。
そのために、まず私たちが自分自身を動かし、一歩を
踏み出します。こころを、社会を、動かす。新しい
昭和電工の舞台の幕開けに、ご期待ください。

80TH ANNIVERSARY

化学でつくる未来がある。

日本触媒は創立80周年を迎えました。
化学でつくる未来。それは自然や文化の豊かさと調和し、また健康的で便利で
楽しく魅力的でもあり、さらには将来に希望が持てる住みよい未来。
日本触媒は、グループ企業理念「TechnoAmenity 〜 私たちはテクノロジーを
もって人と社会に豊かさと快適さを提供します」のもと、これからも持続可能な
社会の実現に貢献してまいります。

日本触媒は80周年を迎えました。

日本触媒

株式会社 日本触媒 www.shokubai.co.jp

究めるを、ずっと。

アスリートは
ナンバーワンを目指し
日々努力を積み重ねています。

安全を究める。
品質向上を究める。
環境保全を究める。
技術を究める。

いままでも、そしてこれからも…
私たち丸善石油化学は
究めることを続けていきます。

Chemiway
丸善石油化学株式会社

**ナケレバ、
ツクレバ。** ⟶

夢がなければ ⟶ つくればいい。希望がなければ ⟶ つくればいい。元気がなければ ⟶ つくればいい。どこにもないという理由で、あきらめるクセは、もうやめよう。コドモの頃を思い出そう。無敵のヒーローだって、魔法のお城だって、タイムマシンだって、みんな自分のアタマで、素敵につくりだしてたよね。今ないものを思い描く「発想力」が、クレハの強み。それをカタチにする「技術力」が、クレハの誇り。ナケレバ、ツクレバ。その気持ちを忘れずに、どこにもない今日を、想像もつかない明日を、どんどんつくれば ⟶ 未来がもっと好きになる（と、いいね）。

株式会社クレハ 〒103-8552 東京都中央区日本橋浜町3-3-2

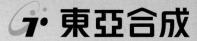東亞合成

化学の オドロキ
未来の トキメキ

これまで誰も見たことがない、モノやコトを生む出す化学のチカラ。
私たちは素材と機能の可能性を追求し、より豊かな環境に変えていく
取組みをこれからも続けてまいります。幸せな未来への夢を乗せて、
あなたのもとへ。

明日の
しあわせに
化ける術。

人知れずこっそり、世界中の"すきま"に潜んでいる。
火薬の力を使って瞬時にエアバッグを膨らませたり、
電子機器の半導体に使われる樹脂をつくったり、
また、人々の健康を守る抗がん剤などの医薬品や
食料の安定供給に欠かせない農薬を提供していたり。
私たちは、技術をしあわせに化けさせる会社です。
現在から未来へ。すきまから世界へ。これからの
暮らしになくてはならない価値を、次々と発想します。

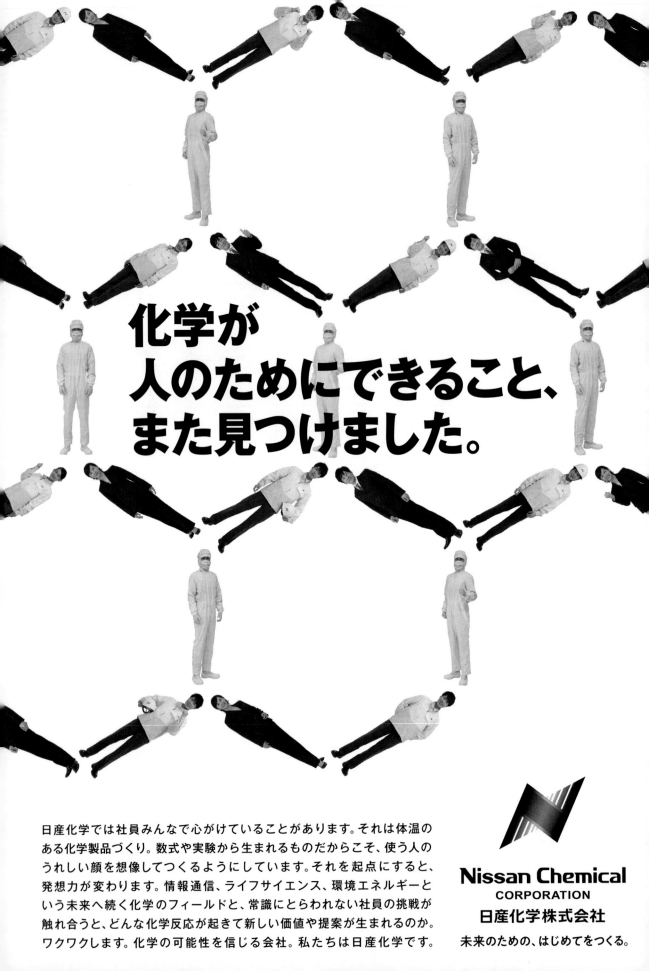

化学が
人のためにできること、
また見つけました。

日産化学では社員みんなで心がけていることがあります。それは体温の
ある化学製品づくり。数式や実験から生まれるものだからこそ、使う人の
うれしい顔を想像してつくるようにしています。それを起点にすると、
発想力が変わります。情報通信、ライフサイエンス、環境エネルギーと
いう未来へ続く化学のフィールドと、常識にとらわれない社員の挑戦が
触れ合うと、どんな化学反応が起きて新しい価値や提案が生まれるのか。
ワクワクします。化学の可能性を信じる会社。私たちは日産化学です。

Nissan Chemical
CORPORATION
日産化学株式会社

未来のための、はじめてをつくる。

はたらきを化学する。

Tomorrow's solutions,today

三洋化成
Sanyo Chemical

〒605-0995 京都市東山区一橋野本町11-1

三洋化成　🔍 RESEARCH

www.sanyo-chemical.co.jp/

三井物産株式会社

360°
business
innovation.

©Sakhalin Energy

©QVC Japan, Inc.

世界の未来を、世界とつくる。

三井物産。それは、人。

人の意志。人の挑戦。人の創造。

私たちは、一人ひとりが世界に新たな価値を生みだします。

世界中の情報を、発想を、技術を、資源を、国をつなぎ、

あらゆるビジネスを革新します。

これからの時代に、新しい豊かさを生み、

大切な地球とそこに住む人びとの

夢あふれる未来をつくっていきます。

MITSUI & CO.

住友商事

考えつづけよう、もっと深く。

走りつづけよう、もっと速く。

わたしたちは、

その足で感じた確かな希望を信じて

この不確かな時代を飛び越えていく。

そして、ひとも地球もよろこぶ未来へ。

Enriching lives and the world

今日より豊かな未来を創る
Building a Better Tomorrow

東京都の約1.3倍の広さの土地で展開する植林事業（インドネシア）

丸紅は、世界の環境・社会課題を先取りし、
ソリューションを創出することによって、
皆様の期待を超える存在であり続けたいと考えています。

Marubeni

発想 × *sojitz*

ハッソウジツ。
それは、発想を実現する会社。

疑問と向き合うことで
新しいアイデアをつくり出す。
それをカタチにすることで、
ビジネスを切り拓き、
この世界の明日を変えてゆく。

さあ、次の発想はなんだろう？

発想を実現する双日。

Hassojitz

✕ sojitz
New way, New valu

心を動かす商いは、人がつくっている。

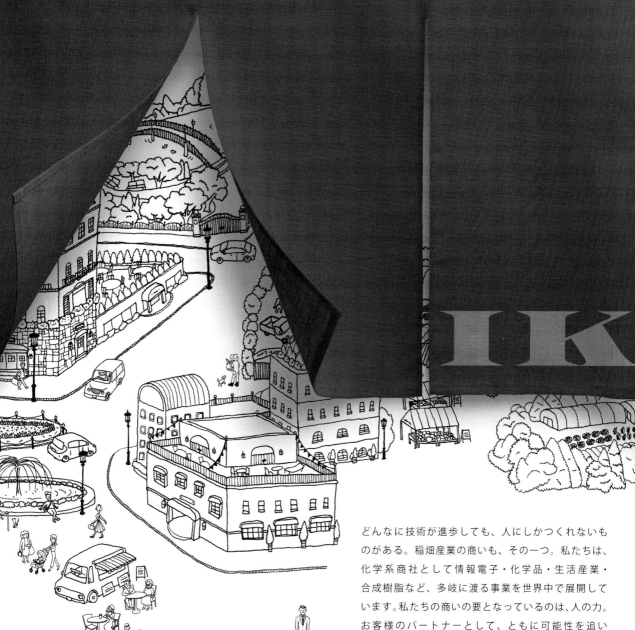

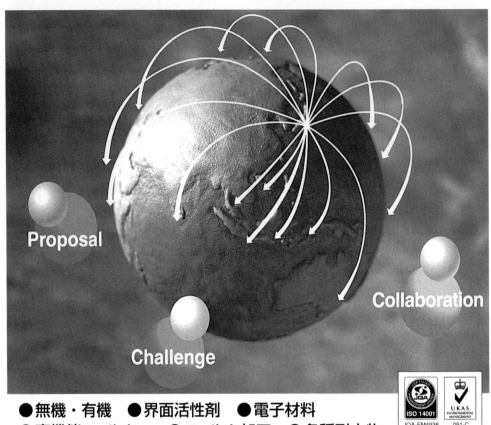

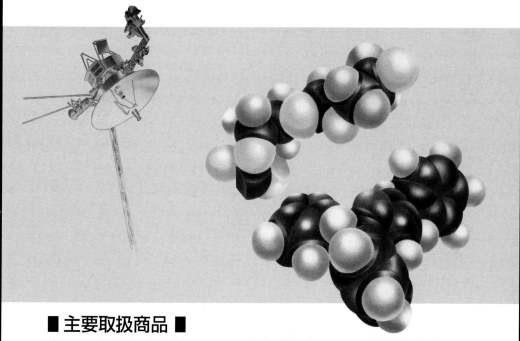

化学でつくろう
明るい未来

巴工業は、これからも
新しい可能性を求めて飛躍いたします。

私達巴工業株式会社化学品本部は、化学品の専門商社です。
過去半世紀にわたり、化学品を中心とした輸入販売に携わってきました。
今、私達に新たに課せられた使命は、世界を結び、
そして未来への架け橋となることです。
今後も最新の情報と、優秀な製・商品を、
世界から日本へ、日本から世界へお届けします。

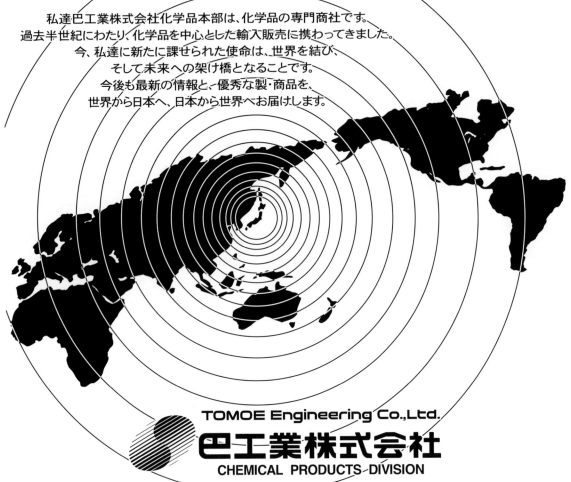

TOMOE Engineering Co.,Ltd.
巴工業株式会社
CHEMICAL PRODUCTS DIVISION

化学品本部
〒141-0001 東京都品川区北品川五丁目5番15号
大崎ブライトコア
TEL：03(3442)5141(代表)　　FAX：03(3442)5175

機 能 材 料 部：	TEL 03-3442-5142
電 子 材 料 部：	TEL 03-3442-5143
化 成 品 部：	TEL 03-3442-5144
工 業 材 料 部：	TEL 03-3442-5145
合 成 樹 脂 部：	TEL 03-3442-5146
開 発 部：	TEL 03-3442-5147
鉱 産 部：	TEL 03-3442-5148

大阪支店化学品営業部
〒530-0001 大阪市北区梅田二丁目2番22号 ハービスENTオフィスタワー
電話(06) 6457-2890(代)　FAX (06) 6457-2899

名古屋営業所
〒450-0003 名古屋市中村区名駅南一丁目24番30号 名古屋三井ビル本館
電話(052) 582-1791(代)　FAX (052) 561-6777

福岡営業所
〒810-0001 福岡市中央区天神三丁目9番33号 KG天神ビル
電話(092) 713-0305(代)　FAX (092) 761-1044

巴工業(香港)有限公司	TEL 2890-1120
巴恵貿易(深圳)有限公司	TEL (755)8221-5700
星際塑料(深圳)有限公司	TEL (755)8600-0831
昆山事務所	TEL (512)5518-1239
TOMOE Trading(Thailand)Co.,Ltd.	TEL (2) 254-8187
TOMOE TRADING VIETNAM CO.,LTD.	TEL (24) 3760-6663
TOMOE Trading (Malaysia) Sdn.Bhd.	

https://www.tomo-e.co.jp

は　じ　め　に

　これまで「化学」は産業の発展を下支えする"黒子"として貢献してきました。環境汚染、食糧危機、世界的な人口増加、化石資源の枯渇、温暖化などの気候変動、食料や水資源の偏在、高齢化社会の到来など、私たちを取り巻く様々な問題を解決するには、化学の役割はこれまで以上に大きくなっています。また、社会基盤を支える化学技術は一見、化学と関係がなさそうなものにも応用され、安全で快適な社会にとってますます重要になっています。こうした状況にあって、化学業界に関連する情報をすばやく、的確に入手し、ビジネスに活用していくことは、あらゆる産業に関わる方々にとってきわめて重要なことといえます。本書は、化学業界の動向をコンパクトにご理解いただけるよう、様々な工夫を凝らして編集しました。

　「第1部　化学産業の概要」では、化学産業の位置づけを俯瞰し、化学品規制の法律と近年の安全の取り組みや化学産業全体の最新状況をまとめました。「第2部　分野別化学産業」では、基礎原料から汎用品、製品材料、最終製品までをそれぞれ体系的に解説し、サプライチェーンの流れが理解できるよう努めました。各項目は、需給動向、生産能力、品目別の流れなどを図表で示し、立体的に把握することができます。続く「第3部　主な化学企業・団体」では日本および世界の化学企業売上高ランキングを収載するとともに、国内主要企業および団体などの情報をまとめました。「第4部　化学産業の情報収集」では、法令、統計、化学物質情報、災害情報などのデータベース、さらに関連図書館や博物館などに加えて、スキルアップを目指す際に取得しておきたい資格を紹介しています。

　食糧の増産を可能にした農薬や化学肥料、日用品から工業製品まであらゆる分野に浸透したプラスチック、情報電子技術の進歩を支えた半導体・エレクトロニクス、健康を支える医薬品など、化学産業はいつの時代も技術の力で新しい価値を創造しながら発展し、世の中に貢献してきました。ビッグデータの活用や5Gといった情報通信技術の進歩を背景に第4次産業革命ともいうべき大転換期に差し掛かっている一方で、地球温暖化やカーボンニュートラル、海洋プラスチック問題など、喫緊の課題もあります。このような歴史的な局面において、社会が必要とするソリューションを提供する産業として、化学産業にはこれまで以上の貢献が期待されています。

　化学および関連産業に従事される企業の方々をはじめ、これからの化学産業を担う新入社員の方々に本書をご活用いただき、日頃のビジネスや勉強、研究にお役立ていただければ幸いです。

2021年11月

化学工業日報社

目　　次

第1部　化学産業の概要

第2部　分野別化学産業

第3部　主な化学企業・団体

第4部　化学産業の情報収集

┌─ コ ラ ム ──────────────────────────────────

化審法の歩み…8／革新的技術で循環型社会を後押し…42／地球規模の課題に応える「元素
循環」…47／プラスチック再利用技術①…56／プラスチック再利用技術②…67／広がる3D
プリンターの用途…91／マテリアルズ・インフォマティクス…111／注目集める環境に優し
い化粧品原料…114／5G…136／COVID-19と技術革新①…155／COVID-19と技術革新②…
207／COVID-19と技術革新③…222／COVID-19と技術革新④…224

第**1**部

化学産業の概要

1．化学産業とは

化学産業は一言で定義するのが難しい産業です。製品や用途が多岐にわたるため、解釈によって定義を拡大できるからです。本書では便宜上、日本標準産業分類（日本の統計の基本）の大分類【E．製造業】のなかの中分類【16．化学工業】、【18．プラスチック製品製造業】、【19．ゴム製品製造業】の3つを合わせて「化学産業」と定義します。このなかには別産業とみなされることの多い「医薬品工業」も含みます。

化学産業は石油や天然ガス、石炭を原料として、合成樹脂（プラスチック）や合成繊維、合成ゴム、塗料、接着剤、化粧品など幅広い分野の製品を生み出しており、衣食住に加えて、自動車、エレクトロニクス、航空・宇宙、環境など私たちの生活と密接な関わりを持っています。

また、化学産業は自然科学の1つである化学と密接な関係を保っており、基礎原料から最終製品まで広範な製品で構成されています（第2部参照）。

製品を、そのユーザーにより区分すると、企業により原料として使用される製品（中間財＝素材）と、消費者により使用される製品（最終財＝消費製品）に分けられます。化学産業の製品は、①基礎化学品（石油化学品、ソーダ、樹脂原料など）、②汎用化学品（汎用樹脂、合成繊維、合成ゴムなど）、③機能性化学品（電子材料など）、④消費製品（化粧品、家庭用雑貨・消耗品、家庭用医薬品など）に区分されます。前三者はいずれも他の企業で原料・材料として使用されます。化学産業は消費者向けの成形品・最終製品よりも中間財（一次製品）が多く、産業内取引（B to B）の割合が大きい産業で、そのほとんどが化学産業内で消費されます。大手化学企業のほとんどは素材産業であり、消費製品を主力と

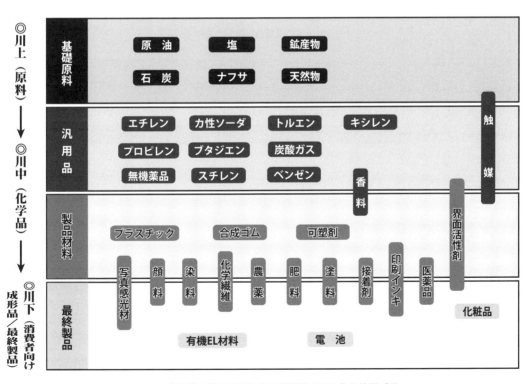

◎化学工業の原料から最終製品までの主な位置づけ

<h2 align="center">◎化学工業の付加価値額、出荷額、従業員数、研究費（2018年）</h2>

	付加価値額 （10億円）	出荷額 （10億円）	従業員数 （人）	研究費 （10億円）
広義の化学工業	17,561 （16.8％；2位）	46,106 （13.9％；2位）	944,414 （12.1％；3位）	2,614 （21.2％；2位）
【広義の内訳】 ◎化学工業 ＋ ◎プラスチック製品 ◎ゴム製品	計：17,561〔100％〕 ※化学工業 11,503〔65.5％〕 プラスチック製品 4,654〔26.5％〕 ゴム製品 1,404〔7.8％〕	計：46,106〔100％〕 ※化学工業 29,788〔64.6％〕 プラスチック製品 12,986〔28.1％〕 ゴム製品 3,332〔7.3％〕	計：944,414〔100％〕 ※化学工業 374,699〔39.6％〕 プラスチック製品 450,072〔47.7％〕 ゴム製品 119,643〔12.7％〕	計：2,614〔100％〕 ※化学工業 2,241〔18.2％〕 〔うち医薬品1,465〕 プラスチック製品 194〔1.6％〕 ゴム製品 177〔1.4％〕
（参考） 他産業	輸送用機械器具 18,347 （17.6％；1位） 食料品 10,154 （9.7％；3位）	輸送用機械器具 70,091 （21.1％；1位） 食料品 29,789 （9.0％；3位）	食料品 1,145,915 （14.7％；1位） 輸送用機械器具 1,093,367 （14.1％；2位）	輸送用機械器具 3,628 （24.9％；1位） 情報通信機械器具 1,186 （9.6％；3位）
製造業合計	104,301（100％）	331,809（100％）	7,778,124（100％）	12,315（100％）

〔注〕（ ）は全製造業における順位と割合。
付加価値＝生産額−原材料使用料等−製品出荷額に含まれる国内消費税等−減価償却費
資料：経済産業省『工業統計表 産業編』、総務省『科学技術研究調査』

<h2 align="center">◎製造業の業種別出荷額の推移</h2>

（単位：10億円）

業　種	2016年	2017年	2018年	構成比率（％）
化 学 工 業	27,250	28,724	29,788	9.00
プラスチック製品	11,764	12,443	12,986	3.90
ゴ ム 製 品	3,113	3,168	3,333	1.00
広義の化学工業合計	42,127	44,335	46,106	13.90
食 料 品	28,426	29,056	29,782	9.00
石油製品・石炭製品	11,580	13,287	15,016	4.50
鋼 　 鉄	15,669	17,556	18,652	5.60
非 鉄 金 属	8,889	9,762	10,229	3.10
金 属 製 品	14,399	15,199	15,822	4.80
一 般 機 械 器 具	−	−	−	−
はん用機械器具	11,125	11,780	12,345	3.70
生産用機械器具	18,107	20,521	22,048	6.60
業務用機械器具	7,130	6,927	6,887	2.10
電子部品・デバイス・電子回路	14,532	15,930	16,143	4.90
電 気 機 械 器 具	16,388	17,259	18,790	5.70
情報通信機械器具	6,755	6,707	6,910	2.10
輸送用機械器具	65,141	68,263	70,091	21.10
そ の 他	41,917	42,454	42,989	13.00
製 造 業 合 計	302,185	319,036	331,809	100.00

〔注〕従業者4人以上の事業所
資料：経済産業省『工業統計表 産業編』

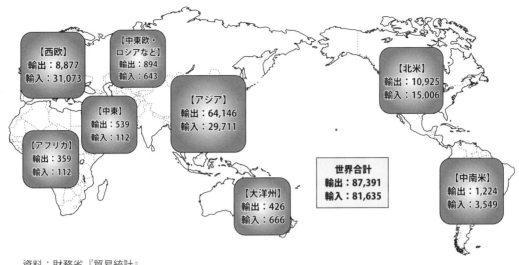

【西欧】
輸出：8,877
輸入：31,073

【中東欧・
ロシアなど】
輸出：894
輸入：643

【アジア】
輸出：64,146
輸入：29,711

【北米】
輸出：10,925
輸入：15,006

【中東】
輸出：539
輸入：112

【アフリカ】
輸出：359
輸入：112

世界合計
輸出：87,391
輸入：81,635

【中南米】
輸出：1,224
輸入：3,549

【大洋州】
輸出：426
輸入：666

資料：財務省『貿易統計』
◎化学製品の地域別輸出入額（2019年）（単位：億円）

する大手企業は少数です。普段の生活で化学産業の存在を実感することがあまりないのは、このためです。

化学産業の最大の特徴は1人当たりの付加価値生産性が非常に高いところにあります。2018年における年間の付加価値額は17兆円を超え、製造業全体の16.8％（第2位）を占めます（第1位は輸送用機械器具）。広義の化学工業の出荷額は46兆円超で、製造業全体の13.9％（第2位）です（第1位は輸送用機械器具）。就業者数は94万人超で全製造業の12.1％を占め、食料品、輸送用機械器具に次ぐ規模です。さきほど化学産業の特徴として付加価値生産性の高さを取り上げましたが、これを支えるのが高水準の研究開発投資です。開発費は年間2兆6,000億円に上り、製造業全体の21.2％（第2位）にのぼることから、化学産業は「研究開発型」の基幹産業といえます（第1位は輸送用機械器具）。2018年度の「研究費の製造業に占める割合」は21.2％となっています。輸出入額を見てみますと、化学製品の貿易収支（輸出額－輸入額）は、2019年は約5,765億円の黒字で推移しています。地域別にみると、アジアへの輸出が群を抜いています。

2．化学品管理の取り組み

「化学品は安全か？」と問われたときに「イエス」と答えられるのは、化学品を正しく管理・使用しているときに限られます。化学品を研究したり、現場で取り扱ったりする人は、常にそのことを意識しなければなりません。では、どうすれば安全を確保できるでしょうか。

まずは化学品規制に基づいて取り扱うことです。化学品は法律で取り扱いが規定され、対象となる物質も法律で指定されます。日本における化学品規制は、「人が身近な製品などを経由して摂取する化学物質の規制（製造・用途面からアプローチ＝労働安全衛生法、農薬取締法、食品衛生法、医薬品医療機器等法、毒物及び劇物取締法など）」と、「人が環境経由で影響を受ける化学物質の規制（環境面からアプローチ＝化学物質審査規制法、化学物質排出把握管理促進法、大気汚染防止法など）」に大別されます。このほかに、化学品を危険物として規制する消防法、貯蔵・輸出に関する船舶法や航空法などがあります。

化学品規制法のうち代表的なのが、1973年10月16日に公布された化学物質審査規制法（化審法）です。「人の健康を損なうおそれ又は動植物の生息若しくは生育に支障を及ぼすおそれがある化学物質による環境の汚染を防止するため、新規の化学物質の製造又は輸入に際し事前にその化学物質の性状に関して審査する制度を設けるとともに、その有する性状等に応じ、化学物質の製造、輸入、使用等について必要な規制を行うこと」を目的とします。

化審法では以下のように物質を分類しており、その分類に応じて製造、販売、使用を規制します。

[第一種特定化学物質]

難分解性かつ高蓄積性を示し、人や高次捕食動物への長期毒性を示す化学物質。製造・輸入は許可制で、必要不可欠用途以外の製造・輸入は禁止。2021年10月現在、33物質。

[第二種特定化学物質]

人や生活環境動植物への長期毒性を示す化学物質。製造・輸入（予定及び実績）数量、用途等の届出、環境汚染の状況によっては、製造予定数量等の変更が必要。2021年10月現在、23物質。

[優先評価化学物質]

人又は生活環境動植物への長期毒性のリスクが疑われており優先的に評価する必要がある化学物質。製造・輸入実績数量・詳細用途別出荷量等の届出が必要。情報伝達の努力義務あり。2011年4月の改正にともない新設された分類。2021年10月現在、221物質。

[監視化学物質]

難分解性かつ高蓄積性を示すが、人又は高次捕食動物に対する長期毒性が不明な化学物質。製造・輸入実績数量、詳細用途等の届出が必要。情報伝達の努力義務あり。2021年10月現在、41物質。

[一般化学物質]

既存化学物質名簿のうち、上記の化学物質を除いたもの。製造・輸入実績数量、用途等の届出が必要。

[新規化学物質]

白公示化学物質、第一種特定化学物質・第二種特定化学物質・監視化学物質・優先評価化学物質、既存化学物質名簿収載化学物質を除いた化学物質。

	曝露	労働環境		消費者				環境経由		排出・ストック汚染		廃棄	防衛
人の健康への影響	急性毒性	毒劇法 労働安全衛生法	農薬取締法		食品衛生法	医薬品医療機器等法	有害家庭用品規制法	建築基準法	化学物質排出把握管理促進法		大気汚染防止法	水質汚濁防止法	土壌汚染対策法	廃棄物処理法等	化学兵器禁止法
	長期毒性			農薬取締法					農薬取締法	化学物質審査規制法				
環境への影響	動植物への影響													
	オゾン層破壊性								オゾン層保護法					

資料：経済産業省作成資料より

◎日本における化学品管理に係わる主な法規制体系

◎日本の主な化学品規制法

法 令 名	担 当 省 庁	制 定 年	概　　要
化学物質審査規制法	厚生労働省、経済産業省、環境省	昭和48年（1973年）	新規化学物質の上市前届出、申出、登録、危険有害性情報の提供など
労働安全衛生法	厚生労働省	昭和47年（1972年）	化学物質の上市前届出、ラベルおよびSDSによる危険有害性の通知
化学物質管理促進法	経済産業省、環境省	平成11年（1999年）	対象化学物質の表示、SDS提供、排出量の届出
有害家庭用品規制法	厚生労働省	昭和48年（1973年）	上市前製品の検査、審査、監視、回収、品質管理など
毒物劇物取締法	厚生労働省	昭和25年（1950年）	毒物、劇物の登録、容器包装表示、SDS、取り扱い注意
農薬取締法	農林水産省、環境省	昭和23年（1948年）	新規農薬の登録、SDSとラベルの表示
食品衛生法	厚生労働省（表示に関してのみ消費者庁）	昭和22年（1947年）	飲食により生ずる危害発生の防止
医薬品医療機器等法［旧 薬事法］	厚生労働省	平成26年（2014年）［昭和35年（1960年）］	医薬品、医薬部外品、化粧品、医療機器及び再生医療等製品の運用
建築基準法	国土交通省	昭和25年（1950年）	建築物に対する基準など
オゾン層保護法	経済産業省、環境省	昭和63年（1988年）	オゾン層の保護
大気汚染防止法	環境省	昭和43年（1968年）	大気汚染の防止
水質汚濁防止法	環境省	昭和45年（1970年）	公共用水域の水質汚濁の防止
土壌汚染対策法	環境省	平成14年（2002年）	土壌汚染の防止、人の健康被害の防止
廃棄物処理法等	環境省	昭和45年（1970年）	廃棄物の抑制と適正な処理、生活環境の保全と公衆衛生の向上
化学兵器禁止法	経済産業省	平成7年（1995年）	化学兵器の製造等の禁止・特定物質の製造等の規制
家庭用品品質表示法	消費者庁	昭和37年（1962年）	分類と表示
高圧ガス保安法	経済産業省	昭和26年（1951年）	表示とプラントなどの安全基準順守
消防法	総務省	昭和23年（1948年）	消防法分類、プラントなどの安全基準順守、表示
火薬類取締法	経済産業省	昭和25年（1950年）	火薬類の分類、登録、容器包装、表示
肥料取締法	農林水産省	昭和25年（1950年）	新規肥料の登録、SDSの提供
航空機爆発物輸送告示	国土交通省	昭和58年（1983年）	航空機で危険物を輸送する際にラベル表示等の実施
船舶安全法	国土交通省	昭和8年（1933年）	危険物を海運する際にIMDGコードの適用およびSDS・ラベル表示を実施

近年の国際的な化学物質管理の動きは、1992年の地球サミットでまとめられた環境と開発に関する行動計画「アジェンダ21」までさかのぼります。次いで2002年にWSSD（持続可能な開発に関する世界首脳会議）において「2020年までに、すべての化学物質を人の健康や環境への影響を最小化する方法で生産・利用する」という目標が合意され、その後、戦略・行動計画であるSAICM（国際的な化学物質管理に関する戦略的アプローチ）が採択されました。近年、日本、EU、米国は化審法やREACH、TSCAといった法規制の整備・見直しを進めており、中国、韓国、台湾も対応を急いでいます。

今後、この動きはASEAN（東南アジア諸国連合）を含め全世界に波及していくとみられます。

現在の規制の底流には、化学物質を正しく管理・運営することでリスクを回避しつつ、そのメリットを享受しようという考えがあり、ハザードベースの管理からリスクベースの管理へと転換が進んでいます。たとえハザードが高くとも曝露量を小さくすればリスクは小さくできますし、逆にハザードが低くとも曝露量が大きければリスクは増大します。

化学物質は製造から貯蔵、使用、廃棄、リサイクルまで、すべての工程に関連し、サプライチェーン全体に広がっています。リスクアセス

●化審法の歩み

1973年に制定された化審法は、一般工業化学物質の事前審査制度としては世界で最初のものです。制定後45年以上を経た化審法は、これまでに4回の大改正が行われています。ここでは制定から現在までの流れを簡単に紹介します。

（1）1973年制定

ポリ塩化ビフェニル（PCB）による環境汚染などをきっかけに制定されました。新規化学物質の事前審査制度が設けられるとともに、PCB類似の化学物質（難分解性、高蓄積性、長期毒性を有する物質）を特定化学物質（現　第一種特定化学物質）として規制されました。

（2）1986年改正

生物濃縮性は低いものの難分解性・長期毒性を有し、継続して摂取されると有害な物質（トリクロロエチレンなど）についても規制されることになり、指定化学物質（現　第二種監視化学物質）および第二種特定化学物質の制度が導入されました。

（3）2003年改正

動植物への影響に着目した審査・規制制度、や環境中への放出可能性を考慮した審査制度が導入されました。また、難分解性・高蓄積性を有する既存化学物質を第一種監視化学物質として指定されました。さらに環境中の放出可能性に着目した審査制度が導入されたほか、事業者が入手した有害性情報の報告が義務付けられました。

（4）2009年改正

WSSD（2002年）の取り決めを受けて、従来のハザードベースの評価から、曝露の要素を取り入れたリスクベースの評価へと転換しました。具体的には、既存化学物質を含むすべての化学物質について、一定数量以上を製造・輸入した事業者に、その数量等の届出が義務付けられました。上記届出をもとに、詳細な安全性評価の対象とすべき化学物質が優先評価化学物質として指定されます。また、ストックホルム条約との整合性を図るため、一部の規制が緩和され、厳格な管理のもとでエッセンシャルユースが認められるようになりました。

（5）2017年改正

審査特例制度（少量新規、低生産量新規）において、従来は全国数量上限が決められていましたが、これが環境排出量換算（製造量・輸入量と用途別の排出係数より求める）に改められました。従来は、数量上限を守るために国による数量調整が行われ、事業者のビジネス機会を制限する恐れがありましたが、改正により規制が緩和されました。また、新規化学物質のうち毒性が強いものについて、新たに特定一般化学物質が設定され、不用意な環境排出を防止する規制が設けられることになりました。

参考文献
北野大編著（2017）「なぜ」に答える　化学物質審査規制法のすべて、化学工業日報社

メントの実施は自社のリスク把握のみならず、取引先に対する信頼性・付加価値向上にもつながります。

化学物質の適正な管理を進めるため、2016年4月に製品含有化学物質の新たな情報伝達スキーム「chemSHERPA（ケムシェルパ）」がスタートし、サプライチェーンを通じた情報の共有化が進むことが期待されています。同年6月には改正労働安全衛生法が施行され、化学物質のリスクアセスメント義務化やラベル表示対象の拡大など規制が強化されています。しかし周知不足は否めません。化学物質を取り扱う現場は化学関連産業に限らず、食品製造、機械・器具製造、建設関連、商社、物流、病院、学校など多岐にわたります。義務化されたことをまだ知らない事業者も数多く、500万社にも及ぶとされる対象事業者にどう周知するかが大きな課題となっています。

3. 安全への取り組み

日本のエチレンプラントの約6割は稼働40年以上を迎え、2025年には8割に達すると予測されています。また現場の技術者の高年齢化が進み、石油精製事業所における年齢構成は50歳以上が3割を占め、ノウハウの伝承や人材育成が課題とされます。一方で石油化学の国際競争は激化し、製品のライフサイクルが短期化したことで設備を常に稼働させなければならず、機動的な設備検査や改修が難しい状況にあります。こうした状況を背景に近年、化学プラントの事故が相次いでいます。事故による被害はもちろんのこと、サプライチェーン全体へ影響が及んでしまうことから、プラントでの安全対策は企業にとって最重要課題といえます。

化学プラントの安全確保においては法令を順守した対策だけでは不十分で、自主管理が重要です。自主管理による安全確保に必要なのがリスクマネジメントです。プラントのどこにどの程度の危険性があるのかをしっかりと把握し対策をとることが重要です。また、プラントで働く人たちの間で安全に関する意識が定着していなければいけません。こうした意識のことを安全文化といい、企業の安全活動のベースとなります。具体的には、組織統率、学習伝承、作業管理、相互理解、積極関与、資産管理、危険認識、動機付けの8項目を強化することが安全文化を創り出すもとになります。

安全文化は日本のプロセス産業の安全を支えてきた強みでした。しかし、プラントを熟知する団塊世代が引退しプラントの新設も少なくなったことで、若手がプロセスへの理解を深める機会が減少してしまいました。相次ぐ化学プラント事故の直接的な引き金は緊急装置誤作動や用役トラブル、非定常作業ですが、現場の安全意識や危険感性が低下したこと（安全文化の低下）も直接的な要因として考えられます。

安全の意識、知識、技術、技能が弱体化する一方で、企業の海外展開や運転管理にＡＩやデジタル技術を導入する、プラントのＤＸ（デジタルトランスフォーメーション）化が進展するなど新たな課題も浮上しています。

こうした社会変化、新たな動きに対応すべく2016年夏に安全工学グループが発足しました。安全工学会、保安力向上センター、総合安全工学研究所、災害情報センター、リスクセンス研究会の5機関が連携し、従来以上に広い視野に立った安全活動の創造を目指しています。安全は工学、社会学、心理学など様々な学問分野にまたがるだけに、広い視野が求められます。これまでそれぞれに安全工学の研究や普及、教育体系の構築、産業界の安全レベル評価と強化のための情報提供などを担ってきましたが、グループ化によって相互連携・補完が進み、効果的で効率的な保安活動につながると期待されます。まず注目されるのが従来になかった安全の相談窓口機能です。安全に関する相談は窓口が

分からず躊躇しやすいものでしたが、間口が広がることで多種多様な問い合わせへの対応が期待されます。

事故リスクを抑制するため、ＩｏＴやビッグデータなどを活用した産業保安のスマート化も進められています。配管外部を走行するロボットが腐食箇所を自動的に把握し、プラント内の運転データの相関性から早期に異常を検知する、ビッグデータから設備の腐食や事故を予測するといった取り組みがみられます。

こうした状況を踏まえ、自主保安の高度化を促進するため、経済産業省は産業保安のスマート化の検討に着手し、2017年度から新たな認証事業所制度をスタートしました。ＩｏＴやビッグデータの活用を進め、自主的に保安の高度化に取り組む事業所を「スーパー認定事業所」と認定するものです。付与されるインセンティブ（保安検査猶予期間の拡大、許可不要範囲の拡大）を活用すれば、設備を停止して実施する検査の回数が減り、機会損失を少なくすることで生産性が向上するという効果が生まれます。日本には高経年設備が多く、コスト面から新設は考えづらいものの、これを逆に膨大な保安データが蓄積されているとプラスに捉えることもできます。スマート保安で世界の先頭を走るのも決して不可能ではありません。

4．2020年の化学産業のまとめ

化学産業は大きな転換点を迎えています。金属、繊維など異業種との垣根を越えた製品開発によって革新的な高機能マテリアルを生み出す動きが加速しており、素材供給にとどまらないサービスやソリューションの提供、一般消費者に商品やサービスを売り込むＢ ｔｏ Ｃ系事業の拡充など、ビジネスモデル転換の動きも急激に進んでいます。こうした取り組みを日本経済の新たな成長に結び付けるためにも、未来の化学

産業の姿を、より具体的かつ魅力に溢れたものとして打ち出す必要がありそうです。

化学産業の変革の動きは、国の産業政策にもみてとれます。経済産業省は2016年6月、製造産業局で素材を担当する化学、繊維、鉄鋼など6つの課を「素材産業課」「金属課」「生活製品課」の3課に再編しました。製造業の構造変化が進み、新素材開発など従来の業種概念に収まらない共通の政策課題が顕在化していることに対応するものです。業種横断的に素材産業全体を俯瞰した政策を打ち出し、既存の枠組みを越えた産業分野の融合を図り、競争力強化につなげる考えです。

欧米の化学産業では1980年代以降、大型合併や事業交換などの再編を繰り返しながら、大きな流れとしてライフサイエンス分野やアグリ分野への事業シフトが進んでいます。日本の化学産業各社は、環境・エネルギー、ライフサイエンス、情報通信技術（ICT）といった今後の成長分野に経営資源を積極的に投入する構えですが、どのビジネスが新たな収益の柱となるかは不明確です。またビッグデータと人工知能（AI）の融合といった新たな潮流への対応も、まだ定まっていません。

日本の化学産業の中で重要な位置を占めるのが石油化学工業です。石油（ナフサ）を原料とする石油化学工業は、ナフサ分解装置（ナフサクラッカー）で生産されるエチレンを中心に多様な誘導品で構成されています。

石油化学製品の基礎原料であるエチレンの2020年の生産量は、592万3,500トンと2019年比で7.7％減り、1993年以来の600万トン割れとなりました。新型コロナウイルス感染症（COVID-19）拡大による工業生産の停滞や、緊急事態宣言発令にともなう個人消費の落ち込みが石油化学製品の需要にも打撃を与えたとみられます。

エチレン生産量は四半期別で、1〜3月期が前年同期比8％減、4〜6月期が13％減、7〜9

月期が4％減、10〜12月期が6％減と、生産量が前年と比べ低水準となりました。

エチレン設備の年間平均稼働率は92.5％と好不況の目安とされる90％は上回り、新型コロナ禍でも底堅さをみせました。しかし2020年は3月に6年4カ月ぶりに90％を下回ったほか、緊急事態宣言中の5月も90％割れとなり、年間を通じても、実質フル稼働水準といわれる95％超えは10月の1回のみという結果になりました。マスクや医療用ガウンの品不足を受けて関連素材の需要が急増しましたが、石油化学製品は多くの産業や日常生活で使われることから、新型コロナ禍が需要に冷や水を浴びせた形になったようです。年間平均稼働率が95％を下回るのは5年ぶりのことでした。

新型コロナ禍によって人やモノの移動が制限されるなかで、2020年4月20日には原油先物のWTI（ウエスト・テキサス・インターミディエート）が史上初のマイナス価格をつけました。原油・ナフサ価格の急落によって在庫の評価損益が悪化し、スプレッド（製品と原料の価格差）が圧縮される「受け払い差」が発生し、エチレン設備を抱える企業が採算悪化に苦しめられた1年でもありました。

4大樹脂の2020年国内出荷は低密度ポリエチレン（LDPE）が前年比5％減の121万3900トン、高密度ポリエチレン（HDPE）が6％減の66万9600トン、ポリプロピレン（PP）が7％減の221万3000トン、ポリスチレン（PS）が6％減の60万6800トンと、そろって前年割れとなりました。4大樹脂の国内出荷はLDPEが3％減、HDPEが3％減、PSが2％減で、主力のフィルムや包装材用途の出荷は伸びなかったようです。一方でPPは3％増え、自動車部品などの射出成形用途が1％増、マスクなどに使われる繊維用途は28％増となりました。

合成樹脂や繊維などの原料となるBTX（ベンゼン、トルエン、キシレン）の2020年の日本の需要（輸出を含む）は、COVID-19の感染拡大や中国におけるパラキシレン（PX）の大規模新設が影響し、前年比22％減の953万9,000トンにとどまり、24年ぶりに1000万トンを下回りました。世界的なワクチン接種の開始によってコロナ禍収束への期待が高まるなか、需要は2021年から2022年にかけて安定した伸びに回復すると見込まれています。

2020年の化学品貿易については、輸出額が前期比2.3％減の8兆5,400億円と低調でした。輸入額も前年比4.6％減の7兆7,897億円とマイナス傾向を示しました。

化学品輸出では、有機化学品が前年比18.4％減と2ケタのマイナスで、地域別ではEUおよびロシアを除き低調に推移しました。合成樹脂も前年比0.4％減のマイナスで、こちらは中国向けを除く全方面が低調でした。

化学品輸入では有機化学品が前年比2.4％減で、地域別ではEUとASEAN（東南アジア諸国連合）、ロシアのみプラスでした。医薬品については前年比1.9％増とプラスで、中国、中東、ロシアがマイナスという結果でした。

2020年の主要品目全体をみると、輸出では自動車や自動車の部品、鉱物性燃料が減少しており、前年比11.1％減の68兆4067億円と2年連続の減少を示しました。輸入では原粗油や液化天然ガス（LNG）、石炭が減少し、前年比13.8％減の67兆7,320億円で、こちらも2年連続の減少となしました。差し引きでは6,747億円のプラスとなり、3年ぶりの黒字となりました。

今後の展望についても見ていきましょう。2020年までは少し落ち込んでいた化学業界ですが、回復のきざしは確かに見えつつあります。化学大手8社（三菱ケミカルホールディングス、住友化学、三井化学、旭化成、東ソー、宇部興産、信越化学工業、積水化学工業）は、2022年3月期の営業利益について、非開示の信越化学工業を除き7社すべてが増益を予想し、7社合計で25％増の9,510億円に達しました。三井化学が

過去最高益を予想するほか、旭化成や住友化学なども最高益に次ぐ水準を想定しています。これらの企業の主要顧客産業である自動車分野の回復、半導体の好調継続、石油化学の市況高水準などが利益をけん引し、医薬・医療や農薬といったライフサイエンス関連も下支えをするものとみています。コロナ禍が落ち着きつつある一方、まだ先が読めない状態が続くことが予想される2022年は、多様な事業を展開する化学産業の真価を取り戻せるかどうかを左右する転換点の年となるでしょう。

2021年3月期の期初は、COVID-19の世界的な感染拡大が始まり、先行きが不透明として化学大手8社のうち4社が業績予想を見送るなど異常事態も懸念されました。しかしふたを開けてみれば、8社合計の営業利益は前期比3％減の1兆1,524億円に踏みとどまり、住友化学、三井化学、東ソーの3社は増益でした。化学産業の主要顧客である自動車産業が下期から回復し、半導体が好調を継続したほか、石油化学市況が反転し上昇しました。さらに、医薬や農薬などのライフサイエンス関連がコロナ耐性を示し利益をけん引した格好となりました。

今期は、こうした回復基調をおおむね継ぐことを前提に計画を組む企業がほとんどのようです。

第2部

分野別
化学産業

1 基礎原料

基礎原料 ▶ 汎用品 ▶ 製品材料 ▶ 最終製品

1.1 原　　料

化学工業では多くの粗原料が使用されています。代表的に挙げられるのは、原油を精製して生産されるナフサ、塩、石炭、鉱石などですが、日本は資源小国のため、その多くを輸入品に依存しているのが現状です。原料価格は基本的に需給で決められ、国際市況が立っています。輸送コストや製造コストが高い日本の産業にとって産油国の中東、中国やASEANなど低コストで製造可能な国々との競争は比較劣位な状況にありますが、日本はプロセス制御、高付加価値誘導品の開発など技術力の高さで国際競争力を維持しています。

資源の少ない日本にとって原料の安定確保は大きな課題です。一方で、設備の保安を徹底しトラブルなく安定して生産できる体制を整えることも重要です。

【石油（原油）】

「石油」は明治時代にできた言葉で、古くは『日本書紀』に "燃ゆる水" "燃ゆる土" と記されています。石油が近代産業となったのは、1859年に米・ペンシルバニア州でエドウィン・ドレークが機械を使って井戸を掘り、産油〔当時、1日当たり35バーレル（約5.6kL）〕をみたこと

に始まります。

石油は「天然にできた燃える鉱物油（原油と天然ガソリン）とその製品」の総称であり、日本と中国では「石油」、英国と米国では「ペトロリアム」（Petroleum）と表し、そこから天然に産する油とそれを精製してできる油を区別して、前者を「原油」（Crude Oil）、後者を「石油製品」（Petroleum Products）と呼んでいます。化学的にみると、多数の似通った（炭素と水素がいろいろの割合で結びついた）分子式を持つ液状炭化水素の混合物をいいます。

炭化水素は炭素と水素の結びつきが実に様々で、一番簡単なのは炭素1に水素4の割合で結びついたメタンです。続いて炭素2に水素6のエタン、炭素3に水素8のプロパン、炭素4に水素10のブタンなどがあり、これらは常温常圧では気体です。また、炭素数が5〜15まではガソリン、灯油、軽油、重油などの液体、16〜40ぐらいまではアスファルト、パラフィンなどのように固体となります。これら炭化水素のうち、液体のものを狭義の「石油」と呼び、気体のプロパン、ブタンや固体のアスファルト、パラフィンなど親類筋にあたるものを含めて「石油類」と呼んでいます。

原油価格は2019年1月頃からOPEC主導によ

る協調減産の状況やイランと米国・サウジアラビアの対立激化などから上昇し、同年4月半ば頃からは米中貿易摩擦の激化や米国の原油在庫の積み増しなどを受け、下落しました。6月中旬から7月にかけては米中摩擦の協議の進展に対する期待が拡大したことや、イランと米国との間で軍事的緊張が高まったことなどが原油価格の上昇要因となりました。その後、米中貿易摩擦の再燃などから一旦下落したものの、9月にはサウジアラビアの石油関連施設への攻撃から原油の供給途絶リスクが強く意識され、原油価格は急激に上昇しました。その後、一旦下落したものの、10月中旬から年末にかけては米中貿易摩擦の進展によって世界経済の先行き不透明感が弱まったこと、OPECプラスによる協調減産拡大の合意などから原油価格は上昇しました。

2020年3月には、新型コロナウイルス感染症(COVID-19)拡大の影響により原油価格は急落し、米国市場では同年4月に先物価格が史上初めてマイナスになりました。しかし、2021年になるとその状況にも変化が表れてきます。国際エネルギー機関(IEA)は同年9月14日、「10月の世界の原油需要が4カ月ぶりに増加する」

との見通しを示しました。COVID-19のワクチン接種が進むことに伴い、アジアを中心に感染対策でたまっていた需要が顕在化するとしています。

【ナフサ】

原油の常圧蒸留で得られるガソリンの沸点範囲約25〜200℃前後にあたる留分で、"粗製ガソリン" とも呼ばれています。ナフサ留分はさらに軽質ナフサ(沸点約25〜100℃)と重質ナフサ(同約80〜200℃)に分けられます。石油化学工業の基礎原料となるエチレン、プロピレンはナフサを分解して製造されます。日本における石油精製能力はナフサ必要量を満たすことができず、国産ナフサを超える量を海外から輸入しています。

2020年にナフサ価格はCOVID-19の感染拡大にともない急落しますが、2021年には7年ぶりの高値となりました。1月下旬に1トン当たり500ドル前後だったナフサ市況は2月上旬から上昇し始め、2月末には1年10カ月ぶりに600ドルを超えることとなりました。

【工業用塩】

塩の世界の生産量は約2億8,000万トンで、生産方法別では岩塩などを原料とした塩が2／3、天日塩など、海水を原料とした塩が1／3という割合です。ソーダ工業は、電解ソーダ工業(カ性ソーダ、塩素、水素を製造)およびソー

◎石油化学用ナフサ価格推移　(単位：円／kL)

	国産価格	輸入価格
2019年		
1－3月	41,200	39,233
4－6月	45,400	43,362
7－9月	40,200	38,247
10－12月	41,300	39,336
2020年		
1－3月	44,800	42,810
4－6月	25,000	22,971
7－9月	30,200	28,180
10－12月	31,300	29,338
2021年		
1－3月	38,800	36,813
4－6月	47,700	45,744

資料：財務省『貿易統計』

◎塩の輸入量、金額

	輸入量 (単位：トン)	輸入金額 (単位：1,000円)
2018年	7,301,413	30,993,415
2019年	7,583,032	35,236,687
2020年	7,060,916	31,632,637

資料：財務省『貿易統計』

ダ灰工業（合成ソーダ灰を製造）とからなります
が、双方とも塩を出発原料としており、その塩
のほぼ100％を輸入に依存しています。日本で
消費される塩は800万トン弱で、このうちソー
ダ工業用は約75％に当たります。他の工業用
が約23％で、家庭や飲食店で使用される食塩
は全体のわずか２％しかありません。一方、国
産塩は海水をイオン交換膜で濃縮して、蒸発・
結晶化したもので、消費量の約12％が生産さ
れています。

　経済産業省によると、2020年度のソーダ工
業用塩の需要量は、COVID-19の影響により、
カ性ソーダ等の需要減少があるものの、副生さ
れる塩素の需要及び輸出が堅調に推移したた
め、608万5,000トンと前年度からほぼ横ばい
で、供給量は594億9,000トンと減少する見込
みです。

　また、2021年度のソーダ工業用塩の需要
量は、カ性ソーダ等の需要がある程度回復す
ることを見込み、640万8,000トン（前年度
比105.3％）、供給量も625万3,000トン（同
105.1％）と前年度を上回る見通しです。

【石　　　炭】

　石炭は石油、天然ガスなどとともに化石燃料
の１つとして知られています。古代ギリシャの
紀元前４世紀の記録には鍛冶屋の燃料として使
用されていたと記されており、中国では３世紀
の書物に石炭という言葉が出てきます。蒸気
機関の燃料として18世紀の産業革命を推進し、
化学原料としても利用されるようになりました

が、19世紀後半以降に石油の産業化が進むと、
発熱量、輸送面、貯蔵面などで優れる石油に取っ
て代わられるようになりました。しかし20世紀
後半の二度にわたる石油危機の影響や、埋蔵量
の多い中国で石炭火力発電所の増設が進んだこ
とから、2000年以降の世界的な石炭消費量は
急増しています。

　日本でも最も安価な化石燃料として注目され
ています。発電効率やCO_2発生の面で懸念が
ありましたが、技術開発の進展でこれらの課題
は改善されています。加えて世界中に偏りなく
分布しているため、石油のように政情不安が価
格高騰のリスクにはなりません。総合資源エネ
ルギー調査会の発電コスト検証ワーキンググ
ループの2014年モデルプラント試算結果によ
ると、日本で１kWの発電を行う場合のコスト
を比較すると、石炭（12.3円）は、液化天然ガ
ス（13.7円）、石油（30.6〜43.4円）と比べて安
価です。

　燃料のほかに、鉄鋼原料としての用途もあり
ます。また、鉄鋼会社が高炉に使用するコーク
スを作る過程で副生するコールタールを原料に
様々な化学品が生産されています。

　日本は1964年以来、世界最大の石炭輸入国
として長くその地位を保ってきましたが、その
地位は低下しつつあります。国内生産で内需を
賄ってきた中国とインドが、消費量の増加を受
け輸入を拡大しているためです。日本企業は従
来、安定調達を重視し、主導権を握って石炭サ
プライヤーと長期固定価格で契約してきました
が、輸入国としての地位低下から、価格交渉の
主導権を失いつつあります。

2 汎用品

基礎原料 ▶ 汎用品 ▶ 製品材料 ▶ 最終製品

2．1　石油化学①（オレフィンとその誘導品）

　ナフサを原料としたエチレンやプロピレン、ブタジエン（オレフィン）から様々な誘導品（元の化学品から化学反応で新たに作られる化学品のことを指します。「〜の誘導品」という言い方をする）を生産するのが、日本における従来型の石油化学産業でした。近年その石油化学産業に大きな変化が起こっています。製造業の海外移転や景気低迷を受けて内需が減るなか、石化企業に原料を供給する石油精製企業の国内再編のほか、石化企業のエチレンセンター（ナフサなどからエチレンを生産する工場）再編も本格化してきました。

　世界の石油化学産業は2015年から活況が続いていましたが、ここにきて踊り場を迎えています。中国における環境規制の厳格化により、基準を満たさない現地品が淘汰され、日本をはじめ海外の設備の稼働率が向上した一方で、米中貿易摩擦、中国経済低迷の影響で2018年夏以降、高水準で推移していた市況が下落しマージンが縮小したため、2018年度の主要各社の石化事業の利益は大きく落ち込みました。2019年度も好材料は見当たらず、米シェール由来品の世界市場への浸透が本格化するなか、筋肉質への体質転換を進めてきた各社の取り組みの真価が問われることになります。

　石油精製業界では、2017年4月のJXTGホールディングス発足に続き、2019年4月には出光興産と昭和シェル石油が経営を統合しました。これにより国内燃料油シェア5割超を持つJXTG、独立路線を選択したコスモを含めた大手3社体制へと移行したことになります。JXTGホールディングスは2020年6月にENEOSホールディングスに改称し、20年に及ぶ再編・統合劇の総仕上げとなります。燃料油の需要が減るなか、各社とも石化事業を収益の柱として強化する計画で、石化企業との連携を含めた強化策に乗り出す方向にあります。石化業界としては、競争力強化に向け石油精製業界との連携を強化し、原料やインフラといった石油精製の強みを取り込み、ウィンウィンの発展を期待したいところです。

　世界に目を向けると、2020年までの石油化学産業を取り巻く環境は決して明るいとは言えないものでした。ホルムズ海峡を航行中のタンカーに対する攻撃や石油施設に対するミサイル攻撃などの中東情勢の悪化や、COVID-19のまん延などがその代表的な理由です。2020年3月には原油価格は急落し、米国市場では同年4月に先物価格が史上初めてマイナスになりました。しかし、2021年9月には国際エネルギー

【主要生産品目】 / ≪主要用途≫

エチレン（EL）
- ポリエチレン（LDPE, HDPE, LLDPE） → フィルム、ラミネート、成形品、電線被覆、パイプ
- 二塩化エチレン（EDC） → 塩化ビニル樹脂（PVC） → パイプ、フィルム、レザー、成形品
- 酸化エチレン（エチレンオキサイド；EO） → エチレングリコール（EG） → ポリエステル繊維、不凍液、PET樹脂
- 酢酸 → 酢酸エチル（ポバール；PVA） → アセテート、染色助剤、塗料、印刷インキ、接着剤、医薬品原料などの溶剤、原料
- ポリビニルアルコール → ビニロン
- アセトアルデヒド（ALD）
- 合成ブタノール → 可塑剤、溶剤
- その他

プロピレン（PL）
- ポリプロピレン（PP） → フィルム、成形品、合成繊維
- アクリロニトリル（AN） → アクリル繊維、合成繊維（ABS）、合成ゴム（NBR）、炭素繊維
- 酸化プロピレン（プロピレンオキサイド；PO） → ポリプロピレングリコール（PPG） → ポリウレタン
- オクタノール → 可塑剤（DOP, DBP）
- アクリル酸、アクリル酸エステル → アクリル樹脂
- ブタノール → 可塑剤（DOP, DBP）、溶剤
- アセトン → ビスフェノールA（BPA） → ポリカーボネート（PC）、エポキシ樹脂
- メタクリル酸メチル（MMA） → メタクリル樹脂（PMMA）、アセテート溶剤
- イソプロピルアルコール（IPA）
- その他

B-B留分
- ブタジエン → 合成ゴム（SBR, BR, CR, NBR） → タイヤ、履き物、工業用品
- その他 → メチルエチルケトン（MEK）、メタクリル酸エチル（MMA）

ベンゼン（BZ）
- スチレンモノマー（SM） → ポリスチレン（PS）、ABS樹脂 → 電機、工業用品、包装・容器
- 合成ゴム（SBR） → タイヤ、履き物
- ポリエステル樹脂
- シクロヘキサン → カプロラクタム（CPL） → ナイロン繊維・樹脂
- フェノール（PH） → フェノール樹脂、ビスフェノールA（BPA）、アニリン → ポリカーボネート樹脂、エポキシ樹脂
- アルキルベンゼン → 合成洗剤
- ニトロベンゼン → アニリン → メチレンジフェニルジイソシアネート（MDI） → ポリウレタン
- その他

トルエン（TL）
- → 溶剤
- トルイレンジイソシアネート（TDI） → ポリウレタン
- その他

キシレン（XL）
- → 溶剤
- オルソキシレン → 無水フタル酸 → ポリエステル樹脂、可塑剤（DOP, DBP）
- パラキシレン（PX） → テレフタル酸 → テレフタル酸ジメチル → ポリエステル繊維、PET樹脂
- 高純度テレフタル酸（PTA） → ポリエステル繊維、PET樹脂
- その他

◎主要石油化学製品の主要用途

機関（IEA）が「10月の世界の原油需要が4カ月ぶりに増加する」との見通しを示したことから、状況は少し持ち直してきたように見えます。

　近年海洋プラスチック問題という新たな問題も浮上しています。プラスチック製品については、欧州連合（EU）で規制が進み、大手飲食チェーンなどでプラスチックの使用を制限する動きや、再生や生分解性、バイオプラスチックなどに置き換える動きも広がっていま

す。2020年7月には、政府の方針により全国でプラスチック製買物袋が有料化されるという象徴的な出来事もありました。日本でも廃プラスチック対策を進めるため、日本化学工業協会、石油化学工業協会、日本プラスチック工業連盟、プラスチック循環利用協会、塩ビ工業・環境協会の5団体を中心とする「海洋プラスチック問題対応協議会（JaIME）」が2018年9月に発足しました。科学的知見の蓄積、情報の整理と発

◎エチレンのメーカー別設備能力（2021年10月現在）

（単位：1,000トン／年）

会 社 名	工 場	定 修 年	スキップ年
出 光 興 産	千葉／周南	997	1,101
Ｅ Ｎ Ｅ Ｏ Ｓ	川崎	404	443
東 燃 化 学	川崎	491	540
昭 和 電 工	大分	618	694
東 ソ ー	四日市	493	527
丸善石油化学	千葉	480	525
京葉エチレン	千葉	690	768
三 井 化 学	市原	553	612
（大阪石油化学）	大阪	455	500
三菱ケミカル	鹿島	485	564
三菱ケミカル旭化成エチレン	水島	496	567
合　　　計		6,162	6,841

資料：経済産業省、工場別は化学工業日報社調べ　※一部2019年の生産能力

◎オレフィンの需給実績

（単位：トン）

		2018年	2019年	2020年
エチレン	生産量	6,156,519	6,417,851	5,943,366
	輸出量	589,099	763,062	710,875
	輸入量	105,498	71,364	89,056
プロピレン	生産量	5,170,305	5,503,736	4,997,840
	輸出量	728,310	894,630	766,357
	輸入量	165,285	47,181	40,221
ブタジエン※	生産量	858,406	887,621	783,299
	輸出量	19,438	34,993	101,377
	輸入量	79,343	29,977	11,362

資料：経済産業省『生産動態統計　化学工業統計編』、財務省『貿易統計』　※ブタジエン輸出量にはイソプレンも含む

信、国内動向への対応、海外との連携を活動の柱として掲げています。日本政府は2019年5月に、プラスチックの資源循環を総合的に推進する方向で「プラスチック資源循環戦略」を取りまとめました。リサイクルに配慮した製品設計の普及、リユース・リサイクルの拡大、再生材の使用拡大などについて、G7「海洋プラスチック憲章」を上回る数値目標を設定しています。海洋プラスチックごみ問題で、まず考えなければいけないのは廃棄プラスチックを出さないことであり、手法の優劣ではないことを訴えています。海洋プラスチックごみ問題ばかりでなく、資源制約、気候変動問題との同時解決を目指そうという考えです。

日本の石化設備は高経年化が進んでいます。各企業は、ダウンサイジングに続いて抜本的な老朽化対策が迫られている状況です。「日本の石化設備は安全・安定操業を目指して今まで必要な手を加えてきた。行き届いたメンテナンスが現在のフル稼働継続を可能としている」（石化大手幹部）との見方もあるものの、メンテナンス費用の増大や生産効率などを考慮すれば、いつかはスクラップ＆ビルドが必要になると見込まれます。

◎エチレンセンター10社の石油化学部門の収益推移（単独ベース）

（単位：億円、△はマイナス）

		2014年度	2015年度	2016年度
石油化学部門	売上高	49,143	39,462	28,912
	伸び率（％）	△7.4	△19.7	△26.7
	営業利益	221	2,022	2,302
	伸び率（％）	△84.7	817.1	13.8
	経常利益	213	1,868	2,302
	伸び率（％）	△86.2	777.0	23.2
	売上高経常利益率（％）	0.4	4.7	8.0
全社	売上高	66,125	54,680	39,204
	伸び率（％）	△4.1	△17.3	△28.3
	営業利益	1,105	3,067	3,099
	伸び率（％）	△37.2	177.7	1.0
	経常利益	2,144	3,472	3,448
	伸び率（％）	△22.7	62.0	△0.7
	売上高経常利益率（％）	3.2	6.3	8.8

〔注〕2016年度集計対象：三菱ケミカル旭化成エチレン、出光興産（石油化学部門）、大阪石油化学、昭和電工、JXTGエネルギー（石油化学部門）、東ソー、東燃化学、丸善石油化学、三井化学、三菱ケミカル

資料：経済産業省

◎アジア、中東諸国、米国のエチレン設備能力

（単位：1,000トン／年）

	2017年	2018年	2019年	2020年	2021年	2022年	2023年
韓　　国	8,870	9,270	9,840	10,275	11,865	12,565	13,565
台　　湾	4,005	4,005	4,005	4,005	4,005	4,005	4,005
中　　国	23,352	25,382	27,973	34,503	39,528	40,628	41,128
シンガポール	4,000	4,000	4,000	4,000	4,000	4,000	4,000
タ　　イ	4,609	4,609	4,609	4,609	5,109	5,319	5,319
マレーシア	1,770	1,860	2,490	3,120	3,120	3,120	3,120
インドネシア	860	860	860	900	900	900	2,900
イ ン ド	5,555	5,555	6,000	6,000	6,000	8.355	8,355
フィリピン	320	320	320	320	480	480	480
日　　本	6,495	6,503	6,505	6,505	6,505	6,505	6,505
アジア計	59,836	62,364	66,602	74,237	81.512	85,877	90,577
中 東 諸 国	35,514	35,514	35,972	37,042	37,042	37,042	37,042
米　　国	30,269	33.819	38,414	39,938	40,688	41,938	43,319
世 界 合 計	170,553	177,031	186,572	197,011	206,098	213,169	219,550

〔注〕能力は各年末。2018年以降は見込み。
中東諸国はサウジアラビア、イラン、イスラエル、クウェート、カタール、オマーン、アラブ首長国連邦、トルコ。

資料：経済産業省

（単位：1,000トン，%）

	輸出 A	輸入 B	バランス A−B	生産 C	内需 D＝C＋B−A	輸出比率 A／C	輸入比率 B／D
2018年	2,134.0	882.7	1,251.3	6,156.5	4,905.2	34.7	18.0
2019年	2,510.6	800.0	1,710.7	6,417.9	4,707.3	39.1	17.0
2020年	2,524.2	721.4	1,802.7	5,943.4	4,140.6	42.5	17.4

〔注〕対象製品はエチレン（原単位1.0）、LDPE（1.0）、HDPE（1.04）、EVA（0.93）、SM・PS・発泡PS（0.29）、ABS（0.17）、PVC（0.5）、エチルベンゼン（0.27）、EDC（0.29）、VCM（0.49）、EG・DEG（0.66）、酢酸エチル（0.69）、酢酸ビニルモノマー（0.37）の16品目
資料：石油化学工業協会

老朽化対策や、中国などのライバルに負けない「規模の経済」による競争力強化などを踏まえ、各社が連携して古いナフサクラッカーを止めるとともに、大型のクラッカーを共同で建設し共有するといった構想もあります。東西1,000km（茨城県─大分県）の間にエチレン設備12基が集積する日本で、日本流の統合コンビナートを目指しているのが、RING（石油コンビナート高度統合運営技術研究組合です。石油精製、石油化学、ガス会社など計22社が参画）です。垂直統合や用役共有、留分融通など部分最適化を進め、日本全体で最適化を図れば、グローバル競争に耐えうるコスト構造を確立できるかもしれません。RINGでは、これまで複数企業の連携による重質油留分の高付加価値化や副生ガスの有効利用、用役共有化など数多くの事業を展開し、企業の枠組みを越えコンビナート地域の一体化を後押ししてきました。こうしたなか、石油精製業界は再編へ突き進み、千葉と川崎では同一資本による石油精製と石化の垂直統合が実現しています。

コンビナートごとの部分最適を広域化する構想もあります。日本のコンビナートを「関東」「中部」「瀬戸内」に分類し、船舶物流を活用しながら域内を一体運営し、原料調達共同化によるコスト低減や大型共同輸出基地を設置する案も浮上しています。

国際競争力向上のためには、IoT（モノのインターネット）やAI（人工知能）の活用も不可欠です。IoTの活用によりコンビナート全体の最適化を目指すのが「オープン・コンビナート」構想です。コンビナートごとに存在する留分や石化製品の余剰・不足を相互融通するなどして生産効率を追求するような体制が出来上がれば、すなわち日本の全コンビナートがあたかも一つの会社として動くようになれば、世界で戦える競争力が身につくはずです。

エチレンの誘導品は数が多く、すべてを紹介することはできませんが、代表的なものをいくつか紹介します。

【酸化エチレン（エチレンオキサイド；EO）】

エチレンを空気または酸素と接触反応させ酸化エチレンを得る酸素法が現在の製法の主流です。原料エチレンは高純度であることが必要で、エチレン100部から125部以上の酸化エチレン

◎酸化エチレンの設備能力（2021年10月）

（単位：1,000トン／年）

社　名	技　術	能　力
日本触媒	自　社	324
丸善石油化学	Ｓ　Ｄ	115
	シェル	82
三井化学	シェル	100
三菱ケミカル	シェル	300
合　計		921

資料：化学工業日報社調べ

◎酸化エチレン、エチレングリコールの需給実績

(単位：トン)

		2018年	2019年	2020年
酸化エチレン (エチレンオキサイド)	生産量	905,526	906,548	806,695
	輸出量	7	5	5
	輸入量	10	7	6
エチレングリコール	生産量	641,890	686,890	587,554
	輸出量	269,020	320,425	259,724
	輸入量	5,638	3,909	4,229

資料：経済産業省『生産動態統計 化学工業統計編』、財務省『貿易統計』

が得られます。この方法は三井化学、三菱ケミカル、丸善石油化学（自社技術もあり）がＳＤ社およびシェル社から技術を導入し、日本触媒は自社技術により工業化しています。

〔用 途〕有機合成原料（エチレングリコール，エタノールアミン，アルキルエーテル，エチレンカーボネートなど）、界面活性剤、有機合成顔料、くん蒸消毒、殺菌剤

【エチレングリコール（EG）】

エチレングリコールの原料は酸化エチレンと水です。製法には、酸化エチレン法、オキシラン（ハルコン）法、UCC法（研究開発中）があります。

〔用 途〕ポリエステル繊維原料、不凍液、グリセリンの代用、溶剤（酢酸ビニル系樹脂）、耐寒潤滑油、有機合成（染料, 香料, 化粧品, ラッカー）、電解コンデンサー用ペースト、乾燥防止剤（にかわ）、医薬品、不凍ダイナマイト、界面活性剤、不飽和ポリエステル

【塩化ビニルモノマー（VCM）】

塩化ビニルの原料となる高圧ガスです。塩化ビニルメーカーは二塩化エチレン（EDC）を購入、分解して塩ビモノマーと副生塩酸にし、その副生塩酸とアセチレンからまた塩ビモノマーを作ります。

〔用 途〕ポリ塩化ビニル、塩化ビニル−酢

◎塩化ビニルモノマーの設備能力（2020年末）

(単位：1,000トン／年)

社 名	能 力
鹿島塩ビモノマー	600
カ ネ カ	540
京葉モノマー	200
ト ク ヤ マ	330
東 ソ ー	1,104
合 計	2,774

資料：経済産業省

◎塩化ビニルモノマーの需給実績

(単位：トン)

	2018年	2019年	2020年
生産量	2,670,404	2,704,862	2,669,625
消費量、出荷量	2,647,780	2,691,534	2,667,745
PVC用	1,673,153	1,717,315	1,623,034
その他用	74,676	74,202	73,646
輸出用	899,951	900,017	971,065

資料：塩ビ工業・環境協会

酸ビニル共重合体、塩化ビニリデン−塩化ビニル共重合体の合成

【酢酸ビニルモノマー（酢ビ：VAM）】

アセチレンまたはアセトアルデヒドを原料として製造されていましたが、しだいにエチレンを原料とする製法に取って代わられました。製造法としてICI法（液相法）、バイエル法（気相

法）、ND法（気相法）がありますが、現在ではほとんどがバイエル法で、一部ND法が採用されています。気相法は、触媒としてパラジウム金属触媒、酢酸パラジウム触媒を用い、固定層（化学反応に使う粒子の層）で175～200℃、0.5～1MPaの圧力をかけた（大気圧は約0.1MPa）条件下、エチレン、酢酸、酸素の混合ガスを吹き込み反応させます。

〔用途〕酢酸ビニル樹脂用モノマー、エチレン、スチレン、アクリレート、メタクリレートなどとの共重合用モノマー、ポリビニルアルコール、接着剤、エチレン・酢ビコポリマー、合成繊維、ガムベース

【アセトン】

製法として、塩化パラジウム－塩化銅系触媒溶液、空気（酸素）およびプロピレンを混合反応させるワッカー法、プロピレンとベンゼンを反応させるキュメン法、蒸留によって91％イソプロピルアルコール（IPA）を気化して反応器に送り脱水素反応させるIPA法などがあります。

〔用途〕メチルメタクリレート（MMA、アクリル樹脂の原料）、メチルイソブチルケトン（MIBK）などのアセトン系溶剤、ビスフェノールＡの原料、酢酸繊維素、硝酸繊維素の溶剤、油脂、ワックス、ラッカー、ワニス、ゴム、ボンベ詰めのアセチレンなどの溶剤

◎酢酸ビニルモノマーの設備能力（2021年10月）

（単位：1,000トン／年）

社　名	立　地	能　力
ク　ラ　レ	岡山	150
日本合成化学	水島	180
日本酢ビ・ポバール	堺	150
昭　和　電　工	大分	175
合　計		655

資料：化学工業日報社調べ

◎酢酸ビニルモノマーの需給実績

（単位：トン）

	2018年	2019年	2020年
生産量	640,839	605,521	515,813
輸出量	80,043	87,144	66,578
輸入量	0	4	172

資料：財務省『貿易統計』、酢ビ・ポバール工業会

◎アセトンの需給実績

（単位：トン）

	2018年	2019年	2020年
生産量	418,967	458,635	397,723
輸出量	15,127	25,273	36,934
輸入量	44,279	6,014	20,933

資料：経済産業省『生産動態統計　化学工業統計編』、財務省『貿易統計』

◎アセトンの設備能力（2021年10月）

（単位：1,000トン／年）

社　名	立　地	能力
＜キュメン法＞		
三　井　化　学	市原	114
	大阪	120
三菱ケミカル	鹿島	152
＜サイメン／レゾルシン法＞		
三　井　化　学	岩国	38
住　友　化　学	大分	12
	千葉	20
合　計		456

資料：化学工業日報社調べ

2. 2 石油化学② （芳香族炭化水素とその誘導品）

芳香族炭化水素は6個の炭素原子が正六角形に結合した「ベンゼン環」を持っているのが特徴です。特に炭素数が6のベンゼン（Benzene）、7のトルエン（Toluene）、8のキシレン（Xylene）については英表記の頭文字をとって"BTX"と呼ばれています。

BTXはかつて鉄鋼用コークス炉から副生する粗軽油やコールタールを精製分離して生産されていましたが、現在は製油所の改質装置を通じてオクタン価を高めたガソリン留分や、ナフサを熱分解してエチレンやプロピレンを作るときに副生する分解ガソリンから抽出されたものが主流です。

【ベンゼン】

炭素が正六角形に結合した形をしています。無色透明の液体で、独特の匂いがします。

〔**用　途**〕純ベンゼン＝合成原料として染料、

合成ゴム、合成洗剤、有機顔料、有機ゴム薬品、医薬品、香料、合成繊維（ナイロン）、合成樹脂（ポリスチレン、フェノール、ポリエステル）、食品（コハク酸、ズルチン）、農薬（2,4-D、クロルピクリンなど）、可塑剤、写真薬品、爆薬（ピクリン酸）、防虫剤（パラジクロロベンゼン）、防腐剤（PCP）、絶縁油（PCD）、熱媒

溶剤級ベンゼン＝塗料、農薬、医薬品など一般溶剤、油脂、抽出剤、石油精製など、その他アルコール変性用

【トルエン】

ベンゼンにCH_3が1つ結合した形をしています。ベンゼンと同様の匂いがする無色透明の液体です。

〔**用　途**〕染料、香料、火薬（TNT）、有機顔料、合成クレゾール、甘味料、漂白剤、TDI（ポリウレタン原料）、テレフタル酸（第2ヘンケル

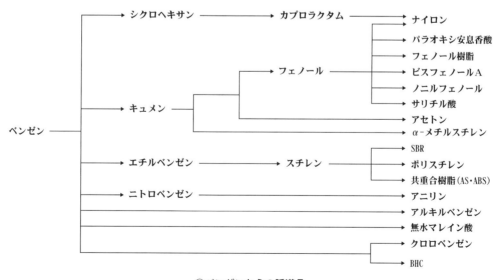

◎ベンゼンからの誘導品

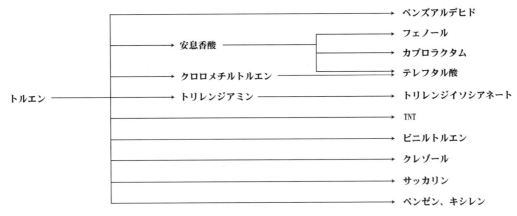

◎トルエンからの誘導品

法)、合成繊維、可塑剤などの合成原料、ベンゼン原料(脱アルキル法)、ベンゼンおよびキシレン原料(不均化法)、石油精製、医薬品、塗料・インキ溶剤

【キシレン】

ベンゼンにCH₃が2つ結合した形をしてい

ます。p-キシレン(パラキシレン, PX)、o-キシレン(オルソキシレン)、m-キシレン(メタキシレン)およびエチルベンゼン(EB、原油やナフサなどから得られたエチレンとベンゼンを化学反応させる)の混合物であって混合キシレンと

◎パラキシレンの需給実績

(単位:トン)

	2018年	2019年	2020年
生産量	3,374,124	3,272,900	2,329,512
販売量	4,118,427	4,048,683	3,040,686
輸出量	3,121,657	3,028,981	2,114,964
輸入量	44,013	54,497	40,850

資料:経済産業省『生産動態統計 化学工業統計編』、財務省『貿易統計』

◎パラキシレンの設備能力(2021年10月)
(単位:1,000トン／年)

社　名	能　力
出 光 興 産	479
ENEOS	2,162
鹿 島 石 油	178
水 島 パラキシレン	320
鹿 島 アロマティックス	522
合　　計	3,661

資料:経済産業省

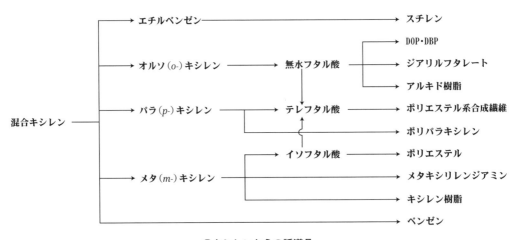

◎キシレンからの誘導品

呼ばれる無色の液体です。

〔**用　途**〕分離により＝*p*-キシレン、*o*-キシレン、*m*-キシレン、エチルベンゼン

CH₃を分離して＝ベンゼン

合成原料として＝染料、有機顔料、香料（人造じゃ香）、可塑剤、医薬品（VB2）

溶剤として＝塗料、農薬、医薬品など一般溶剤、石油精製溶剤

以下はBTXから作られる代表的な誘導品です。

【高純度テレフタル酸（PTA）】

白色結晶または粉末。ポリエステル繊維、PETボトルなどの原料としてアジアでの需要が拡大しています。パラキシレンを原料に酸化反応を経て粗テレフタル酸を製造し、分離・精製によって高純度化（99.9％以上）した後、ポリエステル原料とされます。

〔**用　途**〕ポリエステル繊維（テトロン）、ポリエステルフィルム（ルミラー、ダイアホイル）、

◎芳香族炭化水素（BTX）メーカー別生産能力（2021年10月）

（単位：1,000トン／年）

	ベンゼン	トルエン	キシレン	合　計
ＥＮＥＯＳ	2,032	1,645	3,929	7,606
大阪国際石油精製	72		230	302
鹿　島　石　油			277	277
鹿島アロマティックス	234		522	756
出　光　興　産	549	130	859	1,538
コスモ松山石油	91	32	48	171
コ　ス　モ　石　油			300	300
丸　善　石　油　化　学	395	138	72	605
Ｃ　Ｍ　ア　ロ　マ			270	270
太　陽　石　油	300		700	1,000
東　亜　石　油	11			11
昭和四日市石油	190		514	704
西　部　石　油	70		250	320
三　菱　ケ　ミ　カ　ル	370	62	33	465
富　士　石　油	175		310	485
三　井　化　学	145	101	63	309
大　阪　石　油　化　学	130	70	60	260
ＮＳスチレンモノマー	205	71	42	318
日鉄ケミカル＆マテリアル	76	12		88
ＪＦＥケミカル	225	45	17	287
東　　ソ　　ー	154	65	32	251
合　　　　計	5,424	2,371	8,528	16,323

資料：経済産業省

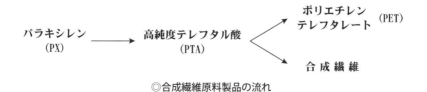

◎合成繊維原料製品の流れ

◎高純度テレフタル酸の輸出入量

(単位：トン)

	2018年	2019年	2020年
輸出量	17,988	30,472	31,212
輸入量	95,829	87,767	79,353

資料：財務省『貿易統計』

PETボトル、エンプラ（ポリアリレート）の原料

【フェノール（PH）】

ベンゼン環にヒドロキシ基（−OH）が結合した芳香族系の化合物で、白色結晶塊状（完全に純粋でないものは淡紅色）です。大気中から水分を吸収して液化します。特異臭、腐食性があり、有毒です。かつて石炭からコールタールを作る過程で副生したことから、「石炭酸」と呼ばれていました。工業的製法はキュメン法とタール法があり、日本のメーカーは主にキュメン法を採用しています。プロピレンにベンゼンを付加したキュメンを生成し、これを酸化したあと、

◎フェノールの設備能力（2021年10月）

(単位：1,000トン／年)

社　名	立　地	能　力
三 井 化 学	市原	190
	大阪	200
三菱ケミカル	鹿島	280
合　　計		670

資料：化学工業日報社調べ

硫酸で分解するとフェノールとアセトンが生成するという方法です。さらにフェノールとアセトンを反応させてビスフェノールＡ（BPA）を生産します。BPAはポリカーボネート(PC)樹脂、エポキシ樹脂の原料として加工されます。このため、PC樹脂の需要がフェノールおよびBPAの生産と供給を決める構造となっています。

〔用　途〕消毒剤、歯科用（局部麻酔剤）、ピクリン酸、サリチル酸、フェナセチン、染料中間物の製造、合成樹脂（ベークライト）および可塑剤、2,4-PA原料、合成香料、ビスフェノールＡ、アニリン、2,6-キシレノール（PPO樹脂原料）、農薬、安定剤、界面活性剤

【ビスフェノールＡ（BPA）】

白色の結晶性粉末フレークまたは粒状品で、かすかなフェノール臭があります。脂肪族または芳香族のケトン、あるいはアルデヒドの1分子とフェノール類の2分子の縮合で得られます。

〔用　途〕ポリカーボネート樹脂、エポキシ樹脂、100％フェノール樹脂、可塑性ポリエステル、酸化防止剤、塩化ビニル安定剤、エンプ

◎ビスフェノールＡの輸出入

(単位：1,000トン)

		2018年	2019年	2020年
輸　　入		60	34	36
輸　　出		132	160	181

資料：財務省『貿易統計』

◎フェノール、ビスフェノールＡの需給実績

(単位：トン)

		2018年	2019年	2020年
フェノール	生産量	587,446	637,116	551,689
	販売量	365,754	377,752	378,645
ビスフェノールＡ	生産量	441,779	459,497	416,535
	販売量	409,470	407,978	411,867

資料：経済産業省『生産動態統計　化学工業統計編』

◎ビスフェノールAの設備能力（2021年10月）
（単位：1,000トン／年）

社　名	立　地	能　力
三 井 化 学	大阪	65
日鉄ケミカル&マテリアル	戸畑	100
出 光 興 産	千葉	81
三菱ケミカル	鹿島	100
	黒崎	120
合　計		466

資料：化学工業日報社調べ

ラ（ポリサルホン、ビスマレイミドトリアジン、ポリアリレート）

【スチレンモノマー（SM）】

　無色の液体。酸化鉄を主体とした触媒を使用し、エチルベンゼンから水素を取り除く製法などで製造されます。

◎スチレンモノマーの生産能力（2021年10月）
（単位：1,000トン／年）

社　名	能　力
旭 化 成	372
出 光 興 産	550
NSスチレンモノマー	437
太 陽 石 油	335
デ ン カ	270
合　計	1,964

資料：経済産業省

〔用　途〕ポリスチレン樹脂、合成ゴム、不飽和ポリエステル樹脂、AS樹脂、ABS樹脂、イオン交換樹脂、合成樹脂塗料

【シクロヘキサン】

　刺激臭があり変質しやすい無色の液体です。製法としては、石油のなかに含まれるものを分留して得る方法、ベンゼンと水素とをニッケル触媒の存在下で反応させる方法があります。蒸留による精製が困難なため、ほとんどはベンゼンの水素化によって得られます。

　〔用　途〕カプロラクタム、アジピン酸、有機溶剤（セルロース、エーテル、ワックス、レジン、ゴム、油脂）、ペイントおよびワニスのはく離剤。

◎シクロヘキサンの設備能力（2020年末）
（単位：1,000トン／年）

社　名	立　地	能　力
日鉄ケミカル&マテリアル	広畑	36
出 光 興 産	徳山	125
	千葉	115
ENEOS(旧JXTGエネルギー)	知多	220
関 東 電 化 工 業	水島	18
合　計		596

資料：化学工業日報社調べ

◎スチレンモノマーの需給実績
（単位：トン）

	2018年	2019年	2020年
国内需要計	1,480,658	1,455,103	1,283,116
輸 出 量	531,876	586,273	602,888
出 荷 計	2,012,534	2,041,376	1,886,004
生 産 量	2,007,529	2,025,645	1,875,808

資料：日本スチレン工業会

【カプロラクタム（CPL）】

　わずかな臭気がある白色粉末で、空気中の水分を吸収し水溶液になります。ナイロン-6を原料として衣服などの繊維向けと、自動車部品などに使われるエンプラ向けに大別されます。ベンゼンを出発原料に、シクロヘキサンを経由し、CPLとなります。肥料の原料となる硫酸アンモニウム（硫安）が副生物として生じるプロセスと、生じないプロセス（住友化学が事業化）の2通りがあります。

　〔用　途〕合成繊維、樹脂用原料（ナイロン-6）

◎シクロヘキサン、カプロラクタムの需給実績
（単位：トン）

	2018年	2019年	2020年
シクロヘキサン			
生産量	317,574	240,169	196,938
販売量	317,013	243,461	192,197
輸出量	93,756	48,503	10,724
カプロラクタム			
生産量	219,757	199,505	184,056
販売量	90,015	81,948	87,543
輸出量	88,577	94,866	98,418

資料：経済産業省『生産動態統計　化学工業統計編』、財務省『貿易統計』

◎カプロラクタムの設備能力　（2021年10月）
（単位：1,000トン／年）

社　名	立　地	能　力
宇部興産	宇部	90
住友化学	新居浜	85
東　レ	東海	100
合　計		275

資料：化学工業日報社調べ

【トリレンジイソシアネート（TDI）】

　2,4-TDIと2,6-TDIの混合物異性体があり、いずれも常温では刺激臭のある無色の液体です。トルエンから中間体のトリレンジアミンを合成し、この中間体とホスゲンを反応させて製造され、軟らかく復元性のある軟質ウレタンフォームの原料として主に使用されます。軟質ウレタンフォームは軽量という基本性能に加えて、クッション性、耐久性、衝撃吸収性、耐薬品性、吸音性などの特徴があり、成形や加工の自由度も高いため、日用品から工業製品、産業資材まで、様々な用途に活用されます。最近は、特に自動車を中心として高弾性フォームの需要が伸長しています。また家庭用ソファー、ベッド、マットレス、座布団などに用いられています。

　〔用　途〕ポリウレタン原料（軟質フォーム、硬質フォーム、塗料、接着剤、繊維処理剤、ゴムなど）

◎トリレンジイソシアネートの生産能力
（2021年10月）
（単位：1,000トン／年）

社　名	能　力
三　井　化　学	120
東　ソ　ー	25
合　計	145

資料：化学工業日報社調べ

【ジフェニルメタンジイソシアネート（MDI）】

　白色から微黄色の固体。ベンゼンと硫酸からできるアニリンにホルマリンを反応させて中間体のメチレンジアニリン（MDA）を作り、ホスゲンを反応させて製造します。精製純度によって、冷蔵庫や建材（断熱材）などの一般の硬質フォームに用いるポリメリックMDI（クルード

◎ジフェニルメタンジイソシアネートの生産能力
（2021年10月）
（単位：1,000トン／年）

社　名	能　力
東　ソ　ー	400
住化コベストロウレタン	70
合　計	470

資料：化学工業日報社調べ

◎芳香族炭化水素（BTX）の生産量
（単位：トン）

	2018年	2019年	2020年
ベンゼン	4,012,491	3,689,622	3,245,237
トルエン	2,069,216	1,706,390	1,450,530
キシレン	6,771,322	6,596,549	5,195,366
合　計	12,853,029	11,992,561	9,891,127

資料：経済産業省『生産動態統計　化学工業統計編』

MDI）と、靴底やスパンデックス、合成皮革、エラストマー、塗料、接着剤向けなどのモノメリックMDI（ピュアMDI）に分かれます。全体のおよそ75％がポリメリックMDIの需要といわれています。MDIから作られた硬質フォームは断熱、保冷材料として車両、船舶、冷凍機器、電気冷蔵庫、ショーケース、自動販売機、保温・保冷工事用、重油タンク、パイプなどに利用されます。

〔用　途〕接着剤、塗料、スパンデックス繊維、合成皮革用、ウレタンエラストマーなどの原料、吸音材料（スタジオなどの音響調整、防音）

BTX（ベンゼン、トルエン、キシレン）の2020年の日本の需要（輸出を含む）は、COVID-19の感染拡大や中国でのパラキシレン（PX）の大規模新設が影響し、前年比22％減の953万9,000トンにとどまり、24年ぶりに1,000万トンを下回りました。世界的なワクチン接種の開始によってコロナ禍収束への期待が高まるなか、需要は2021年から2022年にかけて安定した伸びに回復すると見込まれています。

日本芳香族工業会によると、BTXの需要は2017年の1,341万6,000トンが過去最高とのことです。輸出が前年比3％減となった一方で、内需は8％増えて1,000万トンを突破していました。2018年はベンゼンやトルエンの内需減、キシレンの輸出減が影響し、前年比3％減の1,301万2,000トン。2019年は当初、前年並みと予想されていましたが、同6％減の1,223

万3,000トンにとどまりました。

経済産業省のまとめによれば、国内生産能力は2019年末時点でベンゼンが前年末比12万8,000トン減の542万8,000トン、トルエンが34万トン減の237万2,000トン、キシレンが34万5,000トン減の866万7,000トンとなりました。

2020年のBTXの需要は、昨春の段階で内需が前年比4％減872万2,000トン、輸出が同4％減の298万トン、合計で同4％減の1,170万2,000トンと予想されていましたが、内需は同23％減の701万2,000トン、輸出は同19％減の252万7,000トン、合計で同22％減（269万4,000トン減）の953万9,000トンと大きく下振れ、過去30年で最大の減少幅となりました。中国のPX新設の影響はある程度織り込まれていましたが、コロナ禍の影響が加わりこのような結果となったようです。

ポリエステルの原料であるPXは、2019年の春に中国で日量40万バーレルの処理能力を持つ製油所をベースとした恒力石化の年産450万トンプラントが立ち上がり、年末には浙江石化の400万トンが稼働を開始しました。1社で日本の生産能力（2019年末時点で366万1,000トン）を上回る巨大プラントの出現で、2019年、2020年と国内のBTX需要を押し下げる形となりました。

2020年のベンゼンの内需は前年比12％減の285万8,000トンでした。最大のスチレンモノマー（SM)向けはプラントの隔年定期修理の影響で同3％減と予想されていましたが、同7％

減の150万1,000トンにとどまりました。ＳＭの生産は187万6,000トンで、194万9,000トンの能力があるなかで高稼働を維持しました。ジフェニルメタンジイソシアネート（ＭＤＩ）／アニリン向けなど、ＳＭとシクロヘキサン／ヘキセン以外は前年並みと見込まれていましたが、コロナ禍において軒並み減少を余儀なくされた結果となりました。

　ベンゼンの輸出は同30％減の42万トンで、2年連続で減少しました。内訳は台湾向けが同20％減の15万7,000トン、米国向けが同38％減の14万1,000トン、中国向けが同52％減の7万トン、韓国向けが同63％増の5万3,000トンなどとなります。

　トルエンの内需は同23％減の89万2,000トンで、不均化／脱アルキル向けは同26％減の39万トンで、中国のＰＸ新設が影響したとみられます。溶剤向けは同9％減の20万トン、トリレンジイソシアネート（ＴＤＩ）向けは同12％減の7万5,000トンでした。いずれも前年並みの予想に反して、コロナ禍によって需要が減退しました。「その他」の用途は主にガソリン基材向けで、同31％減の22万7,000トンと低調でした。

　トルエンの輸出は同32％減の39万2,000トンで、8割以上が韓国向けとなっています。

　キシレンの内需は同31％減の326万2,000トンとＢＴＸのなかで最も落ち込みました。大半を占める異性化向けは同32％減の305万7,000トンとなり、140万トン以上減少しました。これにも中国のＰＸ新設が影響しているとみられます。主に溶剤向けの「その他」の用途も同15％減の20万5,000トンと振るいませんでした。

　キシレンの輸出は同11％減の171万5,000トンで、内訳は韓国向けが同24％減の95万5,000トン、中国向けが2.6倍の46万4,000トン、台湾向けが同31％減の28万トンとなっています。

　経済活動が回復してきたとともに、ワクチンの世界的な普及でコロナ禍収束に対する期待が高まるなか、ＢＴＸの需要は2021年から増加のきざしが見えてきました。ベンゼンは中国のＰＸ新設の影響がトルエンやキシレンほど直接的でなく、先行して復調する見込みです。2021年は内需の拡大を背景に、前年比7％増の350万7,000トンが予想されています。対してトルエンは1％増の130万トン、キシレンは前年並みの500万トンと出遅れ感があります。

　2025年までの見通しによると、ベンゼンの内需は2022年以降310万トン台で推移すると予想されています。輸出の回復は2022年からで、2023年に2019年並みの60万トンに戻るとのことです。トルエンの需要（輸出を含む）は2022年から2年連続で2ケタ増が予想され、160万トン台に乗ることが見込まれています。キシレンの需要（輸出を含む）もトルエンと同様の傾向が見込まれ、2025年には2019年並みの664万トンとなるようです。中国のＰＸ新設の影響は、世界的なポリエステル需要の拡大とともに薄れていくとみられています。

　2020年のベンゼンのアジア市況は、中国の旺盛な需要や堅調な米国向け輸出により、年初にナフサとの価格スプレッドが1トン当たり200ドルを超える局面もありましたが、旧正月明けからコロナ禍の影響が顕在化し、さらに域内誘導品メーカーの爆発事故による需要減もあったことでスプレッドは3月末に70ドル台まで縮小しました。4月以降は経済活動をいち早く再開した中国の需要が急回復し、スプレッドは150ドル近くまで持ち直しました。

　米国では、コロナ禍によって需要が激減した第2四半期に2～4月積みのアジア玉が入着したため在庫が一気に積み上がり、アジアの対米輸出は急減しました。第2四半期の韓国の米国向けは前年同期比65％減の11万7,000トンで、需給緩和によってスプレッドは6月以降100ドルを割り込み、夏場に10ドルを切る局面もありました。

低マージンは秋まで続きましたが、スプレッドは11月に入ってから100ドルを超え、12月以降は200ドルを上回る局面がたびたびみられました。米国の大寒波の影響なども材料にアジア市況は2月中旬から急騰し、一時900ドル近くまで上昇。スプレッドは300ドルレベルに拡大しました。騰勢は収まったものの、3月中旬時点で200ドル以上を維持しています。

中国のベンゼンの輸入は2年ぶりに増加し、2020年は前年比8％増の209万8,000トンでした。発地別では韓国が同5％減の103万9,000トン、タイが同38％増の27万トン、2019年11月に恒逸の新規プラントが立ち上がったブルネイが前年の3,000トンから15万4,000トンと一気に増え、インドが同20％減の12万5,000トンという結果です。2020年はコロナ禍の影響で余剰玉が中国に集中する格好となり、前年に実績がなかった欧州玉がベルギー、オランダ、スペイン、ドイツの4カ国で6万トン以上入着するなど、ブラジル品などを含め域外品の増加が目立ちました。

ＰＸの世界需要は2019年に4,700万トンを超えたとみられています。極東が7割以上を占め、なかでも中国は最大の消費国です。中国では誘導品の高純度テレフタル酸（ＰＴＡ）の生産が拡大し続けるなか、ＰＸの輸入は増加の一途をたどってきましたが、2019年は恒力石化と浙江石化の巨大プラントが相次いで立ち上がったため9年ぶりに減少し、2020年は前年比8％減の1,386万1,000トンにとどまりました。発

地別では韓国が同16％減の509万1,000トン、日本が同18％減の172万7,000トン、2019年11月に恒逸の新規プラントが立ち上がったブルネイが前年の5万1,000トンから128万6,000トンに急増、インドが前年並みの128万トン、台湾が同6％増の105万1,000トンという内訳です。

2020年のＰＸのアジア市況は、第1四半期はプラントの安定的な稼働とコロナ禍による中国の需要減によって需給環境が悪化したため、ナフサとの価格スプレッドは平均で1トン当たり270ドルに縮小しました。第2四半期は220ドルに悪化し、第3四半期は150ドル以下となったようです。2018年は年平均で450ドルで、2005年以降、200ドルを割り込むことはありませんでした。巨大製油所を持つ中国のＰＴＡメーカーは、原料安を背景にＰＸの稼働を落とさずＰＴＡの在庫を増やしたようで、中国のＰＴＡの在庫は歴史的な高水準まで積み上がりました。それを受けＰＸは余剰感の強い状況が年末まで継続しました。

日本のＰＸの生産は2017年の346万9,000トンから3年連続で減少し、2020年は前年比27％減の240万2,000トンとなりました。輸出は同30％減の211万5,000トンで、その内訳は中国向けが同20％減の170万2,000トン、台湾向けが同55％減の39万2,000トン、韓国向けが同75％減の1万トン、前年は実績がなかったインド向けが1万トンという内容です。

2.3 ソーダ工業製品

ソーダ工業は電解ソーダ工業とソーダ灰工業とからなり、製品は大きくカ性ソーダ、塩素、水素、ソーダ灰に分けられます。電解ソーダ工業は電気分解によりカ性ソーダ、塩素、水素を製造し、ソーダ灰工業は炭酸ガスやアンモニアガスを反応させて合成ソーダ灰を製造します。双方とも塩を出発原料としており、その塩はほぼ輸入で賄われています（内需の見通し、輸入実績については1.1「原料」の【工業用塩】を参照）。

【カ性ソーダ】

カ性ソーダとは「水酸化ナトリウム（NaOH）」のことで、水溶液は非常に強いアルカリ性を示します。酸との中和反応や、溶解が難しい物質を溶かしたり、他の金属元素や化合物と反応させて有用な化学物質、化学薬品を製造したりする際に用いられ、紙・パルプ、化学工業、有機・石油化学、水処理・廃水処理、非鉄金属、電気・電子、医薬など幅広い分野で、原料、副原料、反応剤として使われています。

カ性ソーダ工業は "電解ソーダ工業" や "クロルアルカリ工業" とも呼ばれ、塩を水に溶かし、電気分解する製法がとられています。電解法の製法には、イオン交換膜法、アスベストを使った隔膜法、水銀法などがありますが、隔膜法、水銀法は環境面で懸念があります。日本ではすべてのメーカーが世界に先駆けて、安全で高品質、高効率生産が可能なイオン交換膜法に転換していて、生産技術で世界のトップを走っています。

塩を水に溶かし電気分解すると、カ性ソーダ、塩素、水素が一定の比率（質量比1：0.886：0.025）で得られます。塩素は塩化ビニル（塩ビ）原料などの塩素系製品の原料に使われるほか、その3割は液体塩素、塩酸、次亜塩素酸ソーダ、高度さらし粉などの製造に利用されています。カ性ソーダとは需要分野が異なり、しかもそれぞれに需要の増減があるため、常にカ性ソーダと塩素の需給バランスを考慮に入れて生産するという特徴があります。このことから、バランス産業と呼ばれることがあるほか、事業コストの4割を電力料金が占める構造からエネルギー多消費産業ともいわれています。経営に大きく影響する電力情勢への対応が求められており、各社がエネルギー原単位に優れる電解設備の導入に取り組んでいます。1997年以降、環境対策などでイオン交換膜法に置き換わった日本の電解工場は現在、設備の老朽化にともなう更新のタイミングに差し掛かっており、ゼロギャップ方式やガス拡散電極法といった最新設備の導入が進められています。ゼロギャップ方式では約10％のエネルギー原単位の効率化に成功している企業があり、またガス拡散電極法では電力使用量を3分の2程度まで抑制できるなど、エネルギー効率化のための技術が進歩しています。また、国内電解工場の約65％は自家発電を保有しており、石炭や天然ガスを輸入に頼る日本にとって、原油安による資源価格の低下はコスト削減の一助となります。

カ性ソーダの国内需要はＧＤＰ（国内総生産）に連動しており、2020年はCOVID-19感染拡大による経済活動の停滞から減少しました。一方、輸出はオーストラリアやインドネシア、インドでの需要増を背景に4年連続で増加しました。

2021年は世界経済が回復方向にあることから力性ソーダをとりまく状況も上向き、1月の出荷は前年同月比2.8%増の35万7,244トンでした。

日本ソーダ工業会がまとめた2020年（暦年）の需給統計によると、生産は393万368トン（前年比2.3%減）と減少しました。力性ソーダは塩の電気分解で生成されますが、併産関係にある塩素は塩化ビニル樹脂（PVC）の原料であり、PVCメーカーから生産されるものと力性ソーダやPVC以外の塩素誘導品を製造する電解企業から生産されるものがあります。

コロナ・ショックによるPVCの需要減退で電解設備は低稼働でしたが、6月以降、海外の市場が回復しPVCが増産され、PVCメーカーの電解操業度は上がりました。一方、電解企業はコロナ禍から力性ソーダ需要が縮小し、生産量が減りました。また、上期にかけて国内では東ソー、AGC、鹿島電解が定期修理を実施したことも力性ソーダの生産減につながったとみられています。

自家消費と販売を合わせた国内出荷量（内需）は、301万5,640トン（5.8%減）とここ数年は減少傾向にあります。内需のうち、自家消費分は96万2,859トン（6.3%減）、外販分は205万2,781トン（5.6%減）とともに減少しました。内需の低迷に対して、輸出は好調に推移し、工業会の統計では94万6,471トン、前年比14.8%増と2ケタ成長となりました。

内需は、主要用途の紙・パルプや化学工業をはじめ、化学繊維、食品、有機・石油化学、プラスチック、電機・電子などが軒並み減少しました。紙・パルプ向けは23万6,877トンとなり、前年に比べて12.6%減と落ち込みが大きかったようです。近年のデジタル化の流れからデジタルデータが増加し、紙へのデータ出力が減っているほか雑誌など紙媒体の市場は縮小傾向にあり、今後、力性ソーダの用途先として拡大は見込めないと考えられています。また、2020

年の化学業界の低迷から有機・石油化学向けが前年比8.1%減の35万7,144トン、プラスチック向けが1.1%減の16万651トンと需要減少を余儀なくされた形となりました。

日本では東日本大震災や熊本地震などの大規模地震、2020年の台風10号にみられる台風の大型化など自然災害の脅威による被害が甚大化しており、浄水場の浸水など水道設備が被害を受けました。こうした状況下で、安全・安心な水の供給のために殺菌・消毒で使われている力性ソーダ水溶液に塩素ガスを吸収させて製造する次亜塩素酸ナトリウム（ソーダ）や塩素の重要性が増しています。2020年の水処理・廃水処理向けの力性ソーダは前年比2.3%増の16万6,559トンが使われました。また、コロナ禍において抗菌対策製品が注目されていますが、中でも家庭用洗浄剤などに含まれる次亜塩素酸ソーダが脚光を浴びているようです。

力性ソーダの国内需要の不振に対して、輸出は増加傾向にあります。財務省の貿易統計によると、2020年の輸出量は液状品が196万3,430トン（19.5%増）、固形品が7,496トン（6.3%減）となりました。特にオーストラリアや東南アジア、インドでの需要が増えており輸出が急増しました。

オーストラリアやインドネシアではアルミナ精錬用の需要が増加しています。オーストラリア向けは85万3,922トンと前年比43.6%と大幅に増えました。アルミニウムの製造は、バイヤー法とホール・エルー法を組み合わせて行いますが、バイヤー法では原料のボーキサイト中のアルミナ成分を力性ソーダに溶解・抽出してアルミナを製造します。特にオーストラリアではボーキサイトの品質が悪く、力性ソーダが大量に使用されます。また、インドネシア向けは10万9,162トンと前年に比べて90.6%増と倍近くとなりました。

東南アジアの力性ソーダはコロナ禍の影響を受け需要が低迷していましたが、2020年後半

から反転する兆しが出てきました。ベトナムは米中貿易摩擦から製紙や電子材料の生産拠点として中国から移管されつつあり、これら用途での引き合いが増えているとのことです。また、マレーシアでは製油所の脱硫向けの需要が高まっているようです。

　インド向けは28万5,073トン（前年比40.3％増）と急伸長しました。インドではＰＶＣ需要が増加傾向にありますが、50％は輸入でカバーしているのが現状です。カ性ソーダ需要は安定した成長をみせている一方で、ＰＶＣメーカーの電解設備不足からカ性ソーダの供給量は不足しています。

　中国向けは、2019年の4万7,287トンから2020年は458トンと急減しました。中国ではCOVID-19感染拡大の影響を受けてＰＶＣ需要は低下しましたが、4月以降、回復してＰＶＣの増産から電解プラントの稼働率が上昇し、カ性ソーダの生産が増えて余剰品の輸出を増やしています。また、エピクロルヒドリンなどの塩素誘導品需要が中国国内で回復していることも電解プラントの稼働率アップに拍車をかけました。今後、中国は国内のカ性ソーダ価格とアジア市況をにらみながらの輸出戦略を進めていくとみられています。

【塩　　素】

　空気より重い、刺激臭のある気体です。反応性が強く他の物質と結びつきやすいため、自然界では単体で存在せず、塩化ナトリウム、塩化カリウムなどとして存在しています。殺菌剤や漂白剤として使われるほか、塩化ビニル樹脂やウレタン樹脂、エポキシ樹脂、合成ゴムなどの製造や各種溶剤の製造にも用いられます。

【水　　素】

　無色、無味、無臭。空気の比重を１とすると

◎カ性ソーダ・塩素のインバランス
（単位：1,000 トン、％）

	2018年	2019年	2020年
カ性ソーダ内需 （a）	3,334	3,190	3,009
塩素・総需要	4,145	4,178	3,979
回　　収	491	504	512
差し引き需要	3,654	3,674	3,467
〃（カ性換算）（b）	4,237	4,272	4,068
（b）=（d）+（e）			
インバランス計	903	1,082	1,059
（b）-（a）=（c）			
カ性ソーダ			
輸　　出	646	839	962
輸　　入	7	10	8
差し引き純輸出	639	829	954
塩素誘導品			
輸入（カ性換算）（d）	278	219	149
カ性ソーダ在庫増減	△14	34	△44
カ性ソーダ生産（e）			
電解法（b）-（d）=（e）	3,998	4,053	3,919

資料：日本ソーダ工業会

◎塩素の需要内訳
（単位：1,000トン）

	2018年度	2019年度	2020年度
塩化ビニル	1,637	1,637	1,725
食　　　品	21	20	21
塩素系溶剤	53	57	35
クロロメタン	194	203	167
Ｐ　　Ｏ	296	253	276
ＴＤＩ・ＭＤＩ	336	338	348
そ　の　他	1,625	1,401	1,407
合　　　計	4,162	3,909	3,979

〔注〕輸入を含む
資料：日本ソーダ工業会

水素の比重は0.069で、最も軽い気体です（2.4「産業ガス」の【水素】参照）。

【ソーダ灰】

　ソーダ灰（炭酸ナトリウム）は、板ガラスやガラスびんなどガラス製品の原料として使われているほか、ケイ酸ソーダなどの無機薬品や油脂製品の製造で使用されています。また、その中間製品は顔料、医薬、合成洗剤、接着剤、土壌

強化剤、皮革、メッキなどさまざまな産業や生活関連製品でも活用されており、非常に幅広い用途の製品だといえます。

国内需要は唯一のメーカーであるトクヤマの年間生産量（20万トン）と海外からの輸入量のトータル量と推定されます。

2020年はコロナ禍の影響からガラス製品が使われる自動車や住宅、飲料業界が低迷し、ソーダ灰需要も落ち込みました。

2020年の国内自動車生産は806万台と前年を割り、新設住宅着工数は81万5,340戸と4年連続で減少しました。このため、2020年の板ガラス生産もガラスメーカーが需要減退によりガラス溶解窯の稼働率を低下させたことなどから前年比2割減となりました。

また2020年のガラスびんの生産は約89万5,000トン（前年比9.0％減）と90万トンを切りました。緊急事態宣言による飲食店の時短営業などで、びんビールなど業務用酒の販売が大きく減少したことが響いたとみられます。化粧品向けのガラスびんは化粧品のインバウンド需要の消失などから前年を下回る結果となりました。

ガラス用途以外では、衣料用洗剤向けが縮小しています。ソーダ灰は粉末洗剤の成分の一つとして使われていますが、泡切れが良く、水の使用量が減らせる液体洗剤の需要は増加しており、衣料用洗剤市場における液体洗剤のシェアは8割以上と推定されます。このため、ソーダ灰の洗剤向け需要は減退しているとみられています。

こうした国内需要の低迷は、輸入品も大きく影響を受けています。ソーダ灰の輸入は国内一社体制になって以降は一定量輸入されており、板ガラスメーカーなど大規模需要家を中心に販売されています。

財務省『貿易統計』によると、2020年の天然・合成合わせたソーダ灰の輸入量は24万1,844トンと前年に比べて39.4％減と激減しました。合成系はほぼ中国からの輸入品ですが、2020年は内需減少やコロナ禍の影響による中国内での稼働率低下などから前年に比べて4万6,000トン減り、3万8,000トンとなりました。

一方、天然のトロナ鉱石を焼成する天然ソーダ灰は米国品が約95％を占めていますが、2020年は19万1,900トン（前年比32.8％減）と減少しました。近年、トルコ品が流入しており、米国品同様に前年を下回りましたが、今後、安定供給先して増加してくるとみられています。

また、リチウムイオン2次電池の金属リチウム製造用にもソーダ灰は使われており、先端産業の発展に貢献していますが、政府方針の

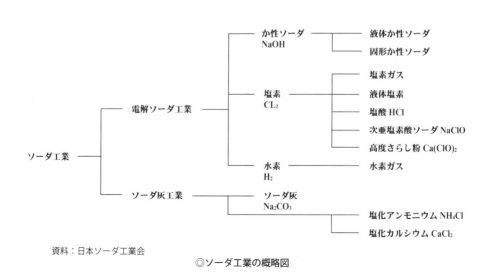

資料：日本ソーダ工業会

◎ソーダ工業の概略図

2050年カーボンニュートラル達成に向けて、ソーダ灰製造プロセスをカーボンリサイクルに応用する技術開発が始まっています。トクヤマなど3社が国立研究開発法人新エネルギー・産業技術総合開発機構（ＮＥＤＯ）の事業採択を受け、共同で取り組んでおり、ソーダ灰の製造工程で使う石灰石由来のCO_2の代わりに火力発電所から排出されるCO_2を有効活用することで、排出量削減につなげていく考えです。

◎カ性ソーダの需要内訳

（単位：トン）

	2018年	2019年	2020年
紙・パルプ	297,564	271,154	233,988
化学繊維	63,658	61,484	56,861
染色整理	47,177	44,707	42,577
アルミナ	22,436	21,761	19,363
食　品	83,943	80,261	77,114
石油精製	24,839	22,917	19,669
セロハン	8,960	9,697	12,542
化学工業	1,889,101	1,839,326	1,699,174
無機薬品	449,885	407,150	377,149
硫酸ナトリウム	13,266	12,471	11,102
亜硫酸ソーダ	16,086	13,028	11,643
ケイ酸ソーダ	35,958	28,844	29,848
次亜塩素酸ソーダ	140,332	130,126	123,327
その他	244,243	222,681	201,229
有機・石油化学	405,265	388,498	361,221
染料・中間物	73,465	74,090	63,009
せっけん・洗剤	43,984	40,304	38,595
電解ソーダ	51,237	49,083	48,383
カプロラクタム	12,199	11,048	10,191
プラスチック	165,019	162,441	161,746
重　曹	54,488	55,698	55,356
高度さらし粉	4,657	5,143	4,527
その他	628,902	645,871	578,952
非鉄金属	87,435	80,281	69,863
電機・電子	66,468	62,452	61,997
医　薬	26,490	25,869	26,185
鉄　鋼	44,821	39,733	40,484
ガ　ラ　ス	4,091	4,074	3,737
タ　ー　ル	568	514	494
農　薬	17,425	18,764	18,272
電　力	31,246	29,787	28,395
上下水道	45,665	42,791	41,025
水・廃水処理	172,807	162,807	167,110
そ　の　他	417,913	382,728	382,675
内　需　計	3,352,604	3,201,107	3,001,525
輸　　　出	646,593	824,650	962,153
需　要　計	3,999,197	4,025,757	3,963,678

資料：日本ソーダ工業会

2.4 産業ガス

産業ガスは、空気から分離する酸素、窒素、アルゴンが主力です（エアセパレートガス）。圧縮した空気を約10℃まで冷却し、低温で固化する水分と二酸化炭素を吸着除去した後、熱交換器でマイナス200℃近くまで冷却（液化）し、精留塔でそれぞれの沸点の差を利用して分離精製します。大口需要家である製鉄所などには、酸素パイプラインで供給するオンサイトプラントが併設されているケースが多く、小口の需要に対しては、液化して高圧タンクに詰めて出荷されています。このほか、製鉄所などの副生ガスを回収して生産する炭酸ガス、天然ガスから取り出すヘリウムなどがあります。産業ガス業界は日本全体の電力使用量の約１％を占め、売上高当たりの使用量が全製造業平均の約30倍にも上ります。電力多消費型産業であり、エネルギー価格や景気の動向に大きく影響されます。

以下、主な工業用ガスの概要を解説します。

◎主な産業ガスの販売量

（単位：km³）

	2018年	2019年	2020年
酸　素	1,984,624	1,873,472	1,441,299
窒　素	5,206,352	5,144,339	4,340,753
アルゴン	246,701	246,915	198,342

資料：日本産業・医療ガス協会

【酸　　　素】

強い支燃性と酸化力が特徴です。この性質から、鉄鋼業における炉での吹き込み（銑鉄から炭素などの不純物を酸化反応で除去する）や、溶断・溶接、ロケットの推進剤、化学工業における酸化反応などに利用されます。需要は化学工業と鉄鋼業で６割近くを占め、医療用にも使われています。

【窒　　　素】

常温では化学的に不活性であるため、菓子類の袋に酸化防止目的で封入したり、修理などで操業停止中の化学プラントの内部に注入したりします。また、液化するとマイナス196℃にもなり、冷凍食品の製造や超電導装置などに使用されます。不活性という特徴から半導体製造に欠かせないガスであり、全需要の２割近くがエレクトロニクス向けです。化学工業の原料などとしても用いられ、約４割を占めます。

【アルゴン】

空気中には0.9％しか含まれていません。高温高圧下でもまったく化学反応を起こさないため幅広い用途に使われ、半導体製造や鉄鋼などの雰囲気ガス、半導体基板のシリコーンウエハーの製造、溶接、金属精錬などに利用されます。超高純度シリコン単結晶の製造や製鋼、製錬などの高温高圧下での工程で酸化・窒化を嫌う場合や、窒素の不活性では不十分な場合にアルゴンが用いられます。

【炭酸ガス】

二酸化炭素のことを指します。アンモニア合成工業の副生ガス、製鉄所の副生ガス、重油脱硫用水素プラントの副生ガスとして生産され、

ドライアイス、液化炭酸ガスとして、溶接や金属加工などのほか、冷却、炭酸飲料や消火剤、殺虫剤の製造に利用されます。

【ヘリウム】

化学的に不活性、不燃性のガスで、他の元素、化合物とは結合しません。不活性で空気よりも軽いという特徴を利用して、飛行船やアドバルーンの充填ガスとしてよく知られています。半導体・液晶パネルの製造では主にCVD（化学気相成長法；半導体基板に化学反応で薄い膜を作ること）工程後の冷却ガスとして使われているほか、リニアモーターカーやMRI（医療用核磁気共鳴断層撮影装置）の超電導磁石などにも利用されます。ヘリウムガスは光ファイバー製造用の雰囲気ガスとしての用途がメインでしたが、需要一巡や海外移転によって大幅に減少しました。それを埋め合わせてきた半導体・液晶製造用途も近年は苦しくなっています。液体ヘリウムはMRI用途が7割を占めますが、こちらも成長には陰りがあります。

ヘリウムは、天然ガス田から採取して生産されていますが、ヘリウムを含む井戸はわずかで、生産は米国、アルジェリア、ポーランド、ロシアなど一部の地域に限られており、日本は全量を輸入に依存しています。

【水　　　素】

無色、無味、無臭の気体で、最も軽いガスです。石油化学工業においては、誘導品を作る際に反応剤として使われます。アンモニア、塩酸などの原料として使用されるほか、産業ガス分野でもアルゴン精製用として利用されています。光ファイバー製造のための水素炎や半導体製造時のキャリアガスのほか、人工衛星打ち上げ用ロケットエンジンの燃料としても利用されています。今後は燃料電池車（ＦＣＶ）向けの水素ステーションでの需要拡大が期待されます。

産業ガス需要は国内の製造業の動きに連動しており、産業の裾野が広い自動車関連が回復してきたことに伴い、産業ガスの販売数量も回復しはじめてきました。各種ガスの状況についてみてきましょう。

産業用ガスの主要製品であるセパレートガス（酸素・窒素・アルゴン）の2020年度の販売量は全体としては落ち込んだ要素も多くありましたが、4〜5月を底にして、秋口以降は自動車関連の回復を背景にして盛り返しがみられました。

日本産業・医療ガス協会の調べによると、2020年度の酸素の販売量は14億4,130万立方メートルで、前年度6％減。鉄鋼向けが4億8,344万立法メートルの8.1％減で、化学向けも4億1,845万立方メートルの9.1％減と落ち込みま

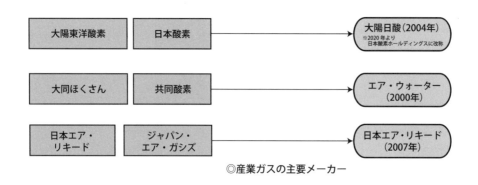

◎産業ガスの主要メーカー

した。2021年度はこれらの生産活動が大きく回復しており、4〜6月で前年同期比19.5%増に反転しました。

　窒素の2020年販売量は43億4,075立方メートルで、前年比0.1%増とほぼ横ばいの状態となりました。業種別では、最大の化学工業が17億4,097万立方メートルの0.4%増と堅調で、電気機械器具製造業は前年の落ち込みから一転し、10億5,714万立方メートルの13%増と大きな伸びをみせました。これは半導体・電子部品関係の盛況を反映したもので、データセンターや5G（第5世代通信）向けの先端製品やPCパーツなどを生産する部品メーカーで需要が増加しました。2021年度も半導体産業や関連する素材産業の好調が持続しており、4〜6月で前年同期比7.9%増という動きになっています。

　アルゴンの2020年度の販売量は1億9,834万立方メートルの、前年比4.6%という実績でした。用途別にみると、全体的にマイナスが多い中、電気機械器具製造業が4,858万立方メートルの0.9%増、化学工業が546万立方メートルの3.5%と安定しています。

　圧縮水素とヘリウムの2020年の販売・出荷は2年連続のマイナスとなったものの、減少率は小幅にとどまりました。

　圧縮水素の出荷量は7,206万立方メートルの前年比6.1%減で、すべての用途で減少しました。弱電向けは1,961万立方メートルの6.7%減、金属向けが1,791万立方メートルの3.5%減、化学向けは1,341万立方メートルの6.9%減となりました。

　一方、ヘリウムの2020年販売量は902万立方メートルの同1.5%減でした。内訳をみると、ヘリウムガスが714万立方メートルの1.1%増、液体ヘリウムは188万立方メートルの10.4%減であり、半導体向けを中心に堅調でした。ヘリウムガスは光ファイバー製造用の雰囲気ガスとしての用途が多くを占めていましたが、需要一巡や生産拠点の海外移転によって大幅に減少

し、それに代わって半導体向け需要が増加してきました。世界的にも半導体向けが伸びており、特に中国・台湾・韓国は2020年下期からコロナ禍前の水準に回復し、さらに拡大しています。中長期では新興国の医療用核磁気共鳴診断撮影装置（MRI）需要が成長し、アジアで年率3%程度の増加が見込まれています。

　溶解アセチレンと炭酸ガスは、需要は成熟しているものの、長期的には厳しい事情も抱えているのが現状です。溶解アセチレンの需要は長期減少傾向にあり、生産工場の閉鎖・統合が進んでいます。日本産業・医療ガス協会の調べによれば、2020年度の生産量は831トンの前年比8.1%減。用途の大半は金属切断・加工のためのアセチレンガスで、1970年の生産量は6万5,000トンでした。金属加工の技術革新や石油系ガスへの転換などで使用料が減っていることが要因とみられています。一方、液化天然ガスは需要全体の半分近くが溶接向け（炭酸ガスシールドアーク溶接）であり、そのほかでは炭酸飲料向けなど冷却向けが大きく、この3大用途で8割を占めています。2020年度の工場出荷量は67万4,982トンで前年比9.2%減でした。溶接は大口ユーザーである造船向けが減少傾向で、今後も低調に推移する可能性が高いとみられています。飲料分野では炭酸飲料は堅調ですが、コロナ禍で外食および自動販売機向けが減少しており、短期的には落ち込んでいます。反対に、ドライアイスなどの冷却向けは通販需要の好調で冷凍食品宅配向けが伸びており、当面は堅調に推移するとみられています。

　炭酸ガスは製油所やアンモニア工業の副生ガスが原料ですが、これら大本のプラントが統廃合を進めていることに加え、定期修理の長期化や老朽化にともなうトラブルが頻繁にあり、原料ガスを安定的に調達できない状態が繰り返されています。コロナ禍では、航空機燃料の需要の大幅減で製油所の稼働が低下し、原料事情はさらに悪化しました。現在需給バランスはひっ

迫しているため、原料調達は一層困難になるとみられています。

医療ガスには生産・出荷などの統計がありませんが、最も需要が大きいのが酸素とされています。近年、手術後のケアを目的とした高濃度酸素吸入がほとんど行われなくなったことや、医療関連機器の技術が進んでロスした酸素を補充する需要が減少したことなどから、市場規模は緩やかな縮小傾向で、現在は年間1億6,000万立方メートル程度とみられています。昨年から今年にかけては、COVID-19にともなう肺炎への対処を目的に医療用酸素の存在がクローズアップされました。しかし全体としてみると、コロナ禍で病院への通院控えが起こり、手術件数が減少したことにより医療用酸素の総需要はマイナスとなっています。それでも、適切なタイミングでの安定供給は人命に関わることであり、不足がないように最大限の努力がなされています。

特殊ガスは、高純度ガス、半導体材料ガス、標準ガスの3種類に大別されますが、日本産業・医療ガス協会の調べによれば、どの品目にも成長がみられているとのことです。コロナ禍による外出控えから、PCやタブレット端末の需要増やクラウドサービスのインフラ投資など、世界的に半導体需要の拡大が起こり、好調さが持続しているとみられています。

統計が取られている20種類ほどのガスのうち、年間需要が最大のものが高純度アンモニアガスで、2020年の販売数量は過去最大の過去最大の4,402トンに達しました。これは発光ダイオードや液晶パネルなどの製造工程でエピタキシャル、膜形成ガスとして使用されるもので、2019年に対し1.5倍に急増しました。

●革新的技術で循環型社会を後押し
　大阪ガスと岩谷産業の取り組み

循環型社会実現に向けた取り組みが本格化し、再生可能エネルギーにおけるインフラ整備やサプライチェーン構築の動きが加速するなか、大阪ガス、岩谷産業の2社の革新的技術などが注目を集めています。両社の取り組みの一部をみていきましょう。

＜大阪ガス＞

大阪ガスを中核とするDaigasグループは2050年の脱炭素社会の実現を目指し、再生可能エネルギーの利用促進などにより二酸化炭素（CO_2）排出量を削減しつつ、将来のカーボンニュートラルの達成につながる各種技術の研究開発に励んでいます。

カーボンニュートラルの実現に向け、注力しているものの一つに「ケミカルルーピング燃焼技術」があります。未利用資源（バイオマスおよび低品位石炭）を燃料に用い、CO_2、水素（H_2）、電力を生み出す技術です。これには3反応塔（燃料反応塔・水素生成塔・空気反応塔）で酸化鉄（FeO）などの酸素キャリアを循環させる方法を用いますが、未利用資源と3塔の組み合わせは実用化されれば世界初となります。新エネルギー・産業技術総合開発機構（NEDO）の委託事業で、石炭エネルギーセンター（JCOAL）と共同で進めており、同社はバイオマスを用いた実用化を目指しています。とくに、比較的安価で提供できるグリーン水素に期待を寄せ、要素技術開発を進めています。

＜岩谷産業＞

岩谷産業は水素ステーションを2020年度内に53か所へ増やす計画を推進しています。2015年に「イワタニ水素ステーション芝公園」を開設以来、設置が急ピッチで進んでいます。2016年に開業した空港併設型の「イワタニ水素ステーション関西空港」やコンビニ併設型などの水素ステーションは、次世代の地域インフラ拠点のモデルケースとなっています。さらに、2021年度中には約100億円を投じて4大都市圏を中心に約20か所を増設し、水素供給網の整備を加速させていくとしています。また海外では、水素の利用量が多い米国カリフォルニア州を中心に4か所を運営中ですが、将来的には20か所程度にまで増やす方針とのことです。

2. 5　化学肥料・硫酸

【化学肥料】

　植物の栄養素で重要なのは"窒素"、"リン"、"カリウム"で、「肥料三要素」と呼ばれています。これら無機養分は土壌中に不足しやすいため、農作物を作る際には、土壌に補充する必要があります。無機養分を化学的に処理し、加工したものを化成肥料といい、単一の物質からなる肥料を単肥、2つ以上からなるものを複合肥料と呼びます。複合肥料のうち、肥料成分が30%以上のものを高度化成肥料、それ以下のものを普通化成肥料といいます。

　世界の人口が77億人に達し、2050年には97億人を超えるとされるなか、食料需要の拡大を受けて肥料の需要も中長期的に右肩上がりで推移すると予想されます。地球上の農地は限られており、増え続ける世界人口を養うには、単位面積当たりの収量を増やす必要があります。食料の確保にとって、肥料はなくてはならない存在です。作物の収穫とともに土壌から失われる成分は、肥料によって補わなければなりません。

　適切な施肥により農産物の品質が向上し、それを摂取する人間の健康も改善されるのです。

　肥料の革新は世界的な課題です。国際連合食糧農業機関（FAO）は、持続的な穀物生産に向けたガイドブックのなかで、推進すべき技術革新の1つとして肥料を挙げています。背景には、従来品が土壌の特性に合わず十分に機能していない現実（特にアフリカなど貧困地域）や、施肥の20～80%が植物に取り込まれることなく環境に流出しており、環境負荷を十分に抑えることができていないとの認識があります。

　FAOは、土地に与えるのではなく、直接植物に照準を定めた肥料を求めています。肥料の利用率向上が、土壌回復や、農業システムの再生と持続性の向上、環境中への窒素酸化物の排出削減、生態系の健全化につながるとし、技術革新への期待を高めています。

　米バーチャル肥料研究所によると、植物生理学の分野では、植物が微量要素を含む十数種の肥料成分を吸収する際の拮抗や相乗作用が明らかとなってきています。また土壌と吸収の関係についても、ペーハー（pH）による影響以上の

◎化学肥料の需給実績

（単位：トン）

	2018年度			2019年度			2020年度		
	生産量	出荷量	輸出量	生産量	出荷量	輸出量	生産量	出荷量	輸出量
高度化成肥料	971,679	783,716	22,131	960,927	761,004	20,224	921,298	804,452	19,578
普通化成肥料	185,352	177,113	1,623	177,671	172,332	1,195	174,014	180,364	1,377
ＮＫ化成肥料	32,025	27,716	－	27,178	25,254	－	24,783	25,422	－
過リン酸石灰	85,916	34,966	－	74,909	31,576	－	82,433	29,543	－
苦土過リン酸石灰	22,711	11,035	160	22,767	10,324	80	22,776	11,256	110
重過リン酸石灰	7,108	676	－	6,469	786	－	－	－	－

〔注〕年次は肥料年度。高度肥料はコーティング複合を含む。
資料：日本肥料アンモニア協会

ことが分かってきており、これらを応用することで、肥料の利用効率向上が期待されています。作物や地域ごとに適切な成分構成を開発するばかりでなく、発芽を助ける種子コーティング肥料や、葉茎への散布、吸収されやすいナノカプセル型などのアイデアも提示されており、従来の肥料の概念を超えた「再設計」が求められています。

　日本では、政府が目標に掲げた「農家の所得倍増」へ向けて、肥料業界の取り組みに拍車がかかり、適正施肥、省力化などとともに、生産への投資が進んでいます。企業統合などにより合理化が進んでいますが、農業を成長産業へ転換するには、生産コストの圧縮ばかりでなく、農産物の付加価値向上もまた重要です。

　政府が農家の所得倍増を目標に掲げた背景には、日本の農業の衰退に歯止めがかからない実態があります。2016年3月に公表された「農林業センサス」では、5年前に比べ農家数は215万5,000戸と14.7％減少し、販売農家の農業就業人口は209万7,000人と19.5％減少しました。農業就業人口の平均年齢は66.4歳で、65歳以上が占める割合は63.5％にもなります。

　経済産業省「生産動態統計」によると、高度化成肥料の2019年の出荷金額は511億9,400万円（前年比4.1％減）と、6年連続で前年実績を割り込みました。

　全国農業協同組合連合会（JA全農）は2017年から、銘柄集約や購買方式の転換（農家からの事前予約注文を積み上げ、肥料メーカーと価格交渉を行う。集中購買）を進めており、肥料価格の引き下げ、高度化成肥料の金額ベースの落ち込み幅が広がっている状況です。政府も2017年に農業競争力強化支援法を施行し、肥料の価格引き下げを後押ししています。国は肥料を「事業再編促進対象事業」と位置付けており、その将来のあり方と、事業再編による合理化や生産性向上の目標設定に関する事項などを指針として定めることになっています。

　「食料・農業・農村白書」によると2016年現在、肥料生産業者数は、国への登録・届出業者が2,400あるほか、都道府県への登録肥料（化学的方法で生産されない有機質肥料など）のみを生産している業者が約500あり、国への登録・届出肥料業者のうち生産量が5,000トン以下の小規模な業者が93％を占める構図となっています。また肥料の登録銘柄数は近年ほぼ一貫して増加しており、現在は約2万銘柄とされます。主要な肥料メーカーにおける1銘柄当たりの生産量は、規模が大きいメーカーでも約300〜900トンにとどまり、コスト高につながっていると考えられます。銘柄数の削減を前提に業界の再編が求められることになりますが、業界ではこれまでにも再編が繰り返されており、最近では2015年に片倉チッカリンとコープケミカルが合併し、片倉コープアグリが誕生しました。

　一方で肥料の多様化は、品質向上に向けた農家の研究努力の結果という側面があることも忘れてはなりません。銘柄数を減らした結果、農産物の品質が落ちてしまっては、目的とする競争力強化に逆行する結果につながります。

　肥料をめぐる大きな流れとして、養液栽培システム（土壌以外の固形培地や水中に根を張らせ、生育に必要な肥料成分と水を液体肥料の形で与えて栽培する）の拡大が挙げられます。新規参入企業や新規就農者などへの普及が期待されるほか、東南アジアや中国など土耕栽培が難しい砂漠や高気温地帯などでの導入が見込まれています。

　また近年、新しい肥料として注目されているのが「バイオ肥料」です。窒素は空気中に大量に存在するものの、一般に反応性の高い他の窒素化合物に変換（固定）しなければ植物は利用できません。ただしマメ科植物は例外で、根粒菌（窒素分子を固定する能力を持つ）と共生することで大気中の窒素を栄養分として摂取しています。こうした作用を他の植物でも可能とする微

生物が、バイオ肥料と呼ばれています。日本はこの分野の研究を促進するうえでカギとなる、植物と相互作用する膨大な微生物を効率的に分離・培養・選抜する技術で先行しています。食料増産と環境保全を両立できる手法として世界的に関心が高まっており、大きな経済効果も期待できます。

　無人ヘリコプターの活用にも焦点が当てられています。2014年に産業用無人ヘリコプターの重量規制が100kgから150kgへと緩和されたことで積載が増え、施肥方法としての可能性が広がったためです。しかし従来型の肥料では十分な量を積載することができず、散布機内での目詰まり防止への配慮も必要です。少ない量で効く高成分型の無人ヘリコプター向け肥料の開発への取り組みがすでに始まっています。

　肥料は製造コストの約6割を原材料費が占め、その大半を輸入で賄っている国内肥料価格は、肥料原料の国際市況の影響を大きく受けます。特に、日本が全量を輸入しているリン鉱石、塩化カリは今後も世界的な需要拡大が見込まれる一方で、賦存地域の偏在性が高くなっています。将来の供給不足の懸念が常にくすぶっており、この先、再び2008年のように国際市況が急騰しないとも限りません。このため日本としては、新たな輸入相手国を開拓するとともに、国内では未利用資源(鶏糞焼却灰など)を用いた肥料の製造、リン酸・カリ成分を抑えた肥料の製造、下水汚泥などからのリン回収などの技術の確立・普及が必要とされています。また、複数社が共同で実施する原料調達や輸送・保管も肥料産業のコスト競争力強化につながる有力な手段です。

　各メーカーは、機能性を有しコストパフォーマンスに優れた独自の製品や技術の普及にも注力しています。代表的なものとして、肥料の表面を樹脂などでコーティングし、肥効を長期にわたり持続させるコーティング肥料、家畜糞など安価に調達できる原料を用いた有機質肥料、肥料の三要素(窒素・リン・カリウム)に鉄やマンガンなどを配合した微量要素肥料が挙げられます。

　肥料は農業生産に不可欠な資材で、日本の農業の発展のためにも官民が一体となって知恵を出し合い、肥料産業の継続的な発展に力を注ぐことが求められます。

【硫　　　酸】

　世界で最も生産・消費されている化学品である硫酸は石油や銅、亜鉛などから副生されており、非鉄金属の精錬ガスおよび硫化鉱、天然ガス・石油精製の回収硫黄が主な資源ソースとなっています。世界的には、回収硫黄によるものが全体の6割強を占め、精錬ガスが3割、硫化鉱由来が約1割と言われています。

　非鉄精錬および天然ガス生産、石油精錬のそれぞれの稼働率で生産量が変動しており、ここ数年、中東など諸外国で非鉄・石油ガス双方ともに能力が拡大していることから、硫酸の世界生産量や需要量は各国の農業政策動向などに合わせて肥料用途を中心に年々伸長しています。硫酸の消費量は2016年度で2億6,900万トン、2017年度で前年比2％増の2億7,500万トン、2018年度は1％増の2億7,800万トンと着実に伸びてきましたが、コロナ禍によって状況は一変しました。2019年度は2億7,600万トンで前年度微減で推移、2020年度にいたっては1.5％減の2億7,200万トンにまで減りました。ただ、2021年度は減少の反動で再び成長軌道に乗り、5.8％増の2億8,700万トン、2022年度は2億9,400万トンと着実に増えると予測されています。

　この中でも世界生産・消費量の半分を占める中国ではコロナ禍をいち早く克服したことあり、硫酸も早い段階で需要は回復基調を取り戻しました。中国では国策として銅精錬の工場を増やす方針を示しているため、今後は中長期的

に精錬ガス出の硫酸供給は大幅に増えるとみられています。

　国内の硫酸供給は世界の生産動向とは異なり、精錬ガス出のものが全体の約8割、回収硫黄出のものが約2割となっています。毎月40万〜50万トンの生産量から月30万トン程度を内需へ、残りを海外市場に振り向けることで国内の需給バランスを保つ構造となっています。そのため、輸出量は年300万トンある内需を上回ることはありませんでした。

　しかし、状況は2020年度から一変しました。硫酸協会の統計によれば、2020年度の硫酸内需は前年度6.8％減の305万6,000トンとなり、320万トン超の輸出量を初めて下回りました。本来なら内需は輸出量より多くなるのですが、コロナ禍で肥料用・工業用ともに内需が不振となったことで「逆転現象」が起こったとみられています。一方、生産量は精錬ガス出メーカーによる大幅定期修理などがなかったため、前年度並みの621万5,000トンとなりました。

　需要の内訳をみると、肥料用は8.8％減の24万4,000トンで、リン酸肥料および硫安向けとともに不振となりました。工業用も281万1,000トンで6.7％減少しました。主力先のうちフッ化水素酸向けは21.5％、酸化チタン向けは14.5％、紙パルプ向けで18％と、それぞれマイナスになりました。輸出量は12.8％増で321万4,000トンとなり、初めて内需を上回りました。リーチング向けで需要が旺盛なフィリピンなどへ振り向けられる量が拡大したとみられています。この影響で、期末在庫数量は18.8％減の23万6,000トンとなりました。生産量は621万5,000トンで前年度並みに推移しました。2年に1度、秋に行われる大手2社を中心とする大規模定期修理が実施されなかったため、精錬ガス出が微増となりました。2020年度の硫酸輸出量をみると、インドおよびタイ向けの数量が大幅に伸びました。両国の輸出量は2019年秋に国内大手企業の定期修理入り影響

で抑えられていたため、反動で増えたものとみられています。主要輸出先の数量内訳をみてみると、日系企業が関わっているニッケル精錬の大型プロジェクトが実施されているフィリピン向けは133万1,300トンで6.7％増加。現地におけるリーチング向けの旺盛な需要を背景に、引き続きトップをキープしました。同じく日系企業による銅精錬プロジェクトが進められているチリ向けは、25万4,800トンで34.1％減少しました。一方、2019年度2位だったインド向けは30.5％増の58万4,600トン、3位に浮上したタイ向けは31.6％増の27万6,800トンとなりました。一方、世界最需要国の中国向け輸出量は2万8,300トンで前年度実績から3割以上減りました。2010年は年約50万トンも輸出されていましたが、中国内ではここ数年で精錬ガス出、回収硫黄出の設備を立て続けに増強しました。これにコロナ禍での自国内需要悪化に伴う硫酸の供給過剰が重なり、国内から振り向けられる量が前年に引き続き低水準になったとみられています。

　国内供給面をみると、秋に需給バランスが一時的に締まる見通しです。精錬ガス出の2大メーカーである住友金属鉱山の東予工場（愛媛県）とJX金属精錬佐賀関精錬所（大分県）をはじめ複数社の定期修理が重なるため、11月単月でみると生産量が通常時から半減する見込みとなっています。

　両工場では硫酸供給能力が日産4,000トン超規模となっており、2021年秋に東予工場・佐賀関精錬所ともに1カ月間の定期修理をそれぞれ予定しています。加えて、他社の精錬ガス出メーカーの主要工場も、複数定期修理間期間が重なる見通しです。

　精錬ガス出の主要メーカー各社は国内への安定供給を優先すべく、輸出量を抑制することで対応していく方針を示していますが、海外をみると現在フィリピンやチリでは銅、ニッケル市況が好調に推移しています。また世界各国でコ

ロナ禍から経済が急回復し、脱酸素社会に向けた電気自動車や風力発電などの分野への投融資が政府や企業間で活発化している状況となっています。これらに使用される非鉄金属の需要が伸びていることを背景に、精錬企業各社が増産体制を敷いていることから、両国を中心に硫酸のリーチング向け需要は今後も旺盛になるとみられています。

●地球規模の課題に応える「元素循環」
素材・材料革新のカギ

人類があらゆる元素を自在に操ることは不可能かもしれません。しかし、いくつかの元素で可能となれば、現在地球規模で抱えている課題を解決する頼もしい羅針盤となることは間違いありません。このためには英知を結集し、未来をつないでいく必要があります。前人未到のチャレンジは始まっています。

地球は限られた元素で成り立ち、地殻では全体の5割近くを酸素（O）、約3割がケイ素（Si）を占めています。これに2〜8%のアルミニウム（Al）、鉄（Fe）、カルシウム（Ca）、ナトリウム（Na）、カリウム（K）、マグネシウム（Mg）という8元素で地殻をほぼ構成しています。また、大気の大半は窒素（N、約8割）と酸素（約2割）であり、炭素（C）は100ppmオーダー（1%は1万ppm）、ちなみに炭素と酸素からなる温室効果ガス（GHG）である二酸化炭素（CO_2）は数百ppmレベルです。

つまり、地球表面を形作っている元素の種類はかなり限られているのです。言い換えれば、炭素はもとより、化品品、化学合成に欠かせない触媒や半導体、デバイスに用いられているニッケル（Ni）、亜鉛（Zn）、銅（Cu）、コバルト（Co）、リチウム（Li）、窒素、ニオブ（Nb）、ホウ素（B）、ジスプロシウム（Dy）だけでなくインジウム（In）、銀（Ag）、白金（Ag）、ルテニウム（Lu）、金（Au）などは、国際情勢によって供給量や価格が変動するものも含めて希少元素もしくは超希少元素であり、極めて貴重な元素と言えるのです。

さてここで少し、近年の環境保全の取り組みについて振り返ってみたいと思います。現在、人類が地球規模で解決すべき課題としているのが、地球上の「誰一人取り残さない」ことを前提とする「国連の持続可能な開発目標」（SDGs）と、同じく国連の気候変動枠組み条約締約国会議（COP）の「パリ協定」です。今や各国の政府の施策だけでなく、民間の取り組みの根幹となっており、大きなパラダイムシフトを引き金となっています。

SDGsは、2011年に策定された8目標を掲げた「ミレニアム開発目標」（MDGs）を引き継いで2015年に合意された持続可能な開発のための「2030アジェンダ」に収載された17ゴール、169のターゲットで構成された国連の目標のことをいいます。2030年の達成を目指した国際的な活動であり、飢餓・貧困からの脱却、質の高い教育の提供、多様性の尊重、自然と持続的発展との両立などを世界中で実現することを掲げています。

パリ協定は2015年、フランス・パリで開かれたCOP21で採択された2020年以降の二酸化炭素といった温室効果ガス排出削減などを定めた国際枠組みです。世界共通の長期目標として、気温上昇を2度Cに抑える「2度C目標」に取り組み、さらに温度上昇を1.5度Cに抑える努力にも言及しています。これはSDGsの「気候変動およびその影響を軽減するための緊急対策を講じる」（ゴール13）とリンクするものです。

その前段が1997年に日本が議長国を務めたCOP3です。先進国はGHG排出削減義務を課す京都議定書（実施期間2008〜2012年）に合意したものの、当時から排出大国であった中国に削減義務はなく、米国も最終的には離脱する結果となりました。京都議定書以降の排出削減の枠組み（ポスト京都）を議論した2007年のインドネシアでのCOP13で話し合われ、2年後のCOP15「コペンハーゲン合意」に盛り込まれた内容には実質的な進展はありませんでした。その点、パリ協定は二酸化炭素排出の2大大国である米国、中国を含め加盟国に排出目標が設定されることになりました。米国は京都議定書と同様に離脱を表明しましたが、バイデン新政権が協定への復帰を表明したことで、世界が一丸となって取り組む地球温暖化防止対策の

目標が明確となりました。

　日本では地球温暖化防止対策を「1丁目1番地」の政策とし、2050年に二酸化炭素をはじめとする温室効果ガスの排出量を実質ゼロとするカーボンニュートラル、すなわち脱炭素の実現を大目標に掲げました。実質排出ゼロとは、国内の森林などによる大気中の二酸化炭素の吸収量を二酸化炭素の排出量と同等にすることを指します。併せて排出量抑制の目玉として、菅義偉首相は今通常国会の施政方針演説で2035年までに「新車販売で電動車100%」を打ち出しました。

　化石資源（石油など）を燃焼してエネルギーを得るには二酸化炭素の排出をともないます。人類は産業革命以降、この熱エネルギーを活用して繁栄してきました。しかし、現在の世界の共通認識では人為的に排出された大気中の二酸化炭素量が問題となっています。この解決策として、排出削減については現行の化石資源からのエネルギー抑制と再生可能エネルギー拡大、新たな高機能材料などによるさらなる省エネ化があります。

　加えて、新型コロナウイルスの世界的大流行（パンデミック）が社会のデジタル化を一段と加速させており、これにともなう電力消費増大の対策は喫緊の課題となっています。ここで期待されるのが、資源循環に重点を置いた新素材・材料を省エネ、省資源で作り出す革新的な化学・化学技術の力です。

　この根底にあるのが「元素循環」です。地球は太陽エネルギーを活用しながら限られた元素を使い回して多様な生態系を育んでいます。なかでも水素（H）と酸素でできている水（H_2O）に関する大気と地表との循環イベントはダイナミックです。炭素も地表から大気に移動した後、基本的に植物の光合成や海洋への吸収によって再び地表に戻ってきます。そして地表に戻った炭素は動植物などを形作り、固定されます。二酸化炭素の排出を実質ゼロにする自然が、主体となる切り札と目されているのです。

　同様に化学品も炭素の固定源であり、炭素を積極的に活用した製品開発も「健全な炭素循環」の調整弁となるばかりか、バイオマスなどを介して大気中の炭素を活用すれば有用な吸収源となると考えられます。また、将来的には大気中の希薄な炭素をダイレクトに利用した化学品生産につなげる技術も想定されます。

　化学・化学技術は日本の強みであり、炭素だけでなく、さまざまな元素を巧みに活用して有用で多彩な素材・材料を生み出してきました。社会のデジタル化では、コト作りが要請するエネルギーを創り、蓄え、省エネにつながる「創・蓄・省」を実現する強力なモノ作りを担っています。化学・化学技術は分子レベルでの物質創製であり、自然界にわずかしかない天然物の再現や自然界にない機能を元素を組み合わせることで可能としてきました。ここでも循環する元素にどのように向き合っていくかという俯瞰的な視点がとても大切になってきます。

　希少元素はもとより限られた元素が素材・材料や触媒の"カギ"となりますが、これからの時代では例え画期的なものでも、場合によっては製造過程のエネルギー消費が大きかったり、構成する元素が十分に手当てできなければ、お蔵入りされるケースも十分にあり得ます。このため、究極的には人類が活用できる元素の循環を操る分子の設計、何よりシンプルでクリーンな製造プロセスの追求は大前提です。

　実は、希少元素の確保の不安定さ、危機感が注目された時期が過去にありました。そこで2007年にスタートしたのが、文部科学省の「元素戦略プロジェクト」と経済産業省の「希少金属代替材料プロジェクト」です。ともに日本は大半を輸入に頼り、しかも産地が偏在化しているレアメタルをはじめ貴重な元素が入手困難となる懸念が急浮上し、国を挙げた使用量削減、代替材料、再利用などに取り組みました。当時は日本の先端産業に不可欠な資源の安全保障の観点が色濃かったと推察されますが、具体的な元素を対象とした研究開発が立ち上がりました。バージョンアップなどを図りながら10年を超えた研究プロジェクトでしたが、現在継続しているのは元素戦略だけです。これも2022年度で終了となります。

　資源確保という安全保障の危機によって両省によるオールジャパン体制の研究開発が推進された形ですが、研究開発を推し進める背景には現在でも大きな変化はありません。むしろ、社会のデジタル化による電力消費拡大に対応した高機能素材・材料への要請は強くなっていま

す。さらには「人類最大のかたき」となりつつある二酸化炭素や海洋プラスチックなどの対策も待ったなしの状態です。

いずれにせよ、元素の循環の不具合がその根底にあります。「炭素の好循環、さまざまな希少元素の好循環とは何か」という視点が、今後の研究開発に重要ではないでしょうか。すでに野心的な研究開発から循環を構成する数々の重要な要素技術が産声を上げています。今後、この技術はどの位置か、どの位置の技術が未開拓かを明確にし、新たな要素技術を補って元素循環のループは完成していくことが予想されます。循環は元素ごとに異なるだけでなく、複数存在する可能性もあります。ただ、この取り組みは不確実性要素が多く、何よりゴールがみえません。この壮大な挑戦を支える枠組みが強く望まれています。

2. 6　無機薬品

【無機薬品】

「無機」は「有機」に対する概念です。もともとは生物由来の物質が「有機」と定義されたのに対して、鉱物などに由来するそれ以外の物質は「無機」と定義されました。現在では、由来に関係なく炭素化合物を含むものを有機物と

いい、その他を無機物とします(ただし炭化物、シアン化物など単純なものは無機物とすることがあります)。元素周期表に載っている元素のうち、炭素を除いた元素はすべて無機化学の領域です。元素は酸化状態などで多様多彩な構造・物性・反応性を持っており、まったく新しい構造を持った化合物の開発が期待できます。

無機薬品はプラスチックや塗料、印刷インキ、

◎無機薬品の需給実績（2020年度）

（単位：トン）

	生産量	出荷量	主　な　需　要
酸　化　亜　鉛	44,461	46,461	ゴム、塗料、陶磁器、電線、医薬、ガラス、顔料、絵具・印刷インキ、電池、フェライト・バリスターなど
亜　酸　化　銅	5,217	5,338	塗料
アルミニウム化合物	883,782	885,731	製紙、水道、排水、印刷インキ、焼みょうばんなど
ポリ塩化アルミニウム	593,416	593,649	浄水、排水
塩　化　亜　鉛	19,638	19,400	メッキ、乾電池、有機化学、活性炭、はんだなど
塩化ビニル安定剤	28,870	29,119	塩化ビニル
過　酸　化　水　素	165,648	175,126	紙・パルプ、繊維、食品、工業薬品など
活　性　炭	55,864	53,417	浄水、下水排水処理、精糖、でんぷん糖、工業薬品、医薬、アミノ酸など
金　属　石　け　ん	12,860	13,474	プラスチック、シェルモールド、焼結、顔料など
ク　ロ　ム　塩　類	5,695	5,751	皮革、顔料、染料・染色、金属表面処理など
ケ　イ　酸　ナトリウム	338,017	337,923	土建、無水ケイ酸、合成洗剤、紙・パルプ、鋳物、窯業、繊維、溶接棒、接着剤、石けんなど
酸　化　チ　タ　ン	156,206	168,054	塗料、化合繊のつや消し、印刷インキ、化粧品など
酸　化　第　二　鉄	60,449	59,837	磁性材料
炭酸ストロンチウム	585	707	管球ガラス、フェライトなど
バ　リ　ウ　ム　塩　類	14,102	14,602	顔料、金属表面処理、力性ソーダ、コンデンサー、ガラス加工、印刷インキ、塗料、ゴムなど
ふ　っ　素　化　合　物	236,830	238,957	フルオロカーボン、表面処理、ガラス加工など
りん及びりん化合物*	59,900	60,754	マッチ、青銅、金属表面処理、医薬、農薬など
硫　化　ナトリウム	25,142	25,096	反応用、皮革、排水処理など
モリブデン・バナジウム	3,191	2,914	特殊鋼、真空管、合成鋼、炭素鋼、超合金など
そ　の　他	2,436	2,867	
合　　計	2,712,624	2,739,514	

〔注〕 *塩化リンを除く。
資料：日本無機薬品協会

◎無機薬品の輸出入実績

	2018年度	2019年度	2020年度	伸び率（％）
＜輸出＞				
数量（トン）	246,479	196,156	207,542	+5.8%
金額（100万円）	87,696	75,046	71,402	-4.9%
＜輸入＞				
数量（トン）	522,687	470,900	414,262	-12.0%
金額（100万円）	109,187	88,580	74,749	-15.7%

資料：財務省『貿易統計』

紙・パルプ、土木・建築、水処理など広範な分野で古くから利用されている基礎素材で、近年はデジタル家電、IT関連分野、次世代エネルギー分野などで新規用途が相次ぎ開発されています。先端産業分野では半導体製造用に塩酸、硝酸、硫酸などの強酸、フッ化水素酸、フッ化アンモニウム溶液、過酸化水素水の高純度薬品が使われていましたが、近年は高純度化やナノスケールの微細化、微粒子化技術などによって新しい領域が開拓され、"古くて新しい材料" として改めて注目を集めています。

塩ビ安定剤は大きくバリウム・亜鉛系、カルシウム・亜鉛系、硬質塩ビ用のスズ系に分けられ、塩ビ樹脂に1～3％程度の割合で添加し、熱分解や紫外線劣化を防ぐために用いられます。塩ビ樹脂の需要は、いわゆる塩ビバッシングで落ち込んだ時期もありましたが、機能性が見直され、自動車業界では内装素材に採用するメーカーが増えてきています。公共投資やインフラ関連の需要も、東京オリンピックに向けた整備などで増加基調で推移するとみられ、塩ビ安定剤も同様の動きをたどると予想されます。

硫酸バンド（硫酸アルミニウム）とポリ塩化アルミニウム（PAC）は、アルミ系の凝集剤として製紙プロセス用水や、工場排水処理、下水処理、工業用水、上水の浄化などに用いられます。PACは上水処理用途を中心とする官需と工場排水処理の民需が半々で、需要は比較的安定しており、年による需要のバラツキは上水処理用途における天候の影響によるものです（豪雨や台風による水質の濁りなど）。

過酸化水素は、最大用途の紙・パルプの漂白向けをはじめ、ナイロン6原料カプロラクタム向け、半導体・ウエハーの洗浄、食品の殺菌などに用いられます。日本国内の出荷量は2007年度に過去最高の24万トンを記録後は年々低下しています。需要量のおよそ半数を占める紙・パルプ漂白向けは、国内の紙需要に比例して縮小しており、主力だった繊維の漂白向けも国内繊維産業の衰退とともに大きく縮小しています。一方で揮発性有機化合物（VOC）に汚染された土壌浄化の原位置浄化向けなどに採用が広がっており、環境関連用途のさらなる市場拡大が期待されます。

ケイ酸ナトリウムは、土壌硬化安定剤などの土木建築向け、タイヤの摩擦係数向上などに用いる無水ケイ酸（ホワイトカーボン）向け、パルプ漂白や古紙脱墨などの紙・パルプ向けが三大用途です。

炭酸ストロンチウムはフラットパネルディスプレイのガラス向けに採用され、薄型テレビ需要が増加しているほか、電気二重層キャパシターの電極材料などの電材関連、太陽電池やリチウムイオン二次電池など新エネルギー関連、排ガス浄化や半導体製造向けクリーニングガスなどに用途を広げています。

電子関連ではチタン酸バリウムがチップ型積層コンデンサーの材料で使用されているのをは

じめ、高純度炭酸バリウムがセラミックコンデンサーや半導体セラミックスなど電子セラミック材料用途に利用され、スマートフォンなどの携帯情報端末やデジタル家電の普及拡大にともない需要を伸ばしています。

白色顔料が主力の酸化チタンは光触媒でも脚光を浴びています。アナターゼ型酸化チタンは透明かつ電気を通すという特性から、透明導電膜として発光素子や液晶、プラズマディスプレイの電極材料への開発も進展しました。また、肌に優しい特性が評価され、化粧品分野でも採用が拡大しています。

板状硫酸バリウムは高性能ファンデーションなど基礎化粧品、メイクアップ化粧品の素材として高く評価され、化粧品メーカーの採用が増えています。超微粒酸化チタンはUVカット（紫外線遮蔽）効果が高く、UVカット化粧品向けに需要が増加しています。

このほか無機材料は触媒科学、次世代先端材料、ハイブリッド材料などを研究開発の重要なターゲット・戦略的テーマとして掲げており、開発動向から目が離せません。メーカーには市場構造の変化に対応した事業戦略、高付加価値製品の開発・展開を一層強化することが求められています。

日本無機薬品協会によると、2019年度の無機薬品の生産量は前年度比3.4％減の287万5,771トンで、出荷量は同3.8％減の285万3,901トンとなりました。2017年度は4年ぶりの300万トン台を記録しましたが、米中貿易摩擦の影響もあり、2年連続で減少となりました。

品目別の出荷実績は、酸化亜鉛やポリ塩化アルミニウム、塩化亜鉛、リン酸などが増加した一方で、硫酸アルミニウムやケイ酸ナトリウム、酸化チタン、フッ素化合物などが減少しました。また財務省の貿易統計および同協会統計によると、輸出額は前年度比14.4％減の750億4,600万円、輸出量は同20.4％減の19万6,156トンと大幅減少となり、輸入額も同18.9％減の885億

8,000万円、輸入量は同9.9％減の47万900トンと大きく落ち込みました。輸出先は韓国、中国、米国が全体の約2/3を占めました。輸入先は中国が全体の約半分を占め、米国、ベトナム、台湾と続いています。

【ヨ ウ 素】

ヨウ素は1811年、フランスの化学者ベルナール・クールトアが発見しました。海藻灰から硝石を製造する過程で、海藻灰に酸を加えると刺激臭のある気体が発生することに着目し、その気体を冷やすと黒紫色の液体になることを発見したのです。その2年後にはフランスの化学者ジョゼフ・ルイ・ゲイ＝リュサックが新しい元素であることを確認しました。瓶に入れておくと紫色の気体が立ちこめることから、ギリシャ語の紫（iodestos）にちなんで「iode」と命名されました。日本語のヨウ素（ヨード）はドイツ語の「jod（ヨード）」に由来します。

有機合成の中間体および触媒、医薬品、保健薬、殺菌剤、家畜飼料添加剤、有機化合物安定剤、染料、写真製版、農薬、希有金属の製錬、分析用試薬など幅広く利用され、近年は色素増感型太陽電池やレーザー光線など先端領域でも新規需要が創出され注目を集めています。人工的に造られる放射性ヨウ素^{131}Iは診断治療、内科放射治療、薄層膜厚測定、送水管の欠陥検査、油田の検出、化学分析のトレーサーなど生物学、医学、バイオテクノロジーでの利用が盛んです。

◎ヨウ素の需給実績
（単位：トン、100万円）

	2018年	2019年	2020年
生 産 量	9,136	9,122	8,876
販 売 量	6,047	6,137	5,721
販 売 金 額	13,089	14,094	14,997
輸 出 量	4,935	5,014	4,862
輸 入 量	235	97	237

資料：経済産業省『生産動態統計 化学工業統計編』、
　　　財務省『貿易統計』

血管造影剤は1990年代に入って急速に需要を拡大し、今ではヨウ素需要の2割強を占める最大用途になっています。1990年代末以降はフラットパネルディスプレイの普及で液晶偏光板向けが急速に拡大し、需要全体の1割強となり、また工業触媒や殺菌剤、医薬品用途がそれぞれ10〜12%程度を占めています。血管造影剤や液晶向けは、世界的に需要拡大が見込まれています。新興国や途上国での生活水準向上にともないこれらの製品分野が拡大し、特に中国やインド、東南アジアでは急速に伸びると期待されています。

世界のヨウ素生産量3万1,000トン（2014年）のうち約9割をチリと日本が占め（チリが2万トン、日本が1万トン弱）、チリでは硝石から、日本では天然ガスとともに汲み出されるかん水から抽出し生産しています。資源小国といわれる日本において、ヨウ素は世界に誇れる貴重な天然資源の1つであり、主要生産基地としての役割を担っていますが、地下から汲み上げられるかん水を利用していることから、主力産地である千葉県の地盤沈下対策に対応する必要があり、生産活動が大きく制約されます。このため国内の生産量はほぼ横ばいで推移しており、需要増にはリサイクル率の向上や輸入などで対応しています。

一方、硝石から抽出するチリの生産量は制約が少なく着実に拡大すると見込まれています。チリ産のヨウ素はほぼ全世界に供給され、今後の世界需要の伸びの大半をチリ産が占めると予測されています。日本の商社もチリ産に着目しており、一部はチリのメーカーに資本参加するなど供給力の確保に努めています。内外の条件を勘案して資本参加や買収などについて検討している商社もあり、今後、日本の商社によるヨウ素取扱量は拡大していくと考えられます。

原料としての供給だけではなく、高付加価値品としてヨウ素を展開する産学官の取り組みも進んでいます。千葉大学と千葉県が共同申請した「千葉ヨウ素資源イノベーションセンター」（CIRIC）は2016年度の文部科学省の「地域科学技術実証拠点整備事業」に採択され、この研究施設が2018年夏に開設されています。次世代太陽電池のペロブスカイト太陽電池用ヨウ化鉛の安定供給、導電性に優れた有機薄膜の創製、放射性ヨウ素薬剤によるがん診断・治療の新展開、有機ヨウ素化合物を利用した高機能ポリマー創生などをテーマとした研究のほか、かん水からのヨウ素抽出効率の改善とヨウ素リサイクル率向上など、共通基盤の確立を目指しています。

【カーボンブラック】

カーボンブラックは、直径3〜500nmの炭素微粒子です。粒子の大きさなどを制御することによって炭素微粒子の基本特性を効果的に発現することができ、ゴムや樹脂に配合すると材料の補強・強化、導電性や紫外線防止効果の付与が可能です。さらに熱に安定であるため、樹脂やフィルムに配合すると強い着色力で黒色の着色ができるなどの特徴を持っています。カーボンブラックという名称は、天然ガスを原料とした製法が導入された19世紀終盤から使われるようになったもので、それ以前はランプのススから採る製法から"ランプブラック"、さらにその前は欧州で"スート"、日本では"松煙"と呼ばれていました。

カーボンブラックは、大きくハードカーボンとソフトカーボンに分けられます。ハードカー

◎カーボンブラックの需給実績

（単位：トン）

	2018年	2019年	2020年
ゴム用生産量	559,279	548,713	442,676
非ゴム用生産量	38,254	32,198	28,933
合　計	597,533	580,911	471,609
輸　出　量	57,987	52,921	47,418
輸　入　量	160,306	156,739	125,297

資料：カーボンブラック協会、財務省『貿易統計』

ボンではSAF（超耐摩耗性）、ISAF（準超耐摩耗性）、HAF（高耐摩耗性）、ソフトカーボンではFEF（良押出性）、GPF（汎用性）、SRF（中補強性）、FT（微粒熱分解）などの品種があります。自動車タイヤ、高圧ホースなどゴム補強分野、新聞などの印刷インキ、インクジェットトナー、車のバンパーや電線被膜など加熱成形を必要とする樹脂製品のほか、磁気メディア、半導体部品など電子機器、導電性部材、紫外線劣化防止分野など幅広い用途で利用されています。特にゴム製品分野が需要の約9割（四輪自動車タイヤ、二輪車用タイヤ向けが約7割）、残りも自動車向けの機能ゴム部品用途が多く、全体として自動車産業の動向に大きく左右されます。非ゴム用途に使われるカーボンブラックは大きくカラー用と呼ばれ、塗料やインキ、プラスチック着色用の黒色顔料となったり、電子材料などの特殊用途に使用されたりします。

工業的製法はいくつかありますが、主流は「オイルファーネス法」です。原料の芳香族炭化水素油を高温耐火物の炉内で、燃料と空気の燃焼熱により連続的に熱分解し、カーボンブラックを生成します。原料に天然ガスを使用した「ガスファーネス法」は、微粒径カーボンブラックの生産に向いている製法です。

2020年は、COVID-19の感染拡大にともなう緊急事態宣言などの影響で自動車生産がマイナスとなり、カーボンブラック需要も減少しましたが、夏場から徐々に回復し、10月以降はかなりの勢いで持ち直してきたとのことです。今後の感染症の状況に不安はありますが、足元では各社の設備はフル稼働に近い状態で生産を行っているようです。原料のタイト感もますます強まる中で需要に応えるべく、安定供給に全力をあげています。

カーボンブラック需要は、ゴム用と非ゴム用の比率がざっと9対1の割合です。ゴム用の中では自動車タイヤ向けが7割、非タイヤも自動車向けの機能ゴム部品用途が多いとのことで

◎自動車タイヤの生産量

（単位：1,000本）

	生産量
2018年	146,749
2019年	146,545
2020年	120,824

資料：日本自動車タイヤ協会

◎カーボンブラックの設備能力（2021年10月）

（単位：1,000トン／年）

社　名	工　場	能　力
東海カーボン	若　松	52
	知　多	104
	石　巻	46
キャボットジャパン	千　葉	95
	下　関	41
三菱ケミカル	黒　崎	12
	四日市	90
旭カーボン	新　潟	90
日鉄ケミカル＆マテリアル	戸　畑	48
日鉄カーボン	田　原	73
デ ン カ*1	大牟田	22
ラ イ オ ン*2	四日市	3.5

〔注〕 *1アセチレンブラック
　　　*2導電カーボンブラック
資料：化学工業日報社調べ

す。このため、カーボンブラック需要全体の動きは、自動車および自動車タイヤ産業の動向にリンクしたかたちとなります。経済産業省の生産動態統計では、2020年の自動車生産は全車種合計で806万7,943台の前年比16.7％減という結果が出ています。また、日本自動車タイヤ協会のまとめで、自動車タイヤ・チューブゴム量（生産）は、86万3,278トンの19％減となっています。

カーボンブラック協会調べによると、2020年の総需要は62万953トンで、前年比19.2％減でした。自動車およびタイヤ生産とほぼリンクした数字となっています。内訳では、タイヤ用が20.8％減、一般ゴム用は16.9％減で、ゴム用合計は19.9％減でした。非ゴム用も16.6％減と減少し、内需全体は19.7％減と大きく落ち込みました。

一方、同協会の会員メーカーの生産・出荷実

績では、2020年生産はゴム用が44万2,676トン（19.3％減）、非ゴム用その他が2万8,933トン（10.1％減）のトータル47万1609トン（18・8％減）という実績でした。出荷量はゴム用44万7,175トン（18.4％減）、非ゴム用その他が2万7,759トン（18.5％減）のトータル47万4934トン（18.4％減）となっています。ゴム用の国内内訳は、タイヤ向けが33万1,061トン（18.9％減）、一般ゴム向けが10万2,442トン（16.8％減）と報告されています。

　貿易統計によると、カーボンブラック輸出は4万7,418トンの前年比10.4％減と2年連続で減少しました。輸出先は、中国（1万3,845トン）とタイ（1万2,101トン）向けが多いですが、増減はそれぞれ6％増と18.7％減と明暗が分かれた形です。中国向け輸出は9月以降好調であり、中国経済の回復が早かった影響が現れています。タイ向けも9月以降は好調な様子ですが、需要が落ち込んだ期間が長かったことが響きました。一方の輸入は、12万5,300トンの同20.1％減。韓国からの輸入は伸びました（2万7,535トンの5.8％増）が、中国から29.3％減の3万7,157トン、タイからが21.4％減の3万7,434トンと落ち込んでいます。中国からの輸入は、ピークの2014年には約9万6,000トンありました。

　コロナ禍で打撃を受けた自動車産業ですが、7〜8月から回復の兆しをみせはじめ、経産省の生産統計（全車種合計）で7〜9月は、前年同期比で13.6％減ながら、前四半期比では64.6％増、10〜12月は前年同期比2.8％増、前四半期比14.3％増と急回復しました。まさに反発した印象だという声もあり、カーボンブラック需要も好調となっています。

　そこでクローズアップされるのが原料動向です。カーボンブラック原料は、石炭系と石油系があり、石炭系はコールタールを蒸留したクレオソート油類、石油系は原油留分のうち最も重質なボトム油が原料油のベースとなっています。ところが、ここ数年、どちらも原料事情

は厳しい状況にあります。石炭系のコールタールは鉄鋼生産時に高炉から出てくる副生物ですが、世界的に高炉から電炉への転換が進んでいるとともに、電炉用の黒鉛電極もコールタールが原料であり、カーボンブラック向けに回る原料油供給がタイトになっています。石油系も、メインの米国では軽質のシェールオイルの利用が進んだことで、カーボンブラックに適した重質油の供給が減少しました。昨年から船舶燃料油の硫黄分規制が強化されたことで、重油自体の需要がさらに減少することが懸念されています。

　とくに、船舶燃料油規制は大きな問題と目され、カーボンブラックがフォーミュラー油種として採用していたMOPS指標（プラッツ石油価格情報会社が示す店頭価格）が混乱した局面もあったことから、昨年はフォーミュラー油種をMOPSから原油ベースの北海ブレント（欧州原油市場の指標、ICE）などに切り替える動きが進みました。結果的には、昨年のMOPSとICEはほぼ連動した動きとなり、経済活動の回復に合わせて緩やかに市況は上昇しましたが、原料市況変動にともなうスプレッド確保は、引き続き各社の課題となっています。

　加えて、昨年秋からカーボンブラック需要が急回復したことが、もともとあった原料のタイト化に拍車をかけています。すでに述べたように足元の需要は旺盛であり、設備をフル稼働させるために原料の獲得に躍起となっているのが現状のようです。カーボンブラック協会は今年の総需要を前年比5.1％増の65万2,420トンと予想していますが、これは2019年実績よりも10万トン以上少ない数字です。今後の需要の動向次第であり、半導体不足などもあるため、自動車生産のペースが年間を通して、いまのまま持続するという意見は少ないですが、協会の見通し以上に需要が回復する可能性もあります。いずれにしても、原料事情が改善する要素は少ないため、当分は原料調達のタイトさが続

くと考えられます。

　一方、中長期的に業界全体の課題になりそうなのがカーボンニュートラルへの取り組みです。2020年10月、政府が「2050年にカーボンニュートラルを目指す」と宣言したことを受け、経済界での取り組みもスタートしています。これは日本だけのことではなく、英国とＥＵ、米国も2050年を達成の目標としており、中国も2060年を掲げています。これは、「温室効果ガスの排出を全体としてゼロにする」取り組みであり、具体的にはさまざまな方策が考えられています。

　カーボンブラック産業としては、以前から廃熱を利用した発電やCO_2回収によるリサイクルなどの取り組みが進んできており、コールタールや重油などを原料に用いて付加価値をつけるという意味で循環型社会に貢献してもいます。ただ、カーボンニュートラルを目指すとなるとそれ以上の対応が必要で、CO_2発生をより少なくする原料の探索も求められます。例えば、植物系などの再生可能資源の使用、タイヤから再生したリサイクル原料の使用などが一案として考えられます。また、CO_2排出抑制につながる顧客側の製品開発に寄与する機能性カーボンブラックの研究も関係してくるでしょう。

●プラスチック再利用技術①
JSPと古河電工の取り組み

　近年、海洋プラスチックごみ問題や廃プラスチックの輸出規制などプラスチック廃棄物を取り巻く環境が厳しくなっています。国内においては2019年にプラスチックの資源循環を総合的に推進するための「プラスチック資源循環戦略」が策定され、ワンウェイプラスチック製容器包装・製品の使用・廃棄削減を目的としたレジ袋有料化が義務化されました。プラスチックは軽くて丈夫、さびや腐食に強い、衛生的で密封性が高い、などといった優れた特性を有しており、すでにわれわれの暮らしにとって不可欠な存在となっています。こうしたプラスチックの利点を享受しつつ地球環境への負荷低減を図るため、これまで使用ずみプラスチックのリサイクル技術が開発・実用化されてきました。世界的に環境意識が高まるなか、プラスチック製品の原料に再生するマテリアルリサイクルや、化学原料に再生するケミカルリサイクルのさらなる高度化に向けた取り組みが活発化しています。

　マテリアルリサイクルでは物性や品質の確保が重要です。物性低下や品質不安定をともなうダウンサイクルでは最終的に処分せざるを得ないからです。近年では、原料となる廃プラスチックの品質管理、配合技術・製造加工技術のレベルアップによって、これを克服する取り組みが進められています。ＪＳＰでは2020年、グローバル展開する無架橋ポリプロピレン型内発泡体（ＥＰＰ）でリサイクル原料を使用した新グレードを製品化しました。

　また、マテリアルリサイクルでは複合材の再生利用も重要な要素です。複数のプラスチックや紙、アルミなどが積層している食品や洗剤のパッケージはリサイクルが困難であり、そのほとんどが焼却あるいは埋め立て処分されています。プラスチック使用量の約4割を占める食品容器などのプラスチック包装材は、複数種のプラスチックや紙で構成されているものが多く、リサイクルするうえでのネックとなっています。

　こうしたなか、古河電気工業では使用ずみ飲料用紙容器の再利用を推進しています。2019年に独自開発したリサイクル残渣（ポリアル）の再生技術をベースに、ケーブル関連製品や社内で使用するボールペンを相次いで実用化しました。紙をセルロース繊維に解きほぐしながら分散させることで、元のプラスチックの約２倍の強度を持つプラスチックに再生できることから、文具・家具・電化製品・自動車部品など用途を拡大していくとのことです。

3 製品材料

基礎原料 ▶ 汎用品 ▶ 製品材料 ▶ 最終製品

3. 1 プラスチックス① （熱可塑性樹脂、熱硬化性樹脂）

　多数の原子からなる巨大な分子は高分子と呼ばれ、天然に産するもの(天然高分子)、人工的に作られるもの(合成高分子)、天然高分子から化学的に誘導されるもの(半合成高分子)があります。合成樹脂、合成ゴム、合成繊維などは合成高分子に分類されます。これらは原料となる分子(モノマー)を鎖状につなげること(重合)で作られ、できた高分子はポリマーと呼ばれます。合成樹脂には熱を加えると軟らかくなる熱可塑性樹脂と、硬くなる熱硬化性樹脂があります。以下では代表的な合成樹脂を紹介します。

〔熱可塑性樹脂〕

【ポリエチレン(PE)】

　ポリエチレンは、石油の留分であるナフサや天然ガス、LPGなどをクラッキングして得たエチレンを重合して得られる炭化水素の高分子物質で、最もポピュラーな熱可塑性樹脂です。水より軽く、溶融加工により容易にフィルム、管、中空容器、成形品などの製品を生産できます。また、防湿、耐水、耐寒性、耐薬品性、電気絶縁性に優れ、加えて安全衛生性に優れるため包装、物流、産業資材として幅広く使用されています。分子構造および性状から、以下の3

種類に大別されます。

[高密度ポリエチレン(HDPE)]

　密度が0.942以上のポリエチレンで、硬いことから硬質ポリエチレンとも呼ばれます。用途はコンテナー、パレット、日用雑貨、工業部品、液体洗剤容器、灯油缶、ショッピングバッグ、レジ袋、ロープ、クロス、シート、パイプ、電線被覆、鋼管被覆などが挙げられます。

[低密度ポリエチレン(LDPE)]

　密度が0.910以上0.930未満のポリエチレンで、軟らかい性質を持つことから軟質ポリエチレンとも呼ばれます。用途は半分がフィルムで、ラップフィルムやラミネート包装の内張りフィルムなど食品包装に多く使われています。また、加工紙、パイプ、電線被覆、各種成形品などにも幅広く利用されています。

[直鎖状低密度ポリエチレン(LLDPE)]

　密度0.94以下の低密度ポリエチレンです。特性は低密度ポリエチレンに近く、使いやすい樹脂になっています。農業用、食品包装フィルム、大型タンク、ストレッチフィルム、重包装袋など幅広い用途を持っています。

　ポリエチレンの生産量は、前年比8.2％減の224億6,009トンとなりました。このうちHDPEは73万8,545トン（同10.9％減）、LDPE

◎ポリエチレンの需給実績

(単位：トン、100万円)

		2018年	2019年	2020年
生産量	LDPE	1,442,651	1,455,463	1,330,831
	HDPE	857,038	828,890	738,545
生産額	LDPE	258,798	257,586	231,604
	HDPE	132,759	125,552	116,440
輸出量	LDPE	158,912	210,456	263,122
	HDPE	134,314	152,864	162,363
輸入量	LDPE	378,972	94,893	45,339
	HDPE	206,004	209,807	17,625

資料：経済産業省『生産動態統計 化学工業統計編』、財務省『貿易統計』

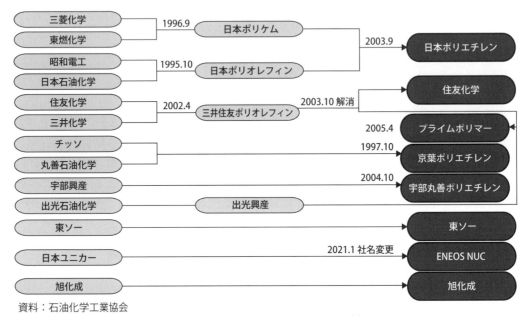

資料：石油化学工業協会

◎ポリエチレン事業統合（2021年4月現在）

は133万831トン（同8.5％減）でした。LDPEの国内出荷量は137万1,924トン（同7.4％増）でした。

【ポリプロピレン（PP）】

ポリプロピレンは、プロピレン分子が立体的に規則正しく配列した結晶性の高分子物質であるため融点が高く、強度、その他の諸性能も非常に優れています（水より軽く，繊維としても非常に強い，耐薬品性も優秀）。加えて、成形加工しやすいため、日用品から工業品まで広い分野で使用されています。

プロピレンの特性はポリエチレン、塩化ビニル樹脂、ポリスチレンなど汎用樹脂のなかで最高の耐熱性（130～165℃）を示すほか、軽量、耐薬品性、加工性に優れるなどが挙げられます。

用途は極めて幅広く、自動車部品をはじめ、洗濯機、冷蔵庫などの家電、住宅設備、医療容器・器具、コンテナ、パレット、洗剤容器・キャップ、飲料容器、ボトルキャップ、食品カップ、食品用フィルム・シート、包装用フィルム、産業用フィルム・シート、繊維、発泡製品などで利用されています。産業別比率は食品包装40％、自動車部品30％、トイレタリーなど20％、一般産業向け10％と推定されます。リ

◎LDPEの設備能力（2020年末）

（単位：1,000トン／年）

社　　名	LD専用設備	HD,LL併産設備	合　計
日本ポリエチレン	619 (271)	0	619 (271)
プライムポリマー	85 (85)	(11)	85 (96)
三井・ダウポリケミカル	185	0	185
日本エボリュー	300 (300)	0	300 (300)
住　友　化　学	305 (133)	0	305 (133)
東　ソ　ー	183 (31)	0	183 (31)
ENEOS NUC	159	110 (63)	269 (63)
宇部丸善ポリエチレン	173 (50)	0	173 (50)
旭　化　成	120	0	120
合　　計	2,129 (871)	110 (63)	2,239 (1,129)

〔注〕（　）内はLLDPE。
資料：経済産業省

◎HDPEの設備能力（2020年末）

（単位：1,000トン／年）

社　　名	HD専用設備	HD,LL併産設備	合　計
日本ポリエチレン	423	0	423
プライムポリマー	116	98	214
三　井　化　学	4	0	4
JNC石油化学	66	0	66
東　ソ　ー	125	0	125
ENEOS NUC	0	110	110
旭　化　成	116	0	116
丸善石油化学	111	0	111
合　　計	961	208	1,169

資料：経済産業省

◎ポリプロピレンの設備能力（2021年10月）
（単位：1,000トン／年）

社　名	能力
日本ポリプロ	915
住友化学	307
プライムポリマー	973
徳山ポリプロ	200
サンアロマー	408
合　計	2,803

資料：経済産業省

◎ポリプロピレンの需給実績
（単位：トン）

	2018年	2019年	2020年
生産量	2,357,807	2,439,862	2,246,815
輸出量	344,803	398,373	471,985
輸入量	480,906	331,764	278,820

〔注〕輸出、輸入はホモポリマー、コポリマーの合計
資料：経済産業省『生産動態統計 化学工業統計編』、
　　　財務省『貿易統計』

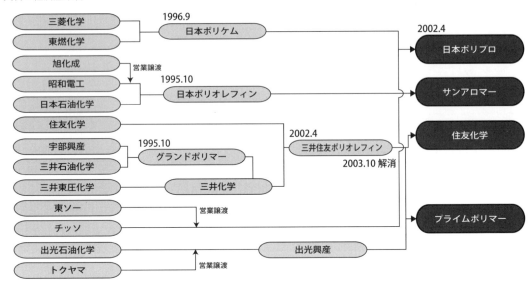

資料：石油化学工業協会
◎ポリプロピレンの事業統合（2021年4月現在）

サイクル性などの観点から自動車バンパーや家電でもポリプロピレンの採用が拡大しており、世界的にも需要は増加傾向にあります。

【ポリスチレン（PS）】

ポリスチレンはナフサを原料に、ベンゼンとエチレンからエチルベンゼンを作り、脱水素してスチレンモノマー（SM）とし、これを重合して製造するプラスチックを指します。これに気泡を含ませたものが、発泡スチロールとしてよく知られるものです。ポリスチレンは高周波電流の絶縁性が極めてよいのでラジオ、テレビ、各種通信機器のケースおよび内部絶縁体に多く用いられるほか、耐衝撃性のあるものとしてポリブタジエンとグラフト重合した耐衝撃性ポリ

スチレンもあり、耐水性がよいのと相まって電気工業製品、家具建材、一般日用品雑貨の分野に広く用いられています。PSには、透明度が高いうえ、硬く、成形性に優れる汎用ポリスチレン（GPPS）と、ゴム成分を加えた乳白色の耐衝撃性ポリスチレン（HIPS）の2種類があります。GPPSは食品包装や使い捨てコップ、弁当や惣菜用ケース、お菓子の袋など幅広い分野で用いられています。一方、HIPSはテレビやエアコンなどの家電製品、複写機やコピー機などのOA機器、玩具などに用いられます。

2020年度のエチレン設備の年間平均稼働率は、92.5％（好不況の目安とされるのは90％以上）と、新型コロナ禍でも底堅さをみせました。ただこの年は3月に6年4カ月ぶりに90％を下回り、緊急事態宣言中の5月も90％割れで、年

◎ポリスチレンの生産能力（2021年10月）
（単位：1,000トン／年）

社　名	能力
ＰＳジャパン	315
東洋スチレン	330
Ｄ　Ｉ　Ｃ	218
合　計	863

資料：経済産業省、化学工業日報社調べ

◎ポリスチレンの需給実績
（単位：トン）

	2018年	2019年	2020年
生産量	692,011	706,554	659,467
輸出量	38,595	45,918	49,459

資料：日本スチレン工業会

間を通じても、実質フル稼働水準といわれる95％超えは10月の1回のみという結果となりました。マスクや医療用ガウンの品不足を受けて関連素材の需要が急増しましたが、石油化学製品は多くの産業や日常生活で使われることから、コロナ禍が需要に冷や水を浴びせた形です。年間平均稼働率が95％を下回るのは5年ぶりです。

　コロナ禍によって人やモノの移動が制限されるなかで、2020年4月20日には原油先物のＷＴＩ（ウエスト・テキサス・インターミディエート）が史上初のマイナス価格をつけました。原油・ナフサ価格の急落によって在庫の評価損益が悪化し、スプレッド（製品と原料の価格差）が圧縮される「受け払い差」が発生し、エチレン設備を抱える企業が採算悪化に苦しめられた1年でもありました。

　2020年の4大樹脂の国内出荷は低密度ポリエチレン（ＬＤＰＥ）が前年比5％減の121万3,900トン、高密度ポリエチレン（ＨＤＰＥ）が6％減の66万9,600トン、ポリプロピレン（ＰＰ）が7％減の221万3,000トン、ポリスチレン

（ＰＳ）が6％減の60万6,800トンと、そろって前年割れとなりました。

【塩化ビニル樹脂（PVC）】

　塩化ビニル樹脂は汎用樹脂のなかでも性能、価格、リサイクル性と非常にバランスのとれた汎用樹脂です。PVCの出発原料は塩とエチレンで、電解ソーダ工業でカ性ソーダとともに発生する塩素とエチレンを反応させ、中間体の二塩化エチレン（EDC）を作り、これを熱分解すると塩化ビニルモノマー（VCM）ができます。塩化ビニル樹脂はこのモノマーを原料に懸濁重合法で合成するのが一般的な製法です。ポリ塩化ビニル製品は、原料プラスチックに安定剤、可塑剤、着色剤などの各種添加剤を加えて混練し、カレンダー、押出、射出などの加工法を適用して製造され、添加剤の添加混練は成形加工工場で行うのが一般的ですが、あらかじめ添加剤を配合した成形材料（コンパウンド）でも出荷されます。これは電線用など軟質コンパウンドが主体です。また、化学的に安定で、難燃性、耐久性、耐油性、耐薬品性、機械的強度にも優れています。軟質から硬質まで樹脂の設計自由

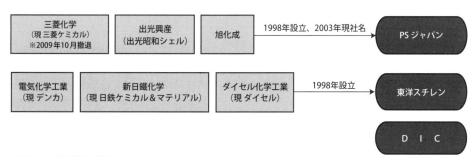

出所：石油化学工業協会

◎ポリスチレン事業統合（2021年4月現在）

度が大きく、加工性、成形性、寸法精度にも優れるのが特徴で、住宅・建築、自動車、家電、食品包装など非常に広い分野で使用されています。代表的な硬質塩ビパイプをはじめ、家庭の壁紙、床材からサッシ、雨樋、ガスケット、サイジング、カーペットパッキング、自動車の内装、外装サイドモールド、アンダーコートなどの部材、冷蔵庫、洗濯機、掃除機などのハウジングや構造部品、食品包装フィルム、乾電池のシュリンクフィルム、医療用チューブ、かばん、文房具、玩具など、周りを見渡せばほとんどのものに使われています。

塩ビ工業・環境協会（ＶＥＣ）がまとめている塩ビ樹脂の需給動向をみると、2020年の出荷量（1〜11月累計）は前年同期比4.9％減の147万6,604トンで、国内向け出荷は9.2％減の86万397トンと、大きく減少しました。国内向け出荷の内訳は塩ビパイプ用途が中心の硬質用が前期比8.1％減の45万8,366トン、軟質用が10.8％減の19万9,542トン、電線・そのほかが同10.3％の20万2,489トンという結果です。住宅着工が伸び悩んだため、硬質用の主要用途であるパイプ向け、軟質用も一般のフィルム・シート、壁紙向けなどが前年を下回りました。

COVID-19の感染拡大が塩ビ製品の需要を低下させたかたちですが、その一方で感染予防のニーズから防炎性能のある塩ビの透明シート、間仕切り板、フェイスシールド用シートなど新たな需要も生まれています。

一方、輸出は引き続き好調であると言えます。コロナ禍の影響で、年初から4月まで前年を下回りましたが、その後回復し、1〜11月累計の

◎塩化ビニル樹脂の設備能力（2021年10月）
（単位：1,000トン／年）

社　名	能力
カ　ネ　カ	369
信 越 化 学 工 業	550
新 第 一 塩 ビ	175
大 洋 塩 ビ	487
東 亞 合 成	120
東 ソ ー	28
徳 山 積 水 工 業	116
合　　計	1,845

資料：経済産業省

◎塩化ビニル樹脂の品種別生産量
（単位：トン）

	2018年	2019年	2020年
ホモポリマー	1,483,952	1,519,343	1,412,783
コポリマー	77,650	82,609	83,052
ペースト	128,686	130,593	130,714

資料：経済産業省『生産動態統計　化学工業統計編』

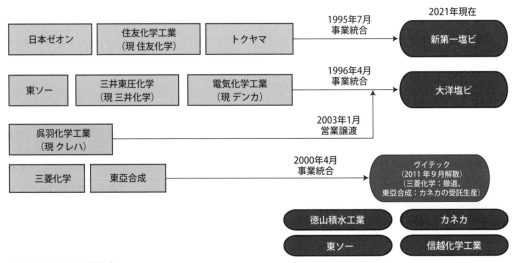

資料：石油化学工業協会

◎塩化ビニル樹脂の事業統合

輸出数量は前期比1.9％増の61万6,207トンとなりました。

塩ビ樹脂は内需は頭打ちの状態ですが、インフラ投資を増やしているアジアを中心に世界需要は旺盛で、輸出は今後も増加基調で推移していくとみられています。

【ポリビニルアルコール（ポバール、ＰＶＡ）】

ポバールは、水溶性・接着性・ガスバリア性など多様な機能を持つ合成樹脂で、繊維加工、製紙用薬剤、接着剤、塩化ビニル重合用分散剤、農薬包装用フィルム、光学フィルム、衣料用洗剤の個包装フィルムなど広い範囲に用いられています。世界の需要は130万トン強で年率２～３％の成長が見込まれています。日本のポバールメーカーは安定した国内需要を取り込みつつ海外市場に狙いを定め、高品質・高機能を前面に打ち出した差別化戦略を進めています。

ポバールはコロナ禍を背景とした需要減退から稼働率が低下し、2020年の国内生産量は前年比14.3％の17万7,940トンとなりました。国内需要も主力のビニロン用途などが落ち込み、前年比8.8％減の11万2,721トンという結果でした。世界需要もコロナ禍にともない落ち込んだとみられています。2020年後半からは世界経済のリカバリーを背景に国内外ともに需要は回復基調となりました。ただ、2021年は年初から供給面でいくつか問題が発生し、需要回復の足かせとなっています。米国での大寒波でインフラが麻痺し、ほかの化学品と同様に供給不足に陥りました。

また、ポバールはコンテナ輸送が主流ですが、2020年からコロナ禍の先行き懸念にともないコンテナの生産工場稼働数が大幅に低下し、コンテナ不足に見舞われています。こうした供給不安からポバールの需給はひっ迫しています。2021年に入り米国では経済復活で化学品を含めて輸入が活況を呈し、そして物流の急増から列車輸送も遅延し、トラックや航空機輸送で代替するケースが出ており、ポバールメーカーは輸送コストアップを余儀なくされています。

需給のひっ迫は2021年いっぱい続くと思われます。ただ、酢酸などの原料価格も高止まりしており、いぜん輸送コストも高い水準にあるため、各メーカーは自助努力の域を超えたと判断し、安定供給や採算是正に向け価格改定に動いています。

◎ポバールの需給実績

（単位：トン）

	2018年	2019年	2020年
生産量	208,930	203,419	177,940
輸出量	82,704	75,260	74,700
輸入量	7,684	8,001	5,626

資料：財務省『貿易統計』、酢ビ・ポバール工業会

◎ポバールの設備能力（2021年10月）

（単位：1,000トン／年）

社　名	立地	能力
ＤＳポバール	青海	28
クラレ	新潟	28
	岡山	96
三菱ケミカル	熊本	30
	水島	40
日本酢ビ・ポバール	堺	70
合　計		292

資料：化学工業日報社調べ

【ＡＢＳ樹脂】

ＡＢＳはＡ：アクリロニトリル、Ｂ：ブタジエン、Ｓ：スチレンの３種類のモノマーからなり、基本的にはブタジエンを単独またはスチレン、アクリロニトリルとともに重合させたゴム（PBR, SBR, NBR）とスチレン、アクリロニトリルコポリマーとを混合させます。ＡＢＳ樹脂は熱可塑性プラスチックで硬く堅牢で、自然色は薄いアイボリー色ですが、どんな色にでも着色でき、光沢のある成形品をつくることがで

きます。最近は透明なものも開発されました。優れた機械的性質、電気的性質、耐薬品性を持っており、押出加工、射出成形、カレンダー加工、真空成形のあらゆる加工技術と機械が応用できるため、自動車の内装材、電気製品やOA機器のハウジングのほか、住宅・建材、雑貨・玩具

など用途は多様です。ただし原料となるスチレンモノマー、アクリロニトリル、ブタジエン、それぞれの価格変動が事業の不安定要素になっている感があります。

用途は、弱電関係（冷蔵庫, テープレコーダー, ステレオ, 掃除機, 洗濯機, 扇風機, テレビ, VTR）、車両関係（四輪車内装・外装, 二輪車）、OA機器、電話機、雑貨関係（家庭用品, 住宅部品, 容器, 靴ヒール, 文房具, レジャー・スポーツ用品）、その他機器（紡織ボビン, ミシン）、その他家具建材および塩ビ強化剤などです。

日本ＡＢＳ樹脂工業会がまとめた2020年のＡＢＳ樹脂の出荷は、前年比14％減の29万

◎ABS樹脂の需給実績

（単位：トン）

	2018年	2019年	2020年
生産量	381,491	338,571	279,204
輸出量	98,873	82,306	81,549
輸入量	46,240	41,807	39,173

資料：経済産業省『生産動態統計 化学工業統計編』、財務省『貿易統計』

◎ABS樹脂の生産能力（2021年10月）

（単位：1,000トン／年）

社　名	立地	能力	備　考
テクノUMG	四日市	250	JSR51％，UMG ABS49％
	宇部、大竹	150	＊UMG ABSは宇部興産50％，三菱ケミカル50％
日本エイアンドエル	愛　媛	70	住友化学85％，三井化学15％
	堺	30	
東　レ	千　葉	72	マレーシアに輸出型拠点（33万トン）
デ　ン　カ	千　葉	50	
合　計		622	

資料：化学工業日報社調べ

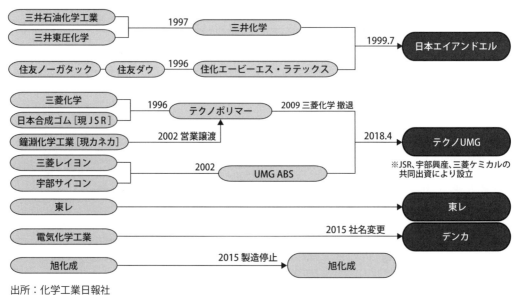

◎ＡＢＳ樹脂事業統合（2020年4月現在）

5,376トンでした。コロナ禍の影響で上期は大幅に減少し、下期は輸出を中心に持ち直しましたが、内需が振るわない状況が続き2ケタ減となりました。

　財務省貿易統計によると、タイやインドネシアなど東南アジアの自動車生産拠点向けは減少しましたが、中国向けは12％増の4万36トンと増加しています。中国はABS樹脂の世界最大の消費国で2020年の輸入は1％減の約202万トン。コロナ禍による需要減をいち早く脱し、5月には例年の輸入ペースに戻るなど需要が回復しました。

　国内向けは16％減の19万7,409トンで、主力の車両用が5〜6月に前年同月比半分以下に落ち込むなどコロナ禍が直撃した形です。他の主用途も同様の傾向を示しました。大型家電製品が中心の電気器具用が9月から前年同月を超えているのを除き、回復が遅れました。

　12月は前年同月比10％増の3万163トンで、1年8カ月ぶりに前年同月を超えました。国内向けも1年5カ月ぶりに増え、車両用が回復に転じました。

〔熱硬化性樹脂〕

【エポキシ樹脂】

　エポキシ樹脂は、1分子中に2個以上のエポキシ基（炭素2つに酸素1つでできた三角形の構造）を持つ熱硬化性樹脂の総称です。主剤となるポリマーはビスフェノールAとエピクロルヒドリンの共重合体が一般的で、優秀な接着性、硬化時の体積収縮の少なさ、強度と強靭性、高い電気特性、優れた耐薬品性、硬化中に放出される揮発分がないなど数々の特性を兼ね備えているため、置き換えのきかない樹脂材料として高く評価されています。

　分子構造の骨格の改良や改質剤の添加、そして多様な硬化剤を組み合わせることによって様々な物性を引き出すことが可能で、日進月歩で技術革新が進む電子材料分野をはじめとして、塗料や接着剤分野でも新しい顧客ニーズに対応するかたちで多くの開発品が生み出されていることが、この市場の特徴となっています。

　エポキシ樹脂は、様々な硬化剤と組み合わせることにより不溶不融性の硬化物を形成する特徴を生かし、塗料、電気・電子、土木・建築、接着剤をはじめとする幅広い用途に使われています。橋梁やタンク、船舶の防食、飲料缶の内外面塗装、自動車ボディーの下塗り、また粉体塗料として鉄筋やパイプ、バルブ、家電機器にも使われます。電気・電子の用途は積層板、半導体封止材、絶縁粉体塗料、コイル含浸用などがあります。土木・建築ではコンクリート構造物の補修や橋梁の耐震補強、各種ライニングなどに使われます。接着剤では強い接着力や耐熱性、耐薬品性、電気絶縁性などを生かし、自動車や航空機向けを含め幅広い分野で使用されます。また、ここ数年の傾向としては、炭素繊維を利用した複合材料分野などで成長が期待されています。ガラス繊維や炭素繊維などで補強した複合材料は、スポーツ用品や防食タンクをはじめ、航空機や宇宙関連機器まで利用範囲が及んでいます。

　エポキシ樹脂の2020年の生産量は10万7,728トンで前年比6.9％減、販売量も10万2,928トンの同17.3％減となりました。しかし2021年は秋から冬に向けては回復基調となり、

◎エポキシ樹脂の需給実績

（単位：トン）

	2018年	2019年	2020年
生産量	132,081	115,682	107,728
輸出量	49,396	44,463	41,374
輸入量合計	52,311	50,050	44,347
液状	41,166	38,854	34,202
固形	11,146	11,196	10,145

資料：経済産業省『生産動態統計　化学工業統計編』、財務省『貿易統計』

年明けからはかなり好調な様子が見込まれています。用途は塗料や車載用の半導体、回路基板など自動車に依存する部分が多いため、自動車生産の回復がほぼそのままエポキシ樹脂の需要拡大につながっているとみられています。

ただその反面、原料事情が厳しく需要に生産・供給が追いついていないことも実情で、世界的にみてもエポキシ樹脂は不足しているようです。その一方で、国内主要メーカーによるエポキシ樹脂事業の変革は加速し、ユーザーのニーズに応えるための研究開発は活発化しているとのことです。

エポキシ樹脂は近年、車載電子部品への需要が大きな盛り上がりをみせています。自動車には多くの電子部品が搭載されており、圧力・温度・加速度などの各種センサーのほか、車載マイコン、通信用各種半導体、回路部品、車載プリント配線板、半導体パッケージ基板、ワイヤーハーネス、車載コネクターなど多岐にわたっています。これらのほとんどはECU（エレクトロニックコントロールユニット）として高密度にパッケージ化されており、自動車1台当たりのECU搭載数は増加傾向にあります。セラミックパッケージが主流ですが、軽量化の観点からエポキシ樹脂に素材転換する動きが広がってきています。自動車部品においては安全性・耐久性・信頼性が絶対的に重視されるため、有機物であるエポキシ樹脂は異物の混入が避けにくいことから、これまで安全に関わるクリティカルな部品には使われてきませんでした。ところが車体軽量化に対する要求はこの領域に踏み込むまでにいたっており、エポキシ樹脂メーカーには極めて高い品質での供給が求められてきています。

自動車の軽量化は異種素材の複合的な利用を促しており、構造接着剤用途（例えば金属とプラスチックを接合するなど）もエポキシ樹脂のアプリケーションとして有望視されています。また、注目される炭素繊維強化プラスチック（CFRP）も、これから本格的な採用が見込まれており、エポキシ樹脂の大型用途として期待されます。

【シリコーン】

一般の高分子化合物の分子骨格は炭素－炭素結合からなりますが、シリコーンは無機質のシロキサン結合（Si－O－Si）を骨格としています。シリコーンはケイ石から生産される金属ケイ素とメタノールを主原料に化学合成した、有機と無機の特性を併せ持つ高機能ポリマー化合物です。耐熱性、耐候性、耐久性、電気絶縁性、放熱性に優れるなど多様な機能を持ち、形状もオイル、レジン、ゴム、パウダーなどに加工可能であることから、自動車、土木・建築、電気・電子機器、化粧品など用途先が極めて広いのが特徴です。開発されてから半世紀以上が経過する素材ですが、用途先の間口が広く技術改良も行いやすいことから、新製品が継続して投入されています。

シリコーン製品の用途は極めて幅広く、また生活に広く浸透していることから需要はGDP（国内総生産）とパラレルに動きます。国内市場は約10万トンと推定され、ここ数年、大きな変化はないものの、高機能製品の伸長で出荷金額は伸びているようです。

シリコーンは産業資材の高機能化はもとより、省エネルギー・省資源など環境負荷を低減するエコプロダクツとしての側面からも注目を集めています。代表的な用途先である自動車を例にとれば、エンジン回りのエラストマー製品は車体の軽量化に寄与しており、エコタイヤには燃費を向上させるためのシラン製品が使われています。内装パネルやサンルーフ、ヘッドライトカバーの傷つきや黄変防止にも用いられます。2015年は自動車生産台数減少により需要が伸び悩みましたが、ここ数年は堅調に推移しています。より高度な熱回り対策が必要となる

電気自動車（EV）やハイブリッド自動車（HEV）などの普及で、自動車用シリコーン製品の需要はさらに拡大すると見込まれています。

建築用途ではシリコーン樹脂の窓枠など断熱性能に着目した採用が進んでいます。電気・電子分野では省エネ効果で普及が進むLED（発光ダイオード）電球向けのコンバーター封止材や放熱材などに不可欠な素材となっています。

電気・電子部品向けは、半導体デバイスの封止剤・放熱剤などのほか、レンズや反射板、導光板などの光学材料でも採用が進んでいます。

成長著しいのが化粧品・パーソナルケアの用途です。触感の向上、保湿、被膜形成など様々な機能を付与することから、ヘアケア、スキンケア、メーキャップのすべてのカテゴリーでシリコーンが用いられています。化粧品は景気の影響を受けることなく成長を続ける有望市場であり、シリコーンメーカー各社も注力分野に位置付けています。

●プラスチック再利用技術②
ケミカルリサイクルの今後

ケミカルリサイクルでは、容器包装リサイクル法に基づくリサイクル施設が高炉原料化、コークス炉化学原料化、ガス化を目的とする施設が全国8か所（2019年）にあります。このうちコークス炉化学原料化法を展開する日本製鉄は、君津（処理能力年間8万トン）、名古屋（同5万トン）、八幡（同5万トン）、大分（同5万トン）、室蘭（同3万トン）を有し、累計処理量（2000〜2019年度）は約328万トンに達します。同技術はプラスチックを約1200度Cで高温乾留して炭化水素油（40%）、コークス（20%）、コークス炉ガス（40%）に熱分解します。ほぼ100%有効利用することが可能なほか、有害物質の残留がないのが特徴で、コークス炉や化学工場などの既存の設備、プロセスを有効利用しているためリサイクルの効率性、質、安全性に優れた手法として認められています。

また、ケミカルリサイクル技術として注目されるのが、大阪市立大学と東北大学が世界で初めて開発したポリオレフィン系プラスチックの分解に有効な固体触媒系です。この酸化セリウム担持ルテニウム触媒（$Ru／CeO_2$触媒）は、低温条件下で有用化学品である潤滑油や液体化学品を高収率で合成することが可能です。油化やガス化などのケミカルリサイクル技術に対して反応温度を100度C以上も下げられ、市販のゴミ袋や廃プラスチックにも適用が可能です。研究グループでは、温和な条件でのプラスチックのケミカルリサイクルを可能にする新たな触媒プロセスを構築していく方針とのことです。

プラスチック廃棄物が世界レベルの問題となるなか、その利用量の削減や適正処理方法の確立が求められています。また、資源循環の観点からはプラスチックの再生および再利用技術の重要性が高まっており、プラスチックごみの大半を占めるポリオレフィン系プラスチックのリサイクル技術の開発は急務といえます。ケミカルリサイクル技術は低炭素化、廃棄物削減および原料・化学品供給を可能にするプロセスとして期待されており、油化やガス化などの技術が実用化されているが、一般的に400度C以上の高温を必要とするほか、安価なガスの生成、多量の副生成物、触媒の失活といった問題を抱えています。

開発では、ポリエチレンをモデル基質に触媒開発を行い、$Ru／CeO_2$触媒が他の金属担持触媒よりも高活性を示すことを発見しました。これにより200度Cの低温かつ2メガパスカルの低水素圧条件下でのポリオレフィンの変換を可能とするとともに、潤滑油や液体化学品といった有用化学品を90%以上の高収率で得られることが明らかになりました。

新触媒の実用化により、低負荷プロセスでのプラスチックの資源循環サイクルが可能になります。また、石化資源から合成されてきた化学品プロセスの置き換えにより、CO_2やエネルギー、コストが削減できることから、低炭素社会の実現に寄与する新たな触媒技術として今後の展開が注目されています。

3.2 プラスチックス② (エンジニアリングプラスチックス)

エンジニアリングプラスチックス(エンプラ)は、一般の熱可塑性樹脂と比較して寸法安定性や耐摩耗性、耐熱性、機械的強度、電気特性などに優れる合成樹脂のことで、自動車や情報・電子、OA機器など高い特性が要求される部品、材料として採用されています。一般にポリアセタール(POM)樹脂、ポリアミド(PA、主としてナイロン6およびナイロン66)樹脂、ポリカーボネート(PC)樹脂、ポリブチレンテレフタレート(PBT)樹脂、変性ポリフェニレンエーテル(PPE)樹脂などが五大エンプラと呼ばれています。また、エンプラの中でも耐熱温度が150℃以上のものをスーパーエンプラ(特殊エンプラ)と呼びます。フッ素樹脂、ポリフェニレンサルファイド(PPS)、液晶ポリマーなどがこれに含まれます。

【ポリアセタール(POM)樹脂】

ポリアセタールは原料のホルムアルデヒドの重合したものです。機械的性質、耐疲労性に優れた結晶性の熱可塑性樹脂で、強靭性、耐摩耗性など、他の材料にみられない優れた特徴を持っており、汎用エンプラとして、自動車部品や電気・電子部品、家電、OA機器、雑貨、玩具など幅広い分野に使用されています。耐バイオガソリン対応の燃料系などの用途も含めて自動車向けが主力で、需要の大半を占めます。このほか小型モーターによる駆動部品として電気・電子分野にも多く使われています。他のエンプラとは異なり、新規分野での採用といったトピックスが少ない一方で、他材料からも浸食されにくいという特異な地位を築いています。

フィラーを添加するコンパウンドグレードが全体の2～3割しかないのも独特です。

POMは、ホルムアルデヒドのみが重合し機械的物性に優れるホモポリマーと、耐熱性や耐薬品性など化学的な安定性を特徴とするコポリマーの2つに大別されます。いずれもガラス繊維など強化繊維やフィラーを添加したり、他樹脂とのアロイ(混合物)としたりすることが少ないのが他のエンプラとの相違点です。一方で特殊グレードも多数製品化されています。POM本来の特性を保持したままホルムアルデヒドの発生量を大幅に低減した低VOC(揮発性有機化合物)グレードが、密閉空間となる自動車分野で要請されていて、各社が開発に取り組んでいます。ホモポリマーは−[CH₂O]−のみの連鎖ゆえ剛性が高く、コポリマーはポリオキシメチレン主鎖中に[−C−C−]結合を含む共重合物であり、靭性、耐熱性、耐薬品性に優れています。欠点は可燃性であること、耐候性があまり強くなく、紫外線にも弱いこと、強酸、強アルカリには弱いことなどです。

〔用 途〕

電気・機器部品：カセットのハブおよびローラー、VTRデッキ部品、キーボードスイッチ、扇風機ネックピース

自動車部品：ドアロック、ウインドレギュレーター部品、ドアハンドル、ワイパー部品(ギヤ, スイッチ)、カーヒーターファン、クリップ・ファスナー類、シートベルト部品、コンビネーションスイッチ

機械部品：各種ギヤ、ブッシュ類、ポンプ用インペラーガスケット、コンベア部品、ボルト、ナット、各種OA機器部品

建材配管部品：カーテンランナー、パイプ継手、シャワーヘッド、アルミサッシ戸車

その他日用品：ファスナー、エアゾール容器、ガスライター

2020年はコロナ禍による経済活動の停滞で、上半期にかけて在庫を圧縮する動きが広がりPOMの需要減が続きました。自動車向けをはじめとする高付加価値品を除く、安価な汎用品は中国国内市況が下落し、2018年8月以降の2年間で15%ほど下がっています。

しかし需要は9月以降、急回復をみせました。コロナ禍も相まって絞られた在庫に対し、中国や日本の新車生産は回復しました。需要家の調達意欲が盛り上がったことで2020年の世界需要は後半の持ち直しで前年比2ケタ前後の縮小にとどまりそうです。

供給面では2018〜2019年にかけてBASFと韓国コーロンプラスチックスの合弁による7万トン設備が稼働しました。米セラニーズもデ

ボトルを実施し、ドイツ工場が従来比6万トン増の年産16万トン、米工場が2万トン増の12万トンになりました。

一方、操業停止予定のBASFドイツ拠点（5万トン）や2020夏に計画されていた中国の雲天化集団（6万トン）、藍星集団（同）の状況が不透明といいます。

中・長期的な世界需要は、インドや東南アジアなど新興国の経済発展にともない、用途が幅広い雑貨関連などで成長が見込まれています。

【ポリアミド（PA）樹脂（ナイロン樹脂）】

ポリアミド樹脂は、酸アミド結合（−〔CONH〕−）の繰り返し構造が構成する高分子の総称で、一般的には"ナイロン樹脂"と呼ばれています。強靭で、耐摩耗性、耐薬品性などに優れているのが共通した特徴です。

デュポンの商品名であった"ナイロン"がPAに代わり使用されることが多く、現在、商品として販売されているPAで代表的なものは以下になります。

①ナイロン6：ε-カプロラクタムの重合による

②ナイロン66：ヘキサメチレンジアミンとアジピン酸の重合による

③ナイロン610：ヘキサメチレンジアミンとセバシン酸の重合による

◎ポリアセタールの需給実績

（単位：トン）

	2018年	2019年	2020年
生産量	119,256	100,698	89,683
販売量	115,878	103,242	87,208
輸出量	58,545	51,366	46,985
輸入量	38,090	39,894	31,800

資料：経済産業省『生産動態統計 化学工業統計編』、財務省『貿易統計』

◎ポリアセタールの設備能力（2020年末）

（単位：1,000トン／年）

社　名	工場	能力	備　考
ポリプラスチックス	富士（コ）	108	
旭化成	水島（コ）	24	
	水島（ホモ）	20	
	計	44	
三菱ガス化学	四日市（コ）	20	
小　計	（ホモ）	20	
	（コ）	152	
合　計		172	

〔注〕（コ）はコポリマー、（ホモ）はホモポリマー、コンパウンドは合計に含まない。
資料：化学工業日報社調べ

④ナイロン11：11-アミノウンデカン酸の重合による

⑤ナイロン12：ω-ラウロラクタムの重合または12-アミノドデカン酸の重合による

日本で生産されるポリアミドの大部分は合成繊維として使用されますが、一部は熱可塑性プラスチックとして利用されており、用途はますます拡大の傾向にあります。

〔用　途〕

射出成形、押出成形：フィルム、繊維・フィラメント

一般機械部品：ギヤ、ベアリング、カム類、ナイロンボール、バルブシート、ボルト、ナット、パッキン

自動車部品：キャブレターニードルバルブ、

◎ポリアミドの需給実績

（単位：トン）

	2018年	2019年	2020年
生産量	235,744	200,054	178,549
販売量	217,600	208,107	184,626
輸出量	111,044	100,903	92,718
輸入量	197,393	197,853	132,764

資料：経済産業省『生産動態統計 化学工業統計編』、財務省『貿易統計』

◎ポリアミドの設備能力（2021年10月）

（単位：1,000トン／年）

社　名		工　場	能　力	備　考
＜ナイロン6＞　合計			129	
宇 部 興 産		宇　部	53	
東　　　レ		名古屋	30	
ユ ニ チ カ		宇　治	12	
東 洋 紡		敦　賀	4	
三菱ケミカル		福　岡	30	
BASFジャパン		横　浜		輸入販売，テクニカルセンター
ランクセス		尼　崎		輸入販売，テクニカルセンター
DSMジャパンエンジニアリングプラスチックス		横　浜		三菱ケミカルへ生産委託，テクニカルセンター
エムスケミー・ジャパン		東　京		輸入販売，テクニカルセンター
＜ナイロン66＞　合計			98	
旭 化 成		延　岡	76	
東　　　レ		名古屋	22	
デ ュ ポ ン		宇都宮	(15)	コンパウンド能力
BASFジャパン		横　浜		輸入販売，テクニカルセンター
ランクセス				輸入販売，テクニカルセンター
ユ ニ チ カ		宇　治	(2)	コンパウンド能力
エムスケミー・ジャパン		東　京	(6)	輸入販売，テクニカルセンター
＜ナイロン11, 12＞　合計			10	
ダイセル・エボニック		網　干	(3)	コンパウンド能力
ア ル ケ マ		京　都		輸入販売，テクニカルセンター
宇 部 興 産		宇　部	10	
＜特殊ナイロン＞　合計			30.5	
東　　　レ	ナイロン610など	名古屋		マルチパーパスプラント
三 井 化 学	芳香族	大　竹	3	
三菱ガス化学	ナイロンMXD-6	新　潟	14.5	
ソルベイアドバンストポリマーズ	ナイロン6T系			輸入販売
デ ュ ポ ン	ナイロン6T系	宇都宮		輸入販売
DSMジャパンエンジニアリングプラスチックス	ナイロン46など	横　浜		輸入販売
ク ラ レ	芳香族	鹿　島	13	
合　　　計			267.5	

〔注〕コンパウンド能力は合計に含まない。

資料：化学工業日報社調べ

オイルリザーバタンク、スピードメーターギヤ、ワイヤハーネスコネクター

　電気部品：コイルボビン、リレー部品、ワッシャ、冷蔵庫ドアラッチ、ギヤ類、コネクター、プラグ、電線結束材

　建材部品：サッシ部品、一般戸車、ドアラッチ、上つり車、取手、引手、カーテンローラー

　雑　貨：洋傘用ロクロ、無反動ハンマーヘッド、ライターボディ、ハンガーフック、婦人靴リフト、ボタン

　代表的なエンプラであるポリアミド樹脂には6や11、12、46、66、6T、9T、MXD6など多くのベースポリマーがあり、610など植物由来原料を使った製品も増えています。耐摩耗性や耐衝撃性、電気特性、耐薬品性に優れコストパフォーマンスが高いため、自動車や電気・電子、OA機器、スポーツ・レジャー用品、各種日用品など幅広い用途で用いられています。

　自動車用途では、軽量化による燃費向上がナイロン樹脂を採用する最大の理由です。加えて、ターボエンジンの小型化、次世代のパワートレイン向けなどで高耐熱グレードの事業機会は増えていて、従来難しいとされてきた部材を樹脂化するにあたって、各社がレジンおよびコンパウンド技術の開発にしのぎを削っています。

　ナイロン6と66は金属代替素材として、特に自動車の軽量化に貢献しています。代表的な用途はインテークマニホールドやラジエータータンク、ドアミラーステイ、各種内装部品、電装部品などで、燃料チューブにはナイロン12が多く使われます。

　電気・電子分野ではコネクターやコイルボビン、スイッチ部品のほか、リチウムイオン二次電池の外装材、太陽電池のバックシートなど新たな用途も増えています。また、鉛フリーはんだに対応した表面実装（SMT）部品などに高耐熱需要が高まっています。

　PAの2020年生産量は17万8,549トン（前年比10.7％減）、販売量は18万4,626トン（同11.2％減）でした。輸出量は9万2,718トン（同8.1％減）、輸入量は13万2,764トン（同32.8％減）となりました。

【ポリカーボネート（PC）樹脂】

　ポリカーボネート樹脂は透明で、耐衝撃性、寸法安定性に優れた熱可塑性樹脂です。耐熱性、耐老化性、成型加工性にも優れ、極めて強靭で、金属に代わるものとして広く使われています。この特徴を生かし、電気・電子部品、OA機器、光ディスク、自動車部品などの幅広い用途で需要が拡大しています。

　製法は以下の3種類です。①界面重合法：ビスフェノールAのアルカリ水溶液とメチレンクロライドまたはクロルベンゼンとの懸濁溶液に塩化カルボニルを添加して製造、②エステル交換法：ビスフェノールA、ジフェニルカーボネートを主原料に製造、③ソルベント法：ビスフェノールAを酸素結合剤および溶剤の存在下で塩化カルボニルと反応させて製造。

〔用　途〕

　光学用途：CD、DVD、CD－R、DVD－R、ブルーレイディスクなどの基板、カメラなどのレンズ、光ファイバー

　電気／電子用途：携帯電話（ボタン，ハウジング）、パソコンハウジング、電池パック、液晶部品（導光板，拡散板，反射板）、コネクター

　機械用途：デジタルカメラ／デジタルビデオカメラ（鏡筒，ハウジング）、電動工具

　自動車：ヘッドランプレンズ、エクステンション、ドアハンドル、ルーフレール、ホイールキャップ、クラスター、外板

　医療・保安：人工心肺、ダイヤライザー、三方活栓、矯正用メガネレンズ、サングラス、保護メガネ、保安帽

　シート／フィルム：拡散フィルム、位相差フィルム、カーポート、高速道路フェンス銘板、

ガラス代替

　雑貨：パチンコ部品、飲料水タンク

　PCの2019年生産量は26万9,600トン（前年比9.3％減）、販売量は26万8,252トン（同11.4％減）、輸出量は16万7,821トン（同4.1％減）、輸入量は7万4,876トン（同3.4％減）でした。

　電気・電子分野ではパソコンやコピー機、スマートフォン、タブレットパソコンなどの筐体、内蔵部品に用いられています。こうした用途では耐衝撃性や成形安定性に加え、高い難燃性が求められます。近年は高い透明性と難燃性を兼ね備えた薄肉成形用PCの採用が広がっていて、薄肉ノンハロゲン難燃グレードのニーズも高まっています。LED照明関連が普及期に入り、好調に推移しているほか、液晶ディスプレイ用の導光板用途での採用も進んでいます。

　シート・フィルム用途では、アーケードドーム、体育館の窓ガラス代替などの建材関連、高速道路の遮音壁などに使用される厚物シートは堅調に推移しています。

◎ポリカーボネートの需給実績
（単位：トン）

	2018年	2019年	2020年
生産量	320,793	297,505	269,600
販売量	294,816	303,084	268,252
輸出量	161,862	175,144	167,821
輸入量	90,576	77,526	74,876

資料：経済産業省『生産動態統計　化学工業統計編』、
　　　財務省『貿易統計』

◎ポリカーボネートの生産能力（2021年10月）
（単位：1,000トン／年）

社　　名	工場	能力
帝　　人	松　山	125
三菱ガス化学	鹿　島	約124
三菱ケミカル	黒　崎	60
住化ポリカーボネート	愛　媛	80
合　計		約390

資料：化学工業日報社調べ

　自動車分野では透明性や耐衝撃性、耐熱性が評価され、ヘッドランプ、メーター板、各種内装部品に使われています。大型用途として期待されてきた樹脂グレージング（窓素材）用途も、軽量化効果や複雑形状へ対応しやすいことなどが評価され、徐々に市場を広げています。最近では、自動車の日中点灯ランプ（DRL）での需要拡大が期待されています。DRLは北欧などで、昼間に濃霧が発生し視界が遮られることから安全対策として搭載されてきました。欧州ではDRL搭載が義務化されていますが、日本では明確な基準がなく、光度の明るいDRL搭載の欧州車の走行は制限されてきました。しかし昼間走行時の点灯に関する国際基準が導入され、DRL搭載車の走行が可能となったため、日本の自動車メーカーがDRLの搭載に動き出す可能性は高いと考えられます。

　また、2015年5月の建築基準法の改正により、劇場や倉庫、スタジアムの屋根などにPC樹脂の使用が可能となり、建材分野でも需要の拡大が期待されます。

　世界需要は年4％強で拡大しており、2018年に450万トンになったとみられます。2020年は500万トン近くになるとの予想もあります。自動車分野を中心にOA機器や家電、半導体産業関連の引き合いが上半期に強まったことが背景にあります。しかし2018年後半になると米中摩擦が、中国の米国向け家電製品輸出に影響するようになり、失速しました。PC樹脂はこれまで堅調な需要成長を示してきましたが、2019年以降、これらを背景に慎重な見方も強まっており、原料価格が強含むなかで、収益性の悪化に対する警戒感も高まっています。

【ポリブチレンテレフタレート（PBT）樹脂】

　ポリブチレンテレフタレートは、テレフタル酸ジメチルと1,4−ブタンジオールを原料に合成されたビスヒドロキシブチルテレフタレート

（BHBT）の重合体で、1970年に米セラニーズ社から製品化されました。強靱、高剛性、熱安定性、低吸水率、寸法安定性、耐摩耗性など電気特性に優れています。多くの優れた性能とコストとのバランスの点で、亜鉛やアルミニウムのダイカスト品、ポリアセタール、ナイロン、ポリカーボネートなど、他のエンプラと十分な競争力を持つ大型エンプラとして期待されています。ガラス繊維や無機フィラーなどの強化剤や難燃剤を2～3割程度配合して使用されることが多く、自動車部品や電気・電子部品、OA機器部品のコネクターなどとして用いられています。

〔用　途〕

自動車：イグニッションコイル、ディストリビュータ、ワイパーアーム、スイッチ、ヘッドライトハウジング、モータ部品、排気・安全関係部品、バルブ、ギヤ

電機・電子：スイッチ、サーミスター、モータ部品、ステレオ部品、コネクター、プラグ、コイルボビン、ソケット、テレビ部品、リレー

フィルム：食品包装用など

その他：ポンプ（ハウジング）、カメラ部品、時計部品、農業機器、事務機器、ギヤ、カム、ベアリング、ガス、水道部品

　ＰＢＴの2020年生産量は、9万6,836トン（前年比15.4％減）、販売量は9万6,131トン（同17.5％減）で推移しました。世界需要は、前年比4～5％減の100万トン弱（コンパウンド品換算）になるとみられています。コロナ禍で上期を中心に落ち込んだが、下期以降急速に回復し、足元はユーザーの在庫補充が先行しました。一時的なタイト化と市況回復も招いていますが、成長軌道への回帰には不透明感が漂っています。

　ＰＢＴは世界需要の6～7割が自動車用で、中国が5割前後を占める最大消費国となっています。従来の機構部品用に加え、自動車の電装化によってセンサーのケース用にも採用を伸ばし、2018年までの数年間は高成長を示しましたが、2019年は米中貿易摩擦の煽りで停滞を余儀なくされました。世界需要は2018年並みの100万トン前後だったとみられています。

　中国で自動車生産の前年割れが続き、機構部品用がそれに連動し、電子部品関連で期待された伸びも欠く結果となりました。成長の息切れによって2019年を通じて在庫調整局面となり、2020年前半も「5～6月の受注が前月比で半減」（メーカー）するなどコロナ禍による経済の停滞が打撃を与えた形です。

　その後はコロナ禍をいち早く脱した中国向けが4月以降上向きとなり、内需の引き合いも8月以降旺盛なようです。これには自動車生産の回復が後押しをしていることが背景にあるとみられています。

◎ポリブチレンテレフタレートの需給実績

（単位：トン）

	2018年	2019年	2020年
生産量	120,828	114,513	96,836
販売量	120,044	116,526	96,131
輸出量	99,837	91,286	90,363
輸入量	147,676	130,968	109,802

資料：経済産業省『生産動態統計　化学工業統計編』

◎ポリブチレンテレフタレートの設備能力（2020年）

（単位：1,000トン／年）

社　名	工　場	能力	備　考
ポリプラスチックス	富　士／重合	21	
東　レ	愛　媛／重合	23	
三菱ケミカル	四日市／重合	70	
東　洋　紡	小　牧／重合	4	
合　　計		118	

資料：化学工業日報社調べ

【変性ポリフェニレンエーテル（変性PPE）】

変性ポリフェニレンエーテルは、フェノールとメタノールを原料に合成された2,6-キシレノールの重合体であるポリフェニレンエーテルとポリスチレン（PS）などをブレンドしたもので、グラフト重合で得られる非晶性の熱可塑性樹脂です。

原料となるポリフェニレンエーテル（PPE）は、①エンプラの中で一番軽い、②吸水時の寸法変化が小さい、③軟らかくなる温度が210℃と非常に高い、④絶縁性に優れている、⑤燃えにくいなどの特徴を有している一方で、PPE単独では成形性に難があるため、通常はPSなどとのアロイとして使用されています。PS以外にも、PPやナイロン、PPSなど多様な樹脂と組み合わせられます。耐熱性、寸法安定性に加え、低吸水性、低比重、難燃性、絶縁性、幅広い温度領域での機械的特性を有することから、自動車や電気・電子分野、家電・OA分野などで用いられています。

〔用　途〕
電気／電子分野：CRTフライバックトランス・偏向ヨーク、電源アダプター、コイルボビン、スイッチ、リレーソケット、ICトレー、電池パック

家電／OA分野：プリンター・コピー機・ファクシミリ等のシャーシ、CD・DVDなどのピックアップシャーシ・ベースシャーシ

自動車：ホイールキャップ、エアスポイラー、フェンダー、ドアハンドル、インストルメントパネル、ラジエターグリル、LiB周辺部材

その他：ポンプのケーシング、シャワーノズル、写真現像機部品、塩ビ代替配管部品

ハイブリッド車（HEV）・電気自動車（EV）などのエコカー、太陽電池（PV）、リチウムイオン二次電池（LiB）用途など新規用途も増えています。

自動車分野は、電装化による需要のほかHEV、EV関連で、難燃性や電気特性、耐熱性、寸法安定性などの特性が評価されバッテリー周辺部品で採用増が見込まれます。

バッテリー関連では車載用途だけでなくスマートグリッド、スマートハウスといった次世代省エネ分野でも広がりが期待されています。

PV用では、ジャンクションボックスやコネクターへの採用が進んでいます。屋外で長時間使用されるため、長期耐熱性や耐候性、難燃性、耐加水分解性、電気特性など様々な特性が要求されます。生産各社はこうした機能要求に応えるグレードを開発し、市場投入しています。ただしジャンクションボックス用途は一服感が出始め、価格競争が激化しているもようです。

一大用途のICトレー向けもリサイクル比率が高まったことで価格が低下しています。

こうしたなか耐熱性を生かした給排水用途やタンク向けの採用が増えており、新たな一大市場の創出が期待されています。

変性PPEは年に3〜5％伸びているとみられ、世界需要は37万〜38万トンと推定されます。供給が追いついていないながらも、増設計画が相次いでおり、需給環境の変化が見込まれています。世界のPPEの重合能力は約17万トンで、サウジ基礎産業公社（SABIC）が最大です。国内では旭化成と三菱ガス化学の合弁が事業化、三菱ガス化学の引き取り分を三菱エンジニアリングプラスチックスがコンパウンドしています。旭化成は発泡体（ビーズ）を事業化、軽量化部材などに使われるエンジニアリングプラスチックとして展開しています。このほか海外では中国・藍星集団、中国・鑫宝（シンバオ）集団が生産、増強も計画していますが、需要が供給を上回る状況が続いています。ただ、世界需要の3割強を占める最大消費国の中国で、OA機器部品、自動車リレーブロック、LiB周辺、PVのジャンクションボックス向けなど主力用途の減速が目立っており、需給の逼迫はやや改善されています。

【フッ素樹脂】

フッ素樹脂は耐熱性、耐候性、耐薬品性、電気特性などの特性を持つ、エンプラの代表格です。ほとんどすべての特性で他の合成樹脂の性能を凌駕し、また滑りやすく（低摩擦性）、耐磨耗性に優れる摺動特性や非粘着性、撥水性などユニークな特性を持っており、安全性など厳しい性能が要求される分野で他の素材を代替しています。

このように優れた特性の秘密はフッ素原子にあります。フッ素原子はあらゆる元素、特に炭素原子と強固に結合し、安定な分子となる特徴があります。このことから熱や紫外線などの影響を受けにくく耐候性、耐熱性、耐薬品性などの特性がよくなります。また結合力が強いため表面張力が低く、非粘着性、撥水性などの特性につながります。また、樹脂のなかで最も低誘電率、低損失という電気特性があるので、携帯電話の内部や基地局用電線の絶縁材料にも応用されています。

上記のような優れた性質を持つことから、化学工業、電気・電子工業、機械工業はもとより、自動車や航空機、半導体、情報通信機器など高い特性が要求される分野からフライパンなどの家庭用品まで幅広く使用されています。具体的には電気電子・通信用が約3割を占めていて、化学工業用が約2割程度、そのほか自動車・建機、半導体製造装置などにも使われています。

電気電子・通信用では電気特性や難燃性などの特性が評価され、スイッチ、プリント基板などの電子部品に採用されています。化学工業用ではバルブ、ライニングなどプラント部品に使われます。自動車向けではシーリング用途で多く使われています。また、瀬戸内などの長大橋の橋と橋げたの間に摺動特性のあるフッ素樹脂を挟み込むことによって地震の揺れを吸収し、橋の崩壊を防ぐのにも役立っています。

日本で使用されている主なフッ素樹脂の種類は以下の通りです。
① ポリテトラフルオロエチレン（PTFE）
② テトラフルオロエチレン－パーフロロアルキルビニルエーテルコポリマー（PFA）
③ フッ化エチレンポリプロピレンコポリマー（FEP）
④ テトラフルオロエチレン－エチレンコポリマー（ETFE）
⑤ ポリクロロトリフルオロエチレン（PCTFE）
⑥ ポリフッ化ビニリデン（PVDF）

フッ素樹脂は蛍石（ほとんど中国からの輸入）と硫酸を出発原料にして無水フッ酸を生成、さらに有機塩化物を反応させてフルオロカーボン、テトラフルオロエチレン（TFE）などのモノマーを製造して、重合反応で樹脂やゴム、塗料などを生産します。

フッ素樹脂メーカーは世界的にも少なく、日本ではダイキン工業、AGC、三井・ケマーズフロロプロダクツ、クレハの4社が生産してい

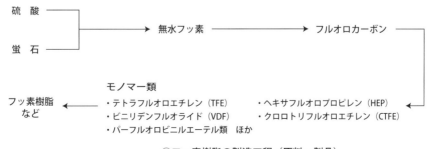

◎フッ素樹脂の製造工程（原料〜製品）

◎フッ素樹脂の需給実績

（単位：トン）

	2018年	2019年	2020年
生産量	30,886	31,912	25,066
販売量	32,082	29,702	24,696
輸出量	23,518	24,939	21,475
輸入量	11,278	10,298	7,578

資料：経済産業省『生産動態統計 化学工業統計編』、
日本弗素樹脂工業会

ます。ちなみにフッ素樹脂というとフライパンの「テフロン」加工がよく知られていますが、「テフロン」というのはケマーズ社（開発元のデュポン社から2015年に分社）の商標名です。

　フッ素樹脂の2020年生産量は、2万5,066トンで前年比21.4％減となりました。日本弗素樹脂工業会がまとめた2020年の国内出荷は、2万4,696トンで同16.8％減で推移しました。

◎主なフッ素樹脂の用途と製造メーカー

種類	主 な 用 途	主な製造メーカー
PTFE	ガスケット、パッキン、各種シール、バルブシート、軸受け、チューブ、屋根材、複写機	ダイキン工業、三井・ケマーズフロロプロダクツ、AGC 輸入＝スリーエムジャパン、ソルベイスペシャリティポリマーズジャパン
PFA	チューブ、ウエハーバスケット、継ぎ手、電線被覆、フィルム、バルブのライニング、ポンプ	ダイキン工業、三井・ケマーズフロロプロダクツ、AGC 輸入＝スリーエムジャパン、ソルベイスペシャリティポリマーズジャパン
FEP	電線被覆、ライニング、フィルム	ダイキン工業、三井・ケマーズフロロプロダクツ
ETFE	電線被覆、コネクタ、ライニング、フィルム、ギヤ、洗浄用バスケット	ダイキン工業、AGC 輸入＝三井・ケマーズフロロプロダクツ、スリーエムジャパン
PCTFE	保存輸送用バッグ、高圧用ガスケット、包装フィルム、バブリング、ギヤ	ダイキン工業
PVDF	ガスケット、パッキング、チューブ、釣り糸、楽器弦、絶縁端子など	ダイキン工業、クレハ 輸入＝アルケマ、ソルベイスペシャリティポリマーズジャパン

資料：化学工業日報社調べ

3.3 プラスチックス③ (バイオプラスチック)

バイオプラスチックは、循環型社会に貢献する素材として注目されており、石油など化石資源の消費を減らし、地球温暖化や、海洋マイクロプラスチック問題などに対して有効なソリューションを提供できる素材として、世界規模で普及が期待されています。製造コストの問題から市場成長に停滞感がみられるという指摘はあるものの、世界的に市場は拡大しています。世界市場の伸びから立ち後れていた日本市場も、CSR活動を重視するユーザー企業を中心に採用が増えており、自動車やスマートフォンなどでバイオエンプラ採用のニュースも増えています。欧州での使い捨てプラスチック製品規制など国際的な環境規制強化の流れのなかで、今後も市場拡大傾向が続くと見込まれます。

バイオプラスチックには、生分解性プラスチック(使い終わったら水と二酸化炭素に還る)と、バイオマスプラスチック(原料に植物など再生可能な有機資源を含む)の2種類があります。日本バイオプラスチック協会(JBPA)は「原料として再生可能な有機資源由来の物質を含み、化学的または生物学的に合成することにより得られる高分子材料」と定義しています。

〔用　途〕
包装資材(家電製品などのブリスターパック、生鮮食品のトレー・包装袋、卵パックなど)、カード類(ポイントカード、健康保険証など)、家電製品、自動車用の部材

主なバイオプラスチックは、バイオPET〔ポリエチレンテレフタレート(PET)の原料であるテレフタル酸(重量構成比約70%)とモノエチレングリコール(同約30%)のうち、モノエチレングリコールをサトウキビ由来のバイオ原料に替えて製造したもの〕を筆頭に、ポリ乳酸(PLA)〔トウモロコシを原料〕、ポリブチレンサクシネート(PBS)〔コハク酸と1,4-ブタンジオールを原料とする生分解性プラ〕、バイオポリエチレン(PE)、バイオポリアミド(PA)〔ヒマシ油由来〕などが挙げられます。

従来の主流であるPLAに加え、2010年代に入り、新規のバイオマスプラスチック材料の供給、既存の石油化学系プラスチックの原料のバイオマス化など、様々な動きが加速しています。特にカーボンニュートラルの観点から原料の一部を植物由来に置き換えたバイオPET、バイオPEの市場拡大が目立ち、今後も高い成長が期待されています。

ほかにもスマートフォンの前面パネルや自動車内装カラーパネルなどで、バイオエンプラの採用が相次いでいます。原料をバイオに置き換えただけでなく、一般的なエンプラに勝る性能を有していることが特徴です。産官学の研究開発も活発化しています。「微生物が作る世界最強の透明バイオプラスチック」「漆ブラックを実現した非食用植物原料のバイオプラスチック」「水素を合成する遺伝子の改変でバイオプラスチック原料を増産」「虫歯菌の酵素から高耐熱性樹脂の開発に成功」など、ニュースの見出しを拾っただけでも様々な角度から研究が進展している様子がうかがえます。

バイオプラスチックの世界の生産能力は、欧州バイオプラスチック協会のデータによると、2020年の生産能力は211万トン、このうちバイオマスが88万トン、生分解性が123万トンとなっています。これが5年後の2025年には

バイオプラ全体で287万トン、バイオマス107万トン、生分解性180万トンと大きく伸びていくと予測されています。

一方、日本国内のバイオプラスチック出荷量は、日本バイオプラスチック協会の推計によると、2017年の3万9,500トンから18％伸び、2019年には4万6,650トンとなっています。また、矢野経済研究所の2020年度版の市場レポートによると、2019年は5万9,865トン（前年比14％増）と高い伸び率となりました。2020年の見込みは7万2,185トンで、レジ袋の使用規制、有料化が採用に拍車をかけたバイオポリエチレン（ＰＥ）の伸びがこの高成長の最大の要因と分析しています。さらには、ＳＤＧｓ、ＥＳＧ（環境・社会・ガバナンス）経営の浸透、海洋プラごみ問題などによる国民の環境意識向上や大手飲料メーカーのバイオＰＥＴ採用拡大がこ

の成長を支えています。

2021年1月、環境省、経済産業省、農林水産省、文部科学省が合同で、持続可能なバイオプラスチックの導入を目指した「バイオプラスチック導入ロードマップ」を策定しました。「プラスチック資源循環戦略」に基づき、バイオプラスチックに関係する幅広い主体（バイオプラスチック製造事業者、製品メーカー・ブランドオーナーなどの利用事業者、小売り・サービス事業者など）に向け、持続可能なバイオプラスチックの導入方針と導入に向けた国の施策を示しています。

今後は、このロードマップを国内外に発信していくとともに、導入に向けた取り組みを積極的に展開し、気候変動問題・海洋プラスチックごみ問題の解決や、プラスチック資源循環の実現を目指していくとのことです。

3.4 合成繊維

合成繊維は、主に石油を原料として、化学的に合成された物質から作られる繊維です。具体的には原料を重合し、溶融などにより液状化して口金（ノズル）から押し出し、繊維にします。原料により様々な種類の合成繊維があり、なかでもナイロン繊維、ポリエステル繊維、アクリル繊維は三大合成繊維と呼ばれています。このほか産業資材で主に使われるアラミド繊維やポリプロピレン繊維、ビニロン繊維、ポリエチレン繊維などもあります。近年では繊維の高機能化・高性能化に各メーカーが取り組んでいます。

【ナイロン繊維】

米デュポンが開発した最初の合成繊維で、ナイロン6とナイロン66があります。原料がカプロラクタムのものを "ナイロン6"、アジピン酸とヘキサメチレンジアミンのものを "ナイロン66" といい、他の合成繊維に比べて融点の高いナイロン66が主流となっています。主な用途はパンティストッキングや靴下、タイルカーペット、タイヤコード、エアバッグなどです。

【ポリエステル繊維】

原料には高純度テレフタル酸またはテレフタル酸ジメチルとエチレングリコールが用いられます。強く、しわになりにくく、吸湿性がないなどの特徴を有することから、衣料品、インテリア・寝装品、産業資材、雑貨など幅広い用途に使われる汎用性の高い繊維で、合成繊維を含めた化学繊維のなかで生産量は最大です。

【アクリル繊維】

原料にはアクリロニトリルが用いられます。ふんわりと柔らかいうえ、軽く、合成繊維のなかでは最もウールに似た性質を持つことから、ニット製品や寝装品に多く使われています。合成繊維では、絹のように連続した長さを持つ糸のことを「長繊維（フィラメント；F）」糸と呼び、通常、数十本の単糸（単繊維）を撚り合わせて1本の糸（マルチフィラメント）とします。魚網やテグス（釣り糸）のように、単糸が1本の場合はモノフィラメントと呼びます。一方、木綿や羊毛のようなわた状の短い繊維のことを「短繊維（ステープル；S）」と呼びます。つめ綿、カーペットなどではステープルのまま使われますが、通常は紡績により糸（紡績糸）として使用されます。

【ポリプロピレン繊維】

比重が0.91と小さく、天然繊維、化学繊維を通じて最も軽量であるという特長があります。強度、耐摩耗性が大きく、弾性に優れ、クリープ性（一定の負荷をかけると時間とともに変形していく性質）が小さく、耐酸性、耐アルカリ性が大きいという特長もあります。また、カビ、微生物、虫に完全に耐えることができます。耐光性、耐老化性は絹とポリアミドの中間に位置しますが、安定剤の添加によって向上させることができます。

【高機能繊維】

　従来の繊維にはなかった機能を持つ繊維を高機能繊維と呼び、日本はこの分野で世界トップクラスです。代表的なものとして高強度が特長のパラ系アラミド繊維、超高分子量ポリエチレン繊維、ポリアリレート繊維、炭素繊維が挙げられます。また、高耐熱性を持つものとして代表的なのがメタ系アラミド繊維です。他にも不燃性を持つガラス繊維や生分解性を持つポリ乳酸繊維などがあります。衣料をはじめ、日用品や室内装飾品、土木・建築資材用補強材、自動車および航空機の部品、エレクトロニクス、造水、環境保全など、幅広い分野で利用されており、ウエアラブルデバイスなどの最先端領域においても有用な素材として期待されています。メーカー各社は繊維径を細くしたり、繊維の断面を異形化したり、さらには後加工による改質、複合化といった技術に磨きをかけながら高機能化に取り組んでいます。

　2020年の化学繊維生産のうち、合成繊維は前年比16.9％減の54.3万トンでした。主要品

◎主要合成繊維の生産能力
（単位：トン／月、％）

	2018年	2019年	2020年
ナイロンF	13,087	11,019	11,022
ポリエステルF	17,453	17,455	17,450
ポリエステルS	16,644	15,971	15,910
アクリルS	17,075	17,075	14,231
ポリプロピレンF	8,611	8,611	6,750
ポリプロピレンS	5,023	5,023	5,906
合　計	77,943	75,154	71,273

資料：経済産業省『生産動態統計　繊維・生活用品統計編』

◎合成繊維の生産量
（単位：トン）

	2018年	2019年	2020年
ナイロンF	89,634	76,326	54,052
ポリエステルF	117,727	116,175	92,779
ポリエステルS	82,660	82,742	76,160
計	200,387	198,917	168,959
アクリルS	124,101	114,798	83,647
ポリプロピレンF	62,003	46,327	44,103
ポリプロピレンS	63,734	57,971	61,182
計	125,737	104,298	105,285
そ　の　他	156,183	158,903	127,134
合　　　計	696,042	653,242	539,077

資料：経済産業省『生産動態統計　繊維・生活用品統計編』　　その他にはポリエチレン（長繊維）を含む

◎合成繊維の輸出量、輸入量
（単位：トン）

		2018年	2019年	2020年
ナイロンF	輸出量	40,126	27,704	22,249
	輸入量	30,063	28,811	22,958
ポリエステルF	輸出量	15,210	15,165	4,385
	輸入量	138,563	128,950	111,372
ポリエステルS	輸出量	13,983	14,434	7,348
	輸入量	72,693	70,126	65,054
アクリルS	輸出量	132,815	125,732	66,985
	輸入量	618	685	623

資料：日本化学繊維協会

種の生産は、ナイロン長繊維（Ｆ）が29.2％減の5.4万トン、アクリル短繊維（Ｓ）が27.1％減の8.4万トン、ポリエステルＦが20.1％減の9.3万トン、ポリエステルＳが7.9％減の7.6万トンと推定しました。

　2020年における化学繊維関連製品（繊維原料〜２次製品）の輸出量は前年比14.3％減の44万7,000トン、輸入量は8.2％減の151万4,000トンと、それぞれ前年割れとなりました。COVID-19の世界的な感染拡大が影響したとみられます。2020年に入ってから、新型コロナウイルスが世界全体でパンデミックを起こし、世界経済および日本の経済にも深刻な影響を与えました。合成繊維を含む繊維需要は緊急事態宣言にともなう小売店舗の臨時休業や各種イベントの中止、延期などが影響して、末端の衣料需要は大きく落ち込みました。公共工事なども大幅に減少したことで自動車関連、産業資材関連など非衣料分野についても衛生材料需要など一部を除いて軒並み需要が縮小しています。

　2019年は海外でも需要は落ち込み、2020年に入ってCOVID-19による影響が追い打ちをかけていますが、中国ではいち早く回復してきています。依然として世界の合成繊維需要は底堅く、今後、アジアを中心とした新興国・地域の成長を背景に拡大し続けていくものとみられます。需要の中身については、とりわけテクニカルテキスタイル（先端技術で機能性を付与された繊維）の引き合いが増すと指摘しています。中国やインドでは自動車をはじめとした産業向けが好調に推移し、不織布需要などが高まると期待されています。

　合成繊維産業は戦後復興を牽引する産業の一翼を担い1970年代初めに最盛期を迎えましたが、オイルショックや円高を契機に成長が止まり、縮小均衡の道を歩みました。有力繊維企業は合繊事業を縮小して、非繊維事業に経営資源を投入しました。

　とりわけ衣料用合成繊維は、中国などの台頭によって大きくシェアを低下させ、1990年代以降は撤退に追い込まれる企業が続出しました。欧米企業も同じ道をたどっていて、世界の供給構造は途上国中心に様変わりしました。このなかで、日本企業は炭素繊維やアラミド繊維に代表される高性能繊維、ユーザーニーズに対応して様々な機能を付与した高機能繊維に展開したことが奏功し、現在でも繊維事業が経営の一角を支えています。高性能繊維は日本勢が技術開発を牽引していて、航空機や自動車だけでなく、風力発電など成長が見込める環境・エネルギー分野や土木分野への展開も始まっています。一方で、世界共通の課題である高齢化社会に対応して、病院や介護施設で使いやすい繊維製品のニーズも高まっています。空気や水の浄化では中空糸の活躍が期待されています。

　これらの技術開発は素材メーカーだけでは限界があり、川上のポリマー企業から、テキスタイルなど川中企業や最終加工企業を含めたバリューチェーンの総合力が問われます。市場や用途は細分化されがちであり、技術開発の選択と集中が不可欠です。外部の資源を活用して効率を上げるとともに、世界を視野に入れた事業戦略が問われています。

3. 5 炭素繊維

炭素繊維は、1961年に日本で開発された代表的な高強力繊維で、日本が世界で先行する数少ない製品の1つです。ポリアクリロニトリル（PAN）系、ピッチ系の2種類があり、PAN系はアクリル繊維を、ピッチ系はコールタールまたは石油重質分を、それぞれ焼成・炭素化して作ります。材料として使用する際は、炭素繊維をエポキシ樹脂などの熱硬化性樹脂で固めた炭素繊維複合材料（CFRP）にします。複合化することで、機能や加工性を向上できます。

炭素繊維の大きな特徴は、鉄よりも強く、アルミよりも軽いことです。比重は鉄の約4分の1、比強度（単位重量当たりの強さ）は鉄の約10倍です。軽量で高強度、高弾性率、さらに電気伝導性があり、腐食しにくいのが特徴です。また、焼成・炭素化する工程を各社がノウハウとして持っており、製造条件の変更により広範囲の機能を得ることができます。炭素繊維の大半を占めるPAN系炭素繊維の用途は、主に一般産業、航空機・宇宙、スポーツ・レジャーの3分野で、一般産業向けが6割、航空機・宇宙向けが2割、スポーツ・レジャー向けが2割です。

日本化学繊維協会によると、2020年の炭素繊維出荷量は前年比17.0％減の20,645トンと4年ぶりに減少しました。

分野別でみると国内出荷、輸出用ともに航空宇宙用が減少し、国内出荷が全体で前年比22.8％減、輸出が15.6％減となりました。輸出比率は81.5％と前年から1.4ポイント上昇しました。

CFRPは航空機や自動車の世界では本格拡大の時を迎えています。航空機向けでは、機体当たりの炭素繊維使用量が拡大しており、素材を納入する各社は生産基盤の強化でこれに対応しています。ボーイングやエアバスなど航空機メーカーとは長期契約を結んで供給するため、契約価格に大きな変動のない状況が続いています。スポーツ・レジャー用途の汎用分野でも製品価格は横ばいが続いています。釣具やゴルフクラブ、ラケット、自転車などの構造材として使用されますが、こうした分野は規格が厳密な航空機分野などに比べると参入障壁が低く、中国をはじめとして後発メーカーが存在します。

航空機や自動車にCFRPを使用するのは、機体や車体が軽量化され、燃費向上、CO_2排出抑制につながるのが理由です。炭素繊維自体は高温焼成が必要なことから、製造には多くのエネルギーを使用しますが、日本化学繊維協会のLCA（ライフサイクルアセスメント）モデルによると、製品にCFRPを使用することで、使用時のCO_2を大きく削減するエコ材料となります。

炭素繊維業界にとって自動車向けへの展開は市場規模を飛躍的に拡大させる極めて重要な課題です。以前は自動車業界が要求するレベルとコスト面での乖離が大きく、超高級車以外への適用は難しいとの見方が強くありましたが、低コスト化を目指す様々な技術開発が進められています。量産車への普及でエポックメーキングとなったのが、1台500万円クラスながら炭素繊維を大量に（1台当たり100kg近く）使用したBMWの電気自動車「i3」の登場（2013年）です。BMWはその後発売した「7シリーズ」で、各パーツの補強としてCFRPを貼り合わせる手法を取り入れています。「i3」のように大量に炭素繊維を使う車は乗用車ではもう現れず、今後は「7

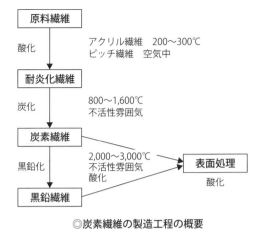

◎炭素繊維の製造工程の概要

原料繊維

酸化 ← アクリル繊維　200〜300℃
　　　ピッチ繊維　空気中

耐炎化繊維

炭化 ← 800〜1,600℃
　　　不活性雰囲気

炭素繊維

黒鉛化 ← 2,000〜3,000℃
　　　不活性雰囲気
　　　酸化

表面処理 ← 酸化

黒鉛繊維

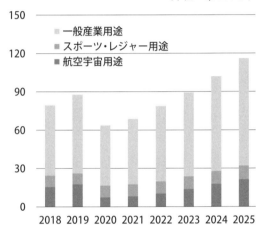

◎世界のPAN系炭素繊維の需要推移
（単位：1,000トン）

- 一般産業用途
- スポーツ・レジャー用途
- 航空宇宙用途

2018 2019 2020 2021 2022 2023 2024 2025

資料：化学工業日報社調べ

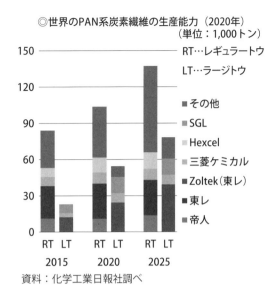

◎世界のPAN系炭素繊維の生産能力（2020年）
（単位：1,000トン）

RT…レギュラートウ
LT…ラージトウ

- その他
- SGL
- Hexcel
- 三菱ケミカル
- Zoltek（東レ）
- 東レ
- 帝人

RT LT　RT LT　RT LT
2015　2020　2025

資料：化学工業日報社調べ

シリーズ」のような使い方がベンチマークとなると推測されます。自動車メーカーが炭素繊維の採用に動き出した背景には、2020年の欧州におけるCO_2排出規制の存在があります。劇的な排ガス低減には、やはり劇的な軽量化が求められます。電気自動車などのエコカーにしても、軽量化は走行距離に直結します。大幅な軽量化には樹脂化だけでは間に合わず、強度、剛性に優れるCFRPの構造部材への採用が不可避となっています。

　各社は低コスト成形方法の開発に取り組んでいます。速硬化性樹脂の開発や、プレス成形で容易に部材を製造する技術開発とともに、成形時に出る端材を極小化する取り組みも進められ

ています。熱可塑性樹脂をマトリックスとするCFRTPの活用も将来の大量生産時代に必須の技術で、東レや帝人などが自動車メーカーとの共同開発を進めています。

　炭素繊維自体の低コスト化も重要なテーマです。東レは、子会社ゾルテックの低コストなラージトウタイプの炭素繊維を活用して自動車構造部材向けを開拓する考えで、将来需要を見据えた増設計画も策定しました。三菱ケミカルは、一部設備の改造により5割程度生産能力を引き上げる技術を確立し、投資負担を抑えつつ生産量を増やすことで競争力の向上を図ります。

　2016年1月、新エネルギー・産業技術総合開発機構（NEDO）は革新的な炭素繊維製造プロセスを開発したと発表しました。製造工程が大幅に簡略化されており、また従来に比べて製造エネルギーとCO_2排出量は半減し、生産性は10倍に向上します。物性についても、市販の炭素繊維と遜色ないことが確認されており、今後5〜10年での工業化を目指しています。

　炭素繊維は、原料となるアクリル繊維を耐炎化、炭化して製造します。質の高い炭素繊維を得るには長時間・高温で処理する必要があり、生産性やコストの足かせとなっていました。今回開発された新プロセスでは、原材料を見直す

ことで、従来は不可欠だった耐炎化工程をなくしました。衣料用に使われる安価なアクリロニトリルに酸化剤などを添加し、良好な紡糸性と耐炎性を兼ね備える新規ポリマーを開発したのです。アクリル繊維を紡糸する段階で耐炎化することが可能となり、既存のアクリル繊維工場でプリカーサ(炭素繊維前駆体)を製造できるようになりました。

炭化工程についても加熱炉ではなくマイクロ波を用いる新技術を確立しました。マイクロ波による炭素化技術は、プリカーサの内側から加熱することで、短時間でムラなく繊維を炭化できます。従来のように加熱炉を高温に保ち外部から熱する必要がないため、コンパクトかつ省エネルギーで炭化できます。

樹脂との接着性を向上させるための表面処理工程においても、プラズマを用いる技術が開発されました。従来の液式と違いドライプロセスのため表面性状の制御が容易で、処理時間を数秒に短縮し、表面処理にかかるエネルギーを半減しました。

炭素繊維は日本の基幹産業の1つであり、東レ、帝人グループ、三菱ケミカルの3社で世界シェアの65%を占めます。大きく伸びる分野とあって海外勢も市場拡大を狙っていますが、"老舗"である日本の競争優位性が揺らぐことはなさそうです。2018年には、DIC、セーレン、福井県工業技術センターの三者が進める炭素繊維のプリプレグを量産化する開発テーマが、NEDOの大型研究事業に採択されています。2020年度までのプロジェクトで、プリプレグの加工スピード向上と高品質、低コスト化を実現する基材の開発に取り組み、自動車への搭載を狙うものです。製造エネルギーの低減と自動車の軽量化で燃費向上に貢献し、2030年には年間9万キロリットル(原油換算)の省エネ効果を見込んでいます。

3.6 合成ゴム・熱可塑性エラストマー

ゴムは「弱い力で大きく形が変わり、放すと元に戻る」性質（弾性：エラスティシティ）を持つ高分子です。弾性が強いことからエラストマーとも呼ばれます。ゴムの原料に硫黄を加えること（加硫）で分子同士の連結が起こり、弾性が強化されます。ゴムの形状は主として固形ですが、液状のものはラテックスと呼ばれ、接着剤の原料、プラスチックの耐衝撃改良剤などとして用いられます。

ゴムの歴史は天然ゴムから始まります。アメリカ大陸の発見で有名なコロンブスが航海の途中で、ゴム玉で遊ぶ原住民を目にしたことから、その存在が世界に広く知られるようになりました。天然ゴムの生産は熱帯地域に限られることから、その代用品を人工的に製造すべくドイツや米国で研究開発が進められ、1930年代に工業化されました。ゴムノキから採れる天然ゴムに対し、人工的に作られるゴムを合成ゴムと呼びます。

【スチレンブタジエンゴム（SBR）】

1930年頃にドイツで開発され、ブタジエンとスチレンを原料とし、耐熱性、耐老化性、耐摩耗性に優れています。自動車タイヤ部門（主に乗用車向け）や、ゴム履物、工業用品、ゴム引布などに使用されます。

【ブタジエンゴム（BR）】

1932年頃にソ連（当時）で金属ナトリウムを触媒として製造され、ドイツでも第二次世界大戦中に生産されていました。反発弾性が強く、耐摩耗性、低温特性に優れます。主としてタイヤに使用されるほか、ゴルフボール用に供されます。ポリスチレンなどプラスチックの耐衝撃改良剤としても多量に使用されています。

【クロロプレンゴム（CR）】

1930年頃、ナイロン開発で後に有名になるカロザースによって米国で開発され、デュポンで生産が開始されました。クロロプレンを原料とし、耐熱性、耐候性、耐老化性、耐オゾン性に優れること、および酸化性薬品を除く耐薬品抵抗性が特長として挙げられます。数多くの合成ゴムが使用されているなかで、すべての特性がトップレベルにあるとはいえませんが、諸特性間のバランスが非常によいゴムであるといえます。金属との接着性が非常に優れているのも特長の1つです。ベルト、ホース、ブーツ、接着剤、電線被覆など自動車用および一般工業用に用いられます。

【エチレンプロピレンゴム（EPDM）】

エチレン、プロピレン、ジエン類を組み合わせて得られるゴムで、エチレン・プロピレン共重合体（EPM）およびエチレン・プロピレン・ジエン共重合体（EPDM）の2つに分類されます。EPM、EPDMともポリマーの主鎖に不飽和結合がないため耐候性、耐熱老化性、耐オゾン性に優れ、電気的特性がよく、自動車部品、電線、防水材など工業用品に広く用いられます。

【アクリロニトリルブタジエンゴム（NBR）】

アクリロニトリルとブタジエンから作られます。石油系の油に強く、耐油性ゴムの代表と目されています。天然ゴム、SBRなどと比較して耐油性が大幅に優れるほか、耐摩耗性、耐老化性が優れ、ガス透過率が低く、凝集力が強いという特長がある一方、耐寒性は劣り、反発弾性は低いとされます。耐油ホース、チューブ、紡績用エプロン、接着剤、靴底に用いられます。

◎主要ゴム製品の生産量

（単位：トン）

	2018年	2019年	2020年
自動車タイヤ	1,059,678	1,065,592	863,278
ゴムベルト	21,678	19,351	16,780
ゴムホース	38,835	34,277	28,981
工業用品	179,675	176,478	149,276
医療用品	5,501	6,118	5,445
運動用品	2,806	2,808	2,325

資料：日本ゴム工業会、日本自動車タイヤ協会

◎合成ゴム用途別・品種別出荷量（2020年）

（単位：トン、％）

	ソリッド	ラテックス	合計	前年比	構成比
自動車タ・チ	330,580	1,095	331,675	80.7	30.0
履物	12,992	0	12,992	82.4	1.2
工業用品	96,339	0	96,339	85.0	8.7
その他	68,567	765	69,532	86.0	6.3
ゴム工業向け計	508,538	2,060	510,598	82.2	46.2
電線・ケーブル	2,251	0	2,252	77.4	0.2
紙加工用	0	78,960	78,460	80.3	7.1
接着剤	1,388	3,768	5,124	89.3	0.5
繊維処理	339	5,794	6,133	87.3	0.6
建築資材	2,858	509	3,367	88.4	0.3
塗料・顔料	0	920	920	81.6	0.1
プラスチック用	26,512	23,721	50,233	92.1	4.5
その他	17,364	215	17,584	88.0	1.6
その他工業向け計	50.668	113,405	164,073	85.1	14.9
国内向け出荷合計	559,206	115,465	674,671	82.9	61.1
伸び率	82.9	83.0	82.9	—	—
輸出	407,158	22,582	429,740	90.6	38.9
伸び率	89.5	116.5	90.6	—	—
合計	966,364	138,097	1,104,411	85.7	100
伸び率	85.5	87.1	85.7	—	—
年末在庫量	246,725	20,781	267,506	77.5	—

〔注〕自動車タ・チは自動車タイヤ・チューブ。
資料：日本ゴム工業会

【熱可塑性エラストマー（TPE）】

　ゴムと樹脂の特徴を併せ持った機能性材料です。加硫工程が不要であり、樹脂と同様の成形方法がとれるため生産の効率化が図れるのが強みです。熱安定性が高いため加工範囲が大きく、素材を組み合わせた複合材料が生み出せることも高い評価につながっています。ゴムよりも軽量化が図れるため自動車を中心にゴム代替として採用が広がり、高い意匠性や、省エネルギーやコスト削減にもつながることから家電やIT、機械、工業設備、スポーツ用品、日用雑貨、医療分野まで幅広いジャンルで使用が進んできました。TPEはソフト、ハードセグメントの樹脂の組合せや配分によって、オレフィン系やスチレン系、ポリアミド系、ポリエステル系、ウレタン系、塩化ビニル系などに大別され、幅広い市場で存在感が高まっています。自動車分野では従来の日米欧に加え、中国などアジアでも認知度が上昇し、またグラスランチャンネル（自動車の窓枠）や表皮材に加えてエンジン回りでの採用も拡大しつつあります。成形性や耐油性を生かし、近年では医療分野などへも活躍の場を広げており、市場は年平均5％の成長を続けています。

　経済産業省「生産動態統計」および合成ゴム工業会によると、合成ゴムの2020年生産量は120万4,126トン（前年比21.3％減）で、製品別にみてもSBRはどの品目も軒並み減少しました。またイソプレンゴム（IR）やブチルゴム（IIR）、フッ素ゴム（FKM）といったその他ゴムも20.3％減の18万4,082トンと減少に転じました。

　しかし2021年に入ると状況は少し上向き、合成ゴムの需要は堅調に推移しています。自動車向けの特殊合成ゴムには、より高度な機能が求められており、メーカー各社の研究開発が進んでいます。品種によっては需要が増大し、安定供給に向ケタ生産設備の増強に動くメーカーもみられます。

◎合成ゴム（ソリッド）の生産能力（2020年末）
（単位：1,000トン／年）

	SBR	BR	IR
旭　化　成	130	35	
宇　部　興　産		126	
Ｊ　　Ｓ　　Ｒ	284	72	33
日本エラストマー	44	16	
日　本　ゼ　オン	112	55	40
三　菱　ケミカル	42		
合　　　　計	612	304	73

資料：経済産業省

◎合成ゴムの生産量
（単位：トン）

	2018年	2019年	2020年
ＳＢＲ　計	579,324	543,018	403,447
クラム（油入りを除く）	251,106	251,534	192,943
クラム（油入り）	196,150	173,076	114,479
ラテックス	132,068	118,408	96,025
ＢＲ	306,900	304,596	269,538
ＮＢＲ	113,246	113,156	89,191
ＣＲ	126,114	122,662	97,303
EPDM	231,035	216,643	160,565
その他	212,877	231,017	184,082
合　　　　計	1,569,496	1,531,092	1,204,126

資料：経済産業省『生産動態統計　化学工業統計編』

3.7　機能性樹脂

従来の樹脂にはない性能を持つものを機能性樹脂と呼びます。ここでは幅広い分野で使われている代表的な機能性樹脂を紹介します。

【高吸水性樹脂】

高吸水性樹脂（SAP）は石油由来の樹脂のなかで成長を持続している数少ない樹脂です。親水性のポリマーで、アクリル酸（AA）とアクリル酸ナトリウム（AAをカ性ソーダで中和した）を合わせた網目状の構造を持ちます。この網目が風船のように膨らみ、水をたっぷり蓄える架橋構造が特徴で、網目が大きいほど吸水力は高まります。純水なら自重の数百～1,000倍を、生理食塩水（人間の体液と同じ塩分濃度）なら20～60倍を吸収し、圧力をかけても水を保持し続けます。SAPは水を含むと、ポリマーに含まれるナトリウムイオンをゲル中へ放出します。これにより内側の濃度が高まり、外側の水との濃度差を解消しようと、水を中へと取り組む仕組みです。最大の用途は紙おむつや生理用品で、この2製品でSAP需要の90％を占めています。そのほか結露防止シートや化粧品、使い捨てカイロなどにも使われています。

主要メーカーはBASF、エボニックといった欧米勢のほか、日本触媒やSDPグローバル、住友精化の国内勢が市場を席巻し、FPCやLG化学、丹森といった新興アジア勢が追い上げを図っている構図です。日系3社を含めた5社が長年の実績と品質を背景とした信頼関係で主要ユーザーである紙おむつメーカーとのつながりを構築しており、コスト勝負の新規参入者には高い壁となってきました。

中国や韓国など新興勢による低価格品の攻勢は脅威であるものの、日系メーカー各社は、互いに紙おむつの品質や機能で差別化する動きを加速しています。紙おむつはSAPや不織布、フィルム、ホットメルト接着剤など多様な部材の集合体で、全体の最適化により使い心地のよさなどを実現します。SAPに対する複雑高度な要求に応える技術は日本勢を含めた大手5社に一日の長があり、新興勢がいくら生産能力を誇っても、質を求める大手ユーザーに採用されない限り供給量は見込めません。

SAPの2020年の世界需要は約300万トンと推定されていますが、これは新興国での紙おむつ使用人口の増加、および先進国での大人用紙おむつ需要の増加のためで、今後も成長が見込まれています。紙おむつの普及率が低いインドをはじめ、東南アジアなど今後の有望市場と目

◎高吸水性樹脂の国内設備能力（2021年10月）

（単位：1,000トン／年）

社　名	立地	能力	新増設・海外能力など
日　本　触　媒	姫路	370	中国3万㌧、米国6万㌧、ベルギー16万㌧、インドネシア9万㌧。
ＳＤＰグローバル	東海	110	中国23万㌧。マレーシア8万㌧。
住　友　精　化	姫路	210	シンガポール7万㌧、フランス4万7,000㌧（アルケマに生産委託）。韓国11万8,000㌧。

資料：化学工業日報社調べ

◎高吸水性樹脂の出荷実績

（単位：トン）

	2018年	2019年	2020年
国内向け	230,931	236,680	220,936
輸出用	359,613	300,757	311,787
出荷計	590,544	537,437	532,723

資料：吸水性樹脂工業会

◎紙おむつの生産数量

（単位：100万枚）

	2018年	2019年	2020年
大人用	8,384	8,655	8,659
乳幼児用	15,095	14,254	12,364

資料：日本衛生材料工業連合会調べ

される新興国も多く、南米、アフリカのフロンティアも残っており、一段の成長が予測されています。

COVID-19が世界的に大流行しましたが、中でもSAPの需給に悪影響がおよんだのが欧州や東南アジアでした。欧州は昨春にロックダウン（都市封鎖）が実施されて、紙おむつの買い占めが起こりSAPの引き合いが急増。同地域ではこの反動によりSAPの低迷が昨秋まで続きました。東南アジアもロックダウンが行われたことで、SAPの製造プラント、そして顧客側の操業が停止するなどの事態が発生しました。

紙おむつ、とくに子供用の一大消費地である中国では、COVID-19による需給の混乱は生じませんでした。ただ、最終消費者のニーズに変化がみられるようです。新型コロナで家計が苦しくなり、高級品から中級品の子供用紙おむつに切り替える家庭が出てきているという声が多方面から上がってきています。

COVID-19の収束はまだ先になりそうといったこともあり、2021年のSAPの伸びは期待できないとの見方が大勢を占めています。しかし、中長期的には年率5％前後の成長が想定されています。そして、今後もSAP需要の拡大を引っ張っていくのは紙おむつであることは確かで

しょう。中国では出生率低下が懸念されていますが、内陸部など地方都市で普及が進み使用率が北京や上海といった大都市並みになれば、子供用もさらなる伸展が期待できます。さらに、中国は大人用の潜在需要も大きい地域です。高齢化社会を迎え、老人ホームや介護施設が増えるなどすれば、巨大な市場に育つ見込みは高いといえるでしょう。

SAPの技術トレンドは、紙おむつの薄型化と連動しています。SAPとパルプで構成される吸収体の厚みは装着感に直結するほか、大人用の紙おむつについても装着時に目立たない薄型が求められるためです。また、店頭陳列時の省スペース化に貢献するほか、輸送コスト削減にもつながります。紙おむつ以外にも高い吸水力を生かした用途展開が期待できることから、SAP市場の拡大は当分続きそうです。

【イオン交換樹脂】

イオン交換樹脂は、三次元的な網目構造を持った高分子母体に官能基（イオン交換基）を導入した樹脂で、溶液のイオン状物質を、自身の持つイオンと交換できる樹脂です。この性質を利用して、海水中の食塩（NaCl）などを除去して真水とすることができます。

通常使用されるものは0.2〜1.0mm径の球状粒子で、陽イオン交換樹脂と陰イオン交換樹脂に大別されます。応用分野としては、海水の淡水化のほかに、火力・原子力発電所の水処理、ボイラー用水の製造、電子産業用の超純水の製造、さらには医薬品・食品・飲料の分離・精製、ポリカーボネートやアクリル樹脂の原料の製造など広範に使われ、産業や生活の基盤を支えています。

イオン交換樹脂の世界市場は年間約30万㎥、国内市場は3万㎥といわれます。国内では、発電、電子産業や石油・化学産業などでの新規投資案件が見当たらず高成長は望みにくいもの

の、高分子・中分子へのシフトが目立ち始めた医薬品の精製用途、機能性表示食品制度などを追い風として飲料や食品業界向けの成長が見込まれています。

また、中国における活発な半導体関連設備投資を背景に、超純水向け需要が非常に旺盛な状況となっており、電子材料の精製向けにも需要拡大が見込まれます。

【感光性樹脂】

感光性樹脂は、光の作用によって化学反応を起こし、その結果、溶媒に対する溶けやすさに変化を生じさせたり、液状から固体状に変化する樹脂をいいます。もともと印刷の領域で、写真製版用の感光材料として発達してきたもので、照射部分と非照射部分との溶解度の差を利用して画像を形成するために用いられてきました。感光性樹脂の歴史は古く、19世紀半ばに実用化された、重クロム酸塩をゼラチンに加えて感光性を付与したものによるリソグラフィー（石版印刷，転じて光化学変化を使う印刷術）にさかのぼります。その後、有機化学の発達により、各種の有機光反応を利用したものが開発されて、印刷版の製版以外にも写真製版技術を応用したプリント配線基板や金属の微細加工を行うフォトエッチング加工用のフォトレジストとして利用されるほか、光照射により液状から固体状に変化するのを利用した無溶剤迅速硬化タイプのインキ、塗料、表面コーティング剤などとして各種応用がなされるようになってきました。近年は半導体産業でLSI、超LSI用のシリコンウエハーより多数のチップを製造する際にも必要とされ、要望に応じた樹脂が開発されています。

なかでもUV（紫外線）硬化樹脂は、飲料缶、ラベル・パッケージ印刷、床のコーティングなど生活関連から、薄型テレビ、スマートフォン、タブレット型携帯端末などのディスプレイ、回路基板の作製・絶縁、自動車のライトカバーのハードコーティングなど多様な用途で使用されています。エレクトロニクス分野での利用にとどまらず、ユニットバスの修繕や下水道管更生など住環境・建設分野での利用のほか、3Dプリンターへの応用が注目されており、高感度で高強度の造形物の作製が可能なUV硬化材料の開発が急務となっています。

UV硬化樹脂は、幅広い産業分野のインキ・コーティング・接着剤などの硬化を、熱の代わりに紫外線を使って行うための樹脂です。モノマー、オリゴマー（少数の結合したモノマー）、光重合開始剤および添加剤で構成されるUV硬化樹脂材料は、UVの照射を受けると、光重合開始剤が励起され、液体状態から固形状に変化します。

UV硬化はそのメカニズムから、ラジカルUV硬化、カチオンUV硬化、アニオンUV硬化に分類できます。現在実用化されているUV硬化材料の主流はラジカルUV硬化ですが、酸素阻害や硬化後の体積収縮などが問題となっています。カチオンUV硬化はこれらの問題は軽減しますが、また別の問題を抱えています。これに対してアニオンUV硬化は、ラジカル、アニオン両系の短所のほとんどを解決する能力がありながら、実用には耐えがたいと考えられてきました。感度が低すぎることがその理由でしたが、感度を上げる新規の光塩基発生剤が開発され、注目されています。

UV硬化は、0.1～数秒というほぼ一瞬で樹脂が硬化し、乾燥のための時間がいらないため省エネルギーであり、大気中への放出物も少なくて済みます。そのほかにも、熱に弱い基材の硬化が可能、被膜特性の精密制御が可能、無溶剤で環境に優しい、大型設備を必要とせず省スペースなどのメリットがあります。

紫外線発光ダイオード（UV‐LED）は省エネ、長寿命などを強みに成長ドライバーとして大きく期待されています。これまで安定した品質を

維持するのが困難でしたが、光源としての性能がかなり向上し、短波長化も進んでいます。これは、より波長の短い光が殺菌、空気浄化、樹脂硬化用の光源や光触媒としての特性を大幅に向上させる可能性を持っているためです。

EB（電子線）硬化は、人工的に電子を加速し、ビームとして利用します。EBの持つエネルギーを利用して、架橋反応、グラフト重合反応、印刷、コーティング、接着の硬化などが可能ですが、UV硬化に比べ設備が大がかりとなります。

UV・EB硬化をめぐる最近の動きとして、3Dプリンターへの応用が注目されています。

基本原理は、UV硬化樹脂を用いた「光造形」と同じです。3Dプリンターの今後の課題として、作業時間の短縮につながる高感度化と、硬化物への機械的強度の付与が挙げられています。技術的な成熟感を指摘する向きもありますが、新たなアプリケーションを求めて、新しい硬化機構、材料、光源が産学官から創出されています。光源、樹脂を手掛ける各社が、ユーザーのニーズに合わせて多種のラインアップのなかから製品を組み合わせて提案するソリューション型のビジネス戦略を強めているのが最近の特徴です。

●広がる3Dプリンターの用途
三井化学の歯科材料事業

さまざまな分野での活躍が今後一層期待される3Dプリンター（3DP）ですが、医療分野でもその用途は広がりをみせています。三井化学は2020年11月、3DPを活用した歯科材料事業を拡充すると発表しました。グループ会社のクルツァージャパンが開始した、3DPで作製するデンチャー（入れ歯）のデザインをコンピューター上で行うサービスでは、歯科技工士の作業時間の10分の1程度で作製でき、患者の通院回数も従来の5回以上から3回程度に減らせるとのことです。クルツァージャパンは同年10月に新たな3DP用レジンインクを発売するなど品揃えを拡充しており、グループを挙げてデジタル技術を駆使し歯科材料事業を拡大しています。

三井化学は成長3領域の一つにヘルスケアを位置付けており、歯科材料は重点分野の一つで

す。米国ではCAD／CAMシステムを用いた入れ歯の開発・製造・販売を行うグループ会社のデンカが3DP向けデザイン事業を展開しており、日本でも薬事認証を取得した歯・歯肉造形用の3DP用レジンインクを用いて入れ歯をデザインするサービスを開始しました。

同社は3DP材料の拡充も進めています。2020年10月には同年5製品目となるソフトスプリント（噛み合わせ障害を回復するマウスピース）造形用レジンインクを発売しました。三井化学が所有する2000種類以上のレジンインクのレシピは、独クルツァーによる検証、最適化を経て米B9クリエーションズの3DPで造形するために最新のファームウエア（造形プログラム）として提供しています。これらグループ力を結集し、金属から樹脂への素材転換を後押しするとともにデジタル技術を駆使し、歯科医療従事者や患者のQOL（生活の質）向上に貢献していくとのことです。

3.8 ファインセラミックス

ファインセラミックスは従来の窯業製品、例えば、陶磁器、ガラス、耐火物、セメントなどと比較して極めて優れた機能・特性を有することから、ニューセラミックス、アドバンスドセラミックス、ハイテクセラミックスとも呼ばれています。科学、技術の長足な進歩により誕生したファインセラミックスは先端技術・産業を支える新素材として各方面から脚光を浴びています。

ファインセラミックスは機械的強度や電磁気的特性などの優れた特性から、エレクトロニクスをはじめ産業機械や環境、医療といった幅広い分野で使用されています。近年では物性の分析、結晶構造の解明など学問的な進歩と産業界における製造、加工技術の開発といった産学の地道な取り組みの成果をベースに、さらなる実用化領域の拡大を遂げつつあります。

日本ファインセラミックス協会の産業動向調査によると、ファインセラミックス部材の生産総額は、2019年の実績値が前年比4.0％減の3.1兆円となり2年連続で3兆円を上回りました。

しかし2020年の見込値は、全世界的に猛威を奮っているCOVID-19感染拡大の影響を受け、8.1％減の2.8兆円の見込みとのことです。

部材生産の内訳は、「電磁気・光学用」部材が総額の7割を占め、2019年の生産額は2兆1,717億円で、前年比3.7％の減少でした。この要因には米中貿易摩擦を受ケタ設備投資の抑制、自動車、スマートフォンの生産台数の減少などが挙げられます。また「熱・半導体関連」部材は、半導体製造装置などの設備投資の抑制により、生産額は3,186億円と、同1.5％の減少でした。

エレクトロニクス、自動車に強い日本は、世界市場で4割超のトップシェアを得ています。しかしエネルギー、航空宇宙、医療健康、セキュリティー、複合材料、コーティングの分野では2番手の米国（世界シェア3割）に後れをとっています。近年では中国など新興国の追い上げも加速しており、日本企業は新たな市場を見つけていかなければなりません。

3．9　樹脂添加剤

　樹脂添加剤は、樹脂本来の優れた性質を維持したり、新しい特性を付加したりするために用いられるもので、各種樹脂製品の開発・改良に欠かせない存在です。新たな用途を開拓するための陰の主役といっても過言ではありません。添加剤の種類としては、劣化を防止する塩ビ安定剤や酸化防止剤、光安定剤、また機能性を付与する難燃剤、帯電防止剤、造核剤、加工時の成形性を高める滑剤など、様々な製品が存在します。ただし国内のプラスチック市場は成熟化しており、汎用的な用途のものについては、特に東日本大震災以降は輸入品が一定の地位を占めるようになってきています。国内市場は特殊化・高機能化に活路を求めており、環境調和型の添加剤で既存品を置き換える動きもあります。

　成長市場を求めて海外展開を積極的に進める添加剤メーカーも増えています。海外では樹脂添加剤の需要が拡大を続けていて、特にアジア市場が注目されています。とりわけ中国市場は重要で、現地メーカーも多く競争の激しい市場でしたが、最近になって中国政府が規制強化を打ち出しています。現地メーカーの中には環境対策が不十分なため操業が難しくなり、安定的な供給ができなくなっているところも出てきている一方で、欧米や日経の企業は総じて対策済みであり、この機会にビジネス拡大を図る動きも出てきそうです。

【塩ビ安定剤】

　塩ビ安定剤は、塩ビ樹脂製品を作る際に、塩ビ成分の熱分解抑制や紫外線劣化などを防ぐために用いられ、配合段階で塩ビ樹脂に対し1～3％の割合で添加されます。

　電力ケーブルなど長期耐久性が求められる塩ビ製品に適している鉛系安定剤をはじめ、透明性が求められるフィルム・シートなどに用いられるバリウム・亜鉛系安定剤、自動車・家電などの電線被覆を中心に需要があるカルシウム・亜鉛系安定剤、加工温度の高い硬質塩ビ製品に使用され安定性が高いスズ系安定剤、これら安定剤の機能をさらに強化する純有機安定化助剤などがあります。

　塩ビ安定剤の出荷量は、塩ビ製品の生産動向に比例します。公共投資の削減や製造の海外移転、また、かつての塩ビ製品へのバッシングなどの影響によって低迷した塩ビ樹脂生産とともに、安定剤の出荷も過去10年で3割程度減少しています。

　日本無機薬品協会のまとめによると、2019年度の出荷量は前年度比3％減の3万1,091トンと2年連続の減少となりました。

　塩ビ安定剤の需要に直結する塩ビ樹脂の2019年出荷量は前年比4.5％増の169万6,968トンと2年ぶりに増加したもようです。

　2020年に入ってからは新型コロナの影響で需要は停滞し、1～9月の累計出荷総量は前年同期比4.9％減の119万710トンとなりました。輸出が3.5％増の50万3,927トンと伸びた一方で、国内出荷が10.1％減の68万6,783トンと大きく落ち込みました。

　塩ビ樹脂は、内需は頭打ちですが、インフラ投資を増やしているアジアを中心に需要は旺盛です。日本製品の競争力も高いので、輸出は今後も増加基調で推移していくものとみられています。

【可 塑 剤】

可塑剤は塩ビ樹脂を中心としてプラスチックに柔軟性を付与するためのもので、その大半が酸とアルコールから合成されるエステル化合物で占められます。可塑剤はフタル酸系が7割以上を占め、DEHP（＝DOP，フタル酸ビス2-エチルヘキシル）、DINP（フタル酸ジイソノニル）、DBP（フタル酸ジブチル）、DIDP（フタル酸ジイソデシル）が中心です。非フタル酸系可塑剤としては、食品フィルム向けのアジピン酸系、リン酸系、エポキシ系などがあります。

可塑剤を使った軟質塩ビ製品は、私たちの生活のなかに広く浸透しています。代表的な用途は、フタル酸系可塑剤では壁紙、床材、電線被覆、自動車内装材、ホース類、農業用ビニール、一般用フィルム・シート、塗料・顔料・接着剤などがあります。

可塑剤工業会がまとめた2019年のフタル酸系可塑剤の生産量は21万1,065トン（前年比2.4％減）、出荷量は20万962トン（同4.6％減）と減少しました。塩ビ樹脂の生産・出荷量が減少したことが要因ですが、2020年はCOVID-19の感染拡大でさらに悪化しました。1～11月累計の生産量は16万1,985トン（前年同期比16.7％減）、出荷量は16万4,934トン（同11.3％減）と2ケタ減になりました。アジピン酸系可塑剤も生産量・出荷量ともに前年をやや下回る結果となりました。

用途別に2019年の可塑剤の国内出荷量をみると、車両用アンダーコートシーリングが1万4,572トン（同14.3％増）、床材料3万4,489トン（同0.6％増）、その他1万2,196トン（同1.6％増）が増加したものの、一般フィルム・シート3万598トン（同1.1％減）、コンパウンド（電線用）2万2,767トン（同2.4％減）、壁紙2万3,257トン（同8.6％減）、電線被覆1万8,488トン（同7.7％減）、塗料・顔料・接着剤1万1,223トン（同

◎可塑剤の生産量

（単位：トン）

	2018年	2019年	2020年
フタル酸系	216,257	211,065	180,388
DOP	108,378	101,746	87,608
DBP	711	594	567
DIDP	3,148	3,439	1,794
DINP	93,653	96,326	80,821
その他	10,367	8,960	9,595
リン酸系	24,141	24,383	24,865
アジピン酸系	17,352	15,665	15,731
エポキシ系	8,644	7,837	7,440
合　計	266,394	258,950	228,424

資料：可塑剤工業会、経済産業省『生産動態統計 化学工業統計編』

17.9％減）、農業用フィルム6,913トン（同4.3％減）、履き物784トン（同1.1％減）が前年を下回りました。

また、2019年の輸入は3万6,974トン（前年比4.5％減）と減少しましたが、2020年は10月までの累計で3万1,728トン（前期比1.4％増）となっています。

可塑剤の製品動向に大きな影響を与えているのが欧州をはじめとする規制強化の動きです。

電気・電子機器を対象とする欧州のRoHS指令では4種のフタル酸可塑剤（DEHP、BBP、DBP、DIBP）の製品中含有量を重量比で0.1％未満にすることが決定されました。この量では可塑剤としての機能発現は不可能で、実質的にＥＵ域内での生産・輸入ができなくなりました。REACHにおいては4種のフタル酸可塑剤の制限規則が2019年7月に発効し、これにより、玩具と従来の育児用品から屋外用途を除く、ほとんどすべての成形品へと対象が拡大されました。さらに欧州では生殖毒性のほか、新たに内分泌かく乱作用でのリスク評価が検討されており、将来的に血液バッグなど、現在、例外的に使用が認められる認可対象製品にも制限がかかる可能性があります。

なおDEHPの代替として使用が拡大しているDINPは「生殖毒性はない」と結論され、規制を免れることになりました。

フタル酸系可塑剤の規制強化は欧州が突出していますが、ほかの国・地域でも規制強化を検討する動きが出ています。

米国では2019年12月に、BBP、DEHP、DIBP、およびDCHP（フタル酸ジシクロヘキシル）を有害物質規制法（TSCA）の高優先候補化学物質に決定しました。企業から依頼のあったDINP、DIDPとともに今後、最短3年間にわたるリスク評価が行われます。

中国では2019年5月、優先管理化学品名録（第二組）案にDEHP、DBP、BBP、DIBPがリストアップされましたが、可塑剤工業会から「フタル酸エステル、おもにDEHPは現時点においてヒトへのリスクはない」という意見書が出されたことで、その後、11月に中国当局から公表された第二組にはフタル酸エステルは含まれませんでした。

韓国では2019年6月、子供向け製品の共通安全基準を改定するための通達において、口の中に入れるかを問わず、合成樹脂に対するDEHP、BBP、DBP、DNOP、DINP、DIDPの含有量を制限すると発表しました。

なお日本においては、200超の優先評価化学物質のなかにDEHPが含まれているものの、カテゴリーは「一次リスク評価1,」と優先順位は低く、審議されたとしてもDEHPが第2種特定化学物質に指定される可能性は低いとみられています。

【難 燃 剤】

難燃剤は火災から人命や財産を守るために欠かせないファインケミカル製品です。難燃剤の種類は、大きくハロゲン系（臭素系、塩素系）、リン系、無機系に分かれます。どの難燃剤を使用するかは、用途やプラスチックの種類などによって異なります。

世界全体の需要量は毎年数％の伸びを継続し、難燃性能に関する規制・基準が強化される方向にあるアジア地域を中心に、需要は拡大しています。国内需要も臭素系、リン・窒素系、無機系、それぞれここ数年安定して推移していましたが、2020年に入り、COVID-19の世界的な感染拡大で状況は大きく変わりました。世界各地で人の移動が制限され、難燃剤の市場拡大を牽引してきた自動車関連をはじめ、さまざまな工業分野で生産活動がストップ。家電製品や住宅関連需要の大幅な落ち込みも懸念されています。コロナ不況は長期化することも予想され、難燃剤も大きな需要減退は免れそうにありません。

臭素系難燃剤の国内需要量は、2004年ピーク時に比べ3割程度減少しています。樹脂部品メーカーなどの生産シフトが主因ですが、加工品が日本への還流していることを考慮すれば、臭素系難燃剤の需要量は変わっていないという見方もできます。

リン系難燃剤はノンハロゲンをセールスポイントに1990年代中頃から臭素系からのシフトが進みましたが、その流れは収束しています。国内市場は安定しており、ここ数年、需要量に大きな変動はありません。リン酸エステル系難燃剤の国内需要は2万トン弱のレベルで推移しています。

無機系難燃剤には、三酸化アンチモンや水酸化マグネシウム、水酸化アルミニウムなどが用いられ、三酸化アンチモンは臭素系難燃剤との併用により、臭素系難燃剤だけの場合と比べて難燃効果を飛躍的に高めることができます。国内出荷量に輸出量を加減した国内需要は、2017年、18年と2年連続で増加しましたが、2019年は7,800トン（前年比18.6％増）と大幅に減少しました。2020年の国内需要は、COVID-19感染拡大の影響により前年比およそ10％減の7,000トンと推定されています。年前半は国内外ともに前年比30％減程度落ち込んだもようです。年後半は中国を中心とした自動車需要の急速の回復で三酸化アンチモンの需要も回復し、

通年では約1割減にとどまりました。

市況もコロナ禍の影響により、中国でのアンチモン原料鉱石のタイト感とコンテナ不足の影響で、アンチモン地金相場が急騰しており、しばらくは高値で推移することが予想されています。

日本において三酸化アンチモンは2017年に特定化学物質障害予防規則（特化則）の対象になり、取り扱い事業者は空調設備の設置や作業環境測定などの実施が義務づけられました。これに対応して三酸化アンチモンメーカーはマスターバッチ（ＭＢ）や顆粒状製品、湿潤タイプなどをラインアップするなど粉じん対策を強化しています。

また欧州においてもREACHおよびRoHS指令のスキームでリスク評価中ですが、RoHS指令では、現段階で電気・電子機器への三酸化アンチモンの使用はリスクをもたらさないとして、規制すべきではないと提案されています。

一方、水酸化マグネシウムは耐熱性に優れることから、主に高い温度で成形加工される製品に用いられます。各種の電線被覆用のノンハロゲン系難燃化素材として需要の裾野を広げ、国内需要は1万トン強レベルと安定して推移しています。

水酸化アルミニウムは吸熱作用で温度上昇を抑えるメカニズムで難燃効果を発揮します。主に充填フィラーとして用いられ、繊維カーペットのバックコート剤やＦＲＰ製のバスタブ、碍子などを主な用途とし、難燃用途としての国内需要はおよそ1万トンとみられています。

【酸化防止剤】

酸化防止剤は製造時の劣化を防ぐ（生産効率を高める）目的と、成形加工品の品質劣化を防ぐ（製品としての価値を保持する）目的とで使用されます。エラストマーや合成ゴム向けの老化

防止剤、塩ビ安定剤も広義には酸化防止剤の範ちゅうに入りますが、一般に樹脂用の酸化防止剤という場合はオレフィン系の汎用樹脂に使用するものが中心になります。樹脂を劣化させるものとして、熱や酸のほかに光の要素も大きいため、光安定剤や紫外線吸収剤も酸化防止剤と同じような使われ方をします。

酸化防止剤は、最も基本的な添加剤の１つとして樹脂の成形加工に不可欠な存在です。供給不安に陥った東日本大震災時の記憶はまだ新しく、酸化防止剤の重要性を図らずも浮き彫りにしたわけですが、これを機に各メーカーは安定供給体制の整備に力を入れており、供給ソースは海外を含めて多様化しています。

一方で、高機能な酸化防止剤を求めるニーズも高まっています。一段階上の性能を目指し、新しい添加剤、新しい処方を試してみようという意識がユーザーの中に醸成されてきたのです。それを促しているのが耐熱性への要求で、加工温度を上げたいという場合（成形条件としての高耐熱）と、成形品としての耐熱性を高めたいという場合（使用環境における高耐熱）があります。特にプラスチック製品の高性能化にともなって、また生産性向上の観点からも加工温度が高くなる傾向にあり、従来の処方では安定性が足りなくなるケースが増えています。

製品面では、加工ラインにおける効率化や、安全面への配慮（作業中の粉塵）などから、顆粒化・ワンパック化の流れが加速してきています。

また最近は、環境問題への配慮からフェノールフリーが注目されています。

酸化防止剤への要求はこれからも高度化すると考えられます。需要業界の求める性能や、成形加工の現場から出てくるニーズなど、顧客との密接な連携をもとにした製品開発、処方開発、技術サービスの努力がますます重要になります。

3. 10　界面活性剤

　界面活性剤は石油、パーム油、ヤシ油、牛脂などの天然油脂を原料に製造され、乳化・分散、発泡、湿潤・浸透、洗浄、柔軟性の付与、帯電防止、防錆、殺菌など多種多様な機能を持つのが特徴です。1つの分子の中に「水になじみやすい部分（親水基）」と「油になじみやすい部分（親油基または疎水基）」の両方を併せ持っており、この構造が界面に作用し性質を変化させるのです。親水基や疎水基の原料および疎水基の種類によって細分類され、その特徴に応じた使われ方をします。

　例えば「水と油の関係」という言葉があるように、水と油を一緒にしてかき混ぜてもしばらくすると分離してしまいますが、水と油に界面活性剤を少量加えてかき混ぜると簡単に混ざり合い、時間がたっても分離しない乳化液（エマルション）を作ることができます（乳化作用）。界面活性剤が親水基を外側、親油基を内側にしたミセルを形成し、親油基に油が溶け込むことで水と油が均一に混じり合うようになるためです。また、ススやカーボンブラックは水の表面に浮かんで混ざり合いませんが、界面活性剤を少量加えてかき混ぜると、均一で安定な分散液を作ることができます（分散作用）。これは界面活性剤に物質の表面張力を低下させて普通なら混ざらないもの同士を混ぜてしまう力があるからです。表面張力を利用して水面を移動するアメンボが石けん水で溺れてしまうのはこのためです。

　界面活性剤の用途は多岐にわたります。衣料用の洗濯洗剤、台所用洗剤、住宅用洗剤をはじめとして、シャンプー・リンス、ボディシャンプー、石けん、液体石けん、逆性石けん、染毛剤、クリーム、化粧品、ソルビート、グリセリンなど香粧・医薬分野にも使われているほか、産業用途では繊維、染色、紙・パルプ、プラスチックス、合成ゴム、タイヤ、塗料・インキ、セメント・生コンクリート、機械・金属、農薬・肥料や静電気発生抑制剤、帯電防止、環境保全など幅広く使われています。

　経済産業省の生産動態統計によると、2019年の需給実績によると、生産は前年比8.7％減の110万4,895トン、出荷数量同9.2％減の85万4,476トン、出荷金額が同6.8％減の2,538億9,728万円となりました。

　需要分野別に界面活性剤の動向をみてみましょう。過去20年以上にわたって増加基調にあるのが香粧・医薬向けです。界面活性剤全体が減少する局面にあっても販売量を伸ばしてきたのがこの品目で、2019年の香粧・医薬向けの構成比は14.4％と前年よりも0.6ポイント増加しました。シャンプー、トリートメントなどヘアケア製品向け需要が堅調なほか、衛生意識の高まりから、ハンドソープなどが高い伸びを示しています。また、2020年（1〜9月累計）のハンドソープの生産量は同59％増の12万633トンと大きく伸びています。COVID-19によって喚起された清潔への意識は国民に広く浸透しており、今後さらに需要は拡大するとみられています。

　衣料用洗剤、台所・住居用洗剤などの生活関連の構成比はここ数年、12％前後で安定的に推移しています。近年、衣料用洗剤は粉末から液体タイプへのシフトが進んでおり、現在は数量ベースで液体タイプが約8割を占めています。これにともない、液体洗剤に適した非イオ

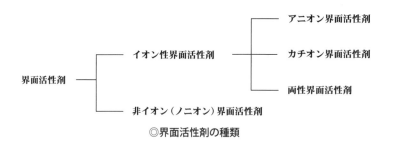

◎界面活性剤の種類

◎界面活性剤の生産量

（単位：トン）

	2018年	2019年	2020年
陰イオン活性剤	444,139	405,423	399,537
（硫酸エステル型、スルホン酸型、その他）			
陽イオン活性剤	43,106	40,123	38,742
非イオン活性剤	665,432	603,159	602,775
（エーテル型、エステル・エーテル型、			
多価アルコールエステル型、その他）			
両性イオン活性剤	24,705	25,763	29,815
調合界面活性剤	32,231	30,427	30,940
合　　計	1,209,613	1,104,895	1,101,809

資料：経済産業省『生産動態統計　化学工業統計編』

◎界面活性剤のイオン別輸出入実績

（単位：トン）

	輸　出　量			輸　入　量		
	2018年	2019年	2020年	2018年	2019年	2020年
陰イオン	25,719	25,098	21,188	36,349	46,269	27,872
陽イオン	1,802	1,684	1,244	3,685	4,667	2,729
非イオン	64,374	58,975	42,373	20,437	22,844	22,817
その他	2,168	1,980	1,163	15,531	17,710	13,398
合　計	94,062	87,737	65,968	76,002	91,491	66,816

資料：財務省『貿易統計』

ンタイプの界面活性剤が右肩上がりに需要を伸ばしています。生活関連向けは必需品であるがゆえに、景気に左右されず、今後も需給は安定的に推移していくことが見込まれます。

　繊維向けの2019年の構成比は11.4％（前年比0.4ポイント減）とやや低下しました。2000年以前は構成比が20％を超え、繊維向けは界面活性剤の最大の用途先でしたが、繊維産業の中国や東南アジアなど海外移転が進んだことで国内生産量は低下。海外シフトがひと段落した2014年ごろから減少スピードは緩やかになっているものの、完全に下げ止まってはいません。

　コンクリート混和剤など、土木建築向けはここ数年好調に推移しています。都心を中心としたホテルやマンションの着工件数の拡大などで需要が増えたようです。

　プラスチックやゴム向けも構成比で11％強と堅調に推移してきましたが、2020年はコロナ禍の影響でやや低下しました。

　また、塗料・インキ向けは情報媒体のデジタル化への移行などで需要は減少傾向にあります。

　次は2020年の詳しい数字をみていきましょう。日本界面活性剤工業会がまとめた2020年

界面活性剤生産・出荷実績によると、界面活性剤の生産・数量・金額はいずれも2019年を下回りました。生産量は110万1,809トン（前年比0.2％減）、販売量は82万2,574トン（同3.7％減）、販売額は2,471億5,938万円（同2.6％減）という結果になりました。ただ、2020年10月からは回復基調にあり、この年の12月の生産量は前年同月比で32％増えました。2020年上半期に落ち込んでいた自動車、機械分野などが回復したことにより産業用活性剤も復調傾向にあるとみられています。

イオン別にみると、両性界面活性剤以外は生産・販売・金額のいずれも前年を割りました。最もボリュームの多い非イオン活性剤は生産量が60万2,775トン（同0.06％減）、販売量は48万5,244トン（同1.1％減）、販売額は1,602億609万円（同2.6％減）でした。陰イオン活性剤は生産量39万9,537トン（同1.4％減）、販売量は25万5,556トン（同10.2％減）、また、販売額は556億2,960万円でした。

3. 11　染料・顔料

染料と顔料は、いずれも着色に用いられる物質です。染料は粒子性がなく、水を溶媒として繊維や紙などに化学変化で着色する一方、顔料は微小粒子で、液状の溶剤に分散し、塗料や印刷インキ、絵の具などに使われるという違いがあります。

【染　　　料】

染料は直接染料、分散染料、反応染料を主力に、蛍光染料、有機溶剤溶解染料、カオチン染料・塩基性染料、酸性染料、硫化染料・硫化建染料、建染料、蛍光増白染料、アゾイック染料、媒染染料、酸性媒染染料、複合染料などがあります。

直接染料は一般に水溶性で、木綿、羊毛、絹などによく染着し、特にセルロース系繊維によく用いられます。分散染料は界面活性剤で水中に微粒子状として分散させ、染色します。ナイロン、ポリエステルなどの合成繊維向けが多く用いられます。また、反応染料は繊維と共有結合することによって染色します。このため水洗、洗濯、摩擦、日光などに極めて堅牢で、羊毛、絹、ナイロン繊維などに利用されます。

日本国内の合成染料の需要は、1980年代に入ると排水処理経費の増大、原料費高騰や円相場の高騰、発展途上国の追い上げなどを背景に、染色および繊維工業の海外進出・移転などにより漸減していきました。この動きは2000年頃にはほぼ落ち着いたものの、国内需要は減少傾向が続いています。

それでも、国産品でしか表現できない発色や、品質面での要求性能に応える生産量は維持されると見込まれていました。とくに2015年以降は1万5,000トン前後の生産量が続いていたことから、国内生産規模は、このレベルで安定的に推移するとみられていました。しかし、コロナ禍による需要の落ち込みは大きく、2019年実績の1万6,300トンから3,600トン以上減少する結果となりました。

この傾向は、輸入状況も同様で、2020年の合成染料輸入は2万2,300トン（同21.9％減）と、国内生産と同じレベルでのマイナスでした。また生産と輸入を合わせた数値では、2020年実績は3万4,900トン（同22.2％減）で生産・輸入実績ともに、2019年比2割減となっています。この傾向は、関連する素材動向も同様で、2020年の有機顔料生産は1万1,400トン（同19％減）とほぼ2割減でした。輸入と合わせた数値でも、2020年実績は2万4,300トン（同18.7％）となっており、合成染料・有機顔料ともに生産・輸入規模として2割減の傾向を示しました。

関連して、塗料などの色材に用いる酸化チタン、インキ・インクに用いるカーボンブラックなどの内需も2020年の実績は軒並み減少しています。このことから、合成染料の生産・輸出減は、特異的な減少ではなく、住宅着工件数減や、自動車生産減などとリンクした動きを示したためと考えられ、染色用・色材需要全体が落ち込んだ影響とみられています。

一方で、2021年に入ってからの直近の動向として1～4月の実績からみると、顔料生産は4,150トン（前年同期比5.3％減）で、とくにアゾ顔料は2,500トン（同4％減）と回復傾向にあります。合成染料生産も同様で、2021年の1

◎合成染料の需給実績

(単位：トン)

	2018年	2019年	2020年
生産量	18,085	16,303	12,625
販売量	17,513	15,565	12,606

資料：経済産業省『生産動態統計 化学工業統計編』

～4月実績は4,700トン（同1.7％減）と減少傾向にブレーキがかかりつつある状況にあり、コロナ禍の影響がようやく下げ止まりに向かうきざしがみえてきたようです。

　2020年の合成染料動向のうち、輸出の状況は、2020年実績で6,300トン（前年比15％減）でした。その中でも主力は中台韓向けを含むアジア向けで、これは2020年実績で4,000トン（同4％減）という結果です。ヨーロッパ向けは1500トン（同28％減）など、種属別では、有機溶媒溶解染料が輸出量の主力となっていますが、1,940トン（同4.7％減）と実績減となりました。これに次ぐのが分散染料ですが、1,440トン（同17.8％）と2ケタ減でした。輸入状況では、中国産の輸入が最も大きく、これに次ぐのがインド産です。2020年の実績は中国が1万100トン（同23.4％減）、インド産では5,510トン（同11.9％）で、いずれも2ケタ減の傾向となっています。2020年の実績に関しては、生産・出荷および輸入ともに2019年比マイナスの傾向を強めました。わずかながら、2021年に1～4月の生産実績は下げ止まりの傾向がみえてきた、という状況になっています。

【顔　　料】

　顔料には有機顔料、無機顔料、体質顔料、防錆顔料などがあります。

　有機顔料は、印刷インキをはじめ、自動車用・建築用・家庭用などの各種塗料、ゴム、プラスチックの着色のほか、合成繊維の原液着色、雑貨類の着色など広範囲に用いられ、黄色、オレンジ、赤などをカバーする一般的な顔料であるアゾ系と、ブルー・グリーンなどをカバーし色合いが鮮明かつ耐光性・耐久性に優れるフタロシアニン系に大別されます。

　無機顔料は隠ぺい力が強く、耐候性、耐薬品性に優れているのが特徴で、塗料には無機顔料が多く使われています。白の酸化チタン、黒のカーボンブラック、茶色のべんがら（酸化第二鉄）、青の紺青、黄色の黄鉛、赤の酸化鉄などがあります。酸化チタンは代表的な顔料で、自動車、洗濯機、冷蔵庫などの家電の“白”を表現しています。また、光触媒としても脚光を浴びています。素材に酸化チタン光触媒を塗布しておくと、紫外線だけで汚れを分解したり、殺菌作用を発揮したりすることが知られており、各種建築物の壁面やトンネル内の照明、新幹線の窓ガラスなどに実用化されています。最近では医療分野などへの応用研究も進められ、日本発の技術である光触媒の可能性に注目が集まっています。

　体質顔料は、増量目的のほか、隠ぺい性や伸展性、付着性、光沢、色調などを調整するために用いられるもので、炭酸カルシウム、硫酸バリウム、タルク、バライト粉、クレーなどがあります。

　防錆顔料は、腐食から保護する目的で樹脂や他の顔料とともに用いられるもので、鉛丹、亜酸化鉛、シアミド鉛などの化合物が利用されています。メタリックやパール調のアルミニウムパウダー顔料、磁気記録メディア用の磁性酸化鉄、導電性塗料に用いる銀粉、ニッケル粉、銅粉、汚染防止用の亜酸化銅、防火・難燃などのアンチモン白など機能性を付与する顔料も多くあります。

　国内顔料市場は需要の縮小傾向が続いていましたが、明るさが見え始めています。最大用途の印刷インキの需要が落ち込んでいることで顔料の出荷量は依然として低迷したままですが、出荷額は2014年に大幅に伸長し、リーマンショック前の水準を取り戻しました。高値が

続く原料価格が製品価格に転嫁された影響もありますが、液晶カラーフィルター、化粧品、遮熱塗料向けなど単価の高い機能性顔料が伸長したようです。

有機顔料の生産量は2006年に3万トンを超えていましたが、顔料メーカーの海外シフトなどにより輸出が減る一方で輸入が増え、さらにリーマンショック後に国内需要が落ち込んだことで縮小し、2011年からは2万トンを割り込む水準で推移しています。2020年生産量は1万1,451トン（前年比17％減）と6年連続の減少となりました。アゾ系は7,004トン（同15.4％減）、フタロシアニン系は4,447トン（同29.5％減）となっています。

有機顔料の2020年輸出量は2,289トン（同42.7％減）となりました。輸出は1990年代まで2万トン以上で推移していましたが2009年から1万トン割れになり、その後も減少が止まりません。中国、インドなどで内製化が進んだ

ほか、日本メーカーの海外シフトが進んだことが要因です。汎用顔料については海外メーカーの価格競争力が高く、輸出の量的拡大は見込みにくい状況にあります。

一方、輸入は1990年代まで5,000トンレベルで推移していましたが、2000年以降に急速に増大しました。2020年輸入量は1万182トン（同35.4％減）です。顔料の輸入量に増減はあるものの一部の汎用顔料を除き、国内メーカーにはあまり影響がありません。中国やインドからは主にクルードという粗製顔料を輸入し、これを粒度や色合いなどを調整して出荷するため、もともと製品の競合が少ないためです。また化学式が同じ顔料でも製品品質や製法により色の再現性が変わってくるため、国内産の顔料がそのまま輸入品に置き換わるということはほとんどないようです。国内出荷量の推移をみても生産量ほどの減少はみられません。

成熟したとされる顔料市場で、国内メーカーは価格競争にさらされる汎用顔料から高付加価値、高機能顔料への傾斜を強めています。国内のみならず世界的に需要の伸びが見込める分野であり、各社は、より鮮明度の高い色彩の実現、粒子の微細化、分散・安定性など、機能性を追求した顔料の開発・提供に力を注いでいます。

有機顔料の用途は印刷インキ向けが約6割、塗料が約2割、プラスチックの着色向けが1割強となっています。製品における含有率についてみると、印刷インキ（15〜20％）は塗料

◎有機顔料の需給実績
（単位：トン）

	2018年	2019年	2020年
生産量			
アゾ顔料	8,631	8,248	7,004
フタロシアニン顔料	7,097	5,895	4,447
合計	15,728	14,143	11,451
販売量			
アゾ顔料	7,825	7,764	6,372
フタロシアニン顔料	7,032	6,082	4,739
合計	14,857	13,846	11,111

資料：経済産業省『生産動態統計 化学工業統計編』

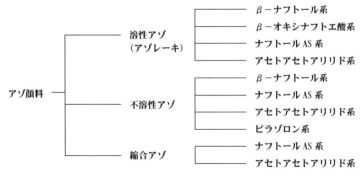

◎顔料の構造別分類概要

（約 5 ％）、プラスチック（約 1 ％）に比べて高く、有機顔料の需給動向は印刷インキの動向に大きく影響されるのですが、印刷インキの国内需要は依然として底がみえません。印刷インキの2020年生産量は27万9,090トン（前年比12.5％減）、出荷量は31万7,968トン（同10.9％減）となりました。減少の要因はスマートフォンの普及などデジタル化の流れで紙の印刷物が減っているためで、オフセットインキや新聞インキの減少が目立ちます。学校教材のデジタル端末化、電車内広告のデジタル化の動きなど、さらなる需要減少が予想されています。

3. 12 香　　料

香料は、日用雑貨品や食品など私たちの生活を取り巻く消費財に幅広く使用されている化学品です。歴史上、初めて出てくるのは紀元前3000年ごろからといわれ、当時は薬物用途で使ったとされます。日本では明治の終わりごろから大正初期にかけて工業化が始まりました。国内需要は景気の影響を受けますが、概ね安定感があり、国内メーカーによる供給力の高い産業といえます。

香料は、動植物など原料とする天然香料と、化学合成によって生産される合成香料とがあります。単品で使われることはほとんどないといってもよく、通常は複数の香料を組み合わせた調合香料として出荷されています。香料業界は、化学合成品を自ら開発・製造できる大手数社と、調合と製剤化だけを行う企業、調合だけを手掛ける中小企業に分かれています。

香料を使う目的には主に香りの付与、強化または改善による嗜好性の向上を目的とした"着香"、対象物の不快な臭気をなくす、もしくは減ずる目的の"マスキング"、殺菌・抗菌・防菌・防カビ、酸化防止、日持ち向上、誘引・忌避・フェロモンなどを目的とした"機能性"の付与があります。また、香料のうち食品や飲料など食品用は"フレーバー"と呼ばれ、香水、化粧品、洗剤、芳香剤など香粧品用は"フレグランス"と呼ばれています。欧米市場とアジア市場で多少の違いがあるものの、フレーバーが6割、フレグランスが4割を占めています。市場を牽引しているのはフレーバーで、なかでも清涼飲料向けの香料が大きな位置を占めています。日本においてフレーバーは厳しい安全性評価をクリアしたものだけが、食品衛生法で食品添加物と定義されます。国内で使用できる天然香料は約600品目あり、合成香料は個々に化合物名で指定されたもの(約100品目)と、化学的に類または誘導体として類別指定されたもの(エーテル類、エステル類など18項目。約3,100品目)があります。フレグランスは、世界の香料業界で組織化された国際香粧品協会(IFRA)の評価に基づき、使える量や用途が定められています。

食習慣の違いなどから日米欧3極の市場において相互に未承認香料が存在しており、食品香料では安全性評価規制の内外差が課題になっていました。国際的な食品流通の障害となっていましたが、食品安全委員会は2016年5月に「香料に関する食品健康影響評価指針」を発表しました。国際的な評価方法であるJECFA(FAO/

◎香料の生産量

（単位：トン）

	2018年	2019年	2020年
天 然 香 料	623	638	584
合 成 香 料	9,351	10,728	10,204
食 品 香 料	47,961	48,201	46,296
香粧品香料	7,377	7,401	7,499
合　　計	65,312	66,968	64,583

資料：日本香料工業会

◎香料の輸出量・輸入量

（単位：トン）

		2018年	2019年	2020年
天 然 香 料	輸出量	151	129	119
	輸入量	9,457	13,903	13,329
合 成 香 料	輸出量	31,632	31,878	32,214
	輸入量	162,294	141,871	132,200
食 品 香 料	輸出量	4,292	4,190	4,301
	輸入量	3,739	3,928	3,586
香粧品香料	輸出量	3,789	3,686	3,671
	輸入量	10,235	10,435	10,012

資料：日本香料工業会

◎香料の国内主要メーカー：売上高とグローバル拠点（2021年現在）

社　名	売上高 （単位：100万円）	グローバル拠点
高砂香料工業	150.367（連結） （2021年3月期）	米国、中国、タイ、ベトナム、台湾、韓国、インド、インドネシア、シンガポール、フィリピン、ミャンマー、オーストラリア、メキシコ、マレーシア、パキスタン、ブラジル、ドイツ、フランス、スペイン、英国、イタリア、ロシア、南アフリカ、モロッコ、マダガスカル、トルコ、UAEなど5大陸に30拠点以上
長谷川香料	50,192（連結） （2020年9月期）	米国、中国、台湾、マレーシア、タイ、インドネシア
小川香料	37,600（連結） （2020年12月期）	中国、台湾、インドネシア、シンガポール、タイ、韓国、フィリピン、ベトナム
曽田香料	15,918（連結） （2021年3月期）	タイ、中国、台湾、シンガポール

WHO合同食品添加物専門家会議）および、EFSA（欧州食品安全機関）の評価方法と日本の食品衛生法を擦り合わせたものです。欧米における先行評価結果が参照可能になるとみられ、食品・香粧品流通の改善につながると期待されます。

世界市場規模はおよそ263億ドルで、新興国の経済成長に比例して年に数％の率で拡大しています。食経験やハラルなど宗教上の戒律に適合した開発や認証ノウハウの取得がカギになります。

日本香料工業会によると、2020年の天然・合成香料および食品・香粧品香料を合わせた国内生産は6万4,583トン（前年比3.5％減）、金額にして1,856億円（同4％増）となりました。

3.13 触 媒

　触媒は化学反応を促進させる機能材料、機能製品で、工業用に使われる触媒の多くは金属を主成分としています。石油精製や石油化学、自動車、エレクトロニクス、医薬、新エネルギーなど幅広い分野で使用されていて、特に新エネルギーや排ガス浄化といった環境負荷低減に欠かせない存在として重要性が高まっています。

　触媒需要の動向は、GDP（国内総生産）などの経済全体の動きにほぼ連動するといわれ、いわゆるリーマンショック後に日本の国際競争力が相対的に弱体化したことを背景に、全体的に低調な動きが続いていましたが、ここ数年は堅調に推移しています。2020年の生産量は9万1,041トン（前年比11.7％減）、出荷量は9万1,199トン（同11.7％減）、出荷額は5,063億円（同13.3％増）となりました。中長期的には国内市場よりもアジアを中心とした海外展開が戦略的なカギを握ると考えられますが、国内産業を支える基盤技術としての触媒の重要性は揺るぎません。

　用途別の出荷構成比をみると、数量では化学産業など工業用での利用が大半を占める一方、金額面では排気ガス浄化用の自動車産業の割合が非常に大きいことが分かります。出荷数量は、最大の石油精製用が43.7％、石油化学品製造用が21.2％、高分子重合用が17.4％となっています。一方、自動車排気ガス浄化用は10.3％となっています。出荷金額は、自動車排気ガス浄化用が71％を占めています。

　触媒の世界需要は全体としては緩やかで安定した伸びが見込まれますが、質的な変化は大きく、新しい触媒技術への期待は極めて高いものがあります。その原動力となっているのが、化学産業が使用する原料のシフトです。シェール革命が進行中の米国と、石炭を原料とする化学産業が勃興している中国でみられる動きがその代表で、石油ベースの日本とは異なるタイプの触媒が需要を伸ばしてきています。例えば、日本ではナフサ分解による副産物としてプロピレンを生産しますが、副生ではなくプロパンの脱水素（PDH）反応によって、またはメタノールからの転化（MTO）によってプロピレンを製造する方法もあり、そうしたオンパーパスプロピレン（OPP）には"目的生産触媒"と呼ばれる触媒が必要とされます。特にメタノールからのOPP生産は、石炭も原料にできるため、拡大・浸透が予想されています。

　このような原料シフトによって市場が大きく変化する触媒はプロセスエンジニアリングとも密接に関係しており、触媒メーカーとしては実際に新プロセス開発を行うエンジニアリング会社との連携が極めて重要です。とりわけメタノールやアンモニアなどの大規模なプロセス／プラントにおいては、触媒活性の向上・高性能化が巨大な経済的利益としてダイレクトにフィードバックされることになります。

　触媒の技術革新は最終製品の付加価値を高めたり、より快適な生活を実現したりするだけでなく、燃料電池などのクリーンエネルギー分野をはじめ新たな市場の創出にも貢献してきました。戦後間もない時期には食糧や生活に欠かせない化学肥料や油脂などの生産で重要な役割を果たし、1950年代後半に製油所やアンモニアなど基礎化学品の大型プラントが建設されるのと並行し石油化学プラントが誕生すると触媒需要は飛躍的に増えました。その後も公害防止対

◎触媒の 需給実績

（単位：トン、100万円）

		2018年	2019年	2020年
工業用	石油精製用合計 生産量	50,476	47,710	39,865
	出荷量	47,468	49,960	40,326
	出荷金額	29,080	32,983	26,938
	石油化学品製造用 生産量	21,041	20,612	19,373
	出荷量	18,288	17,065	18,286
	出荷金額	64,522	72,881	75,139
	高分子重合用 生産量	16,800	16,670	15,846
	出荷量	16,263	16,477	15,474
	出荷金額	24,234	24,590	22,560
	油脂加工・医薬・食品製造用・その他の工業用 生産量	817	840	916
	出荷量	763	746	640
	出荷金額	7,681	10,803	9,367
工 業 用 合 計	生産量	89,134	85,832	76,000
	出荷量	82,782	84,248	74,726
	出荷金額	125,517	141,257	134,002

		2018年	2019年	2020年
環境保全用	自動車排気ガス浄化用 生産量	11,605	11,185	9,419
	出荷量	13,019	12,992	10,752
	出荷金額	252,814	294,088	361,475
	その他環境保全用 生産量	5,789	6,097	5,622
	出荷量	5,578	6,100	5,721
	出荷金額	9,867	11,308	10,853
環境保全用合計	生産量	17,394	17,282	15,041
	出荷量	18,597	19,092	16,473
	出荷金額	262,681	305,396	372,328
触 媒 合 計	生産量	106,528	103,114	91,041
	出荷量	101,379	103,340	91,199
	出荷金額	388,198	446,653	506,330

資料：経済産業省『生産動態統計 化学工業統計編』

策において触媒技術が中心的な役割を果たす一方で、医薬品や写真感光材料、化粧品など、触媒ニーズは多様化しました。世界的な人口増加や経済発展を背景に食糧やエネルギー、環境問題はより重要さを増しています。触媒は、これからも社会の要請に応えつつ、その技術を高度化させていきます。

国内市場では水素社会の到来が期待されています。すでに家庭用燃料電池コージェネレーションシステム「エネファーム」の固体高分子型燃料電池（PEFC）の電極触媒に採用されていますが、政府のロードマップでは燃料電池自動車（FCV）のための水素ステーションの整備、水素発電技術の実用化といった計画もうたわれています。水素社会の本格的な到来に向けて、燃料電池向け電極触媒の需要増、天然ガスから水素を製造するための改質触媒の拡大などが期待されます。また水素を貯蔵もしくは輸送する過程で、水素を固定化もしくは脱着する機能を持つ触媒が活躍するなど、触媒工業にとっては非常に大きなチャンスが訪れることになるはずです。

4.1 医 薬 品

医薬品は原薬（有効成分、API）と添加剤からできています。この2つを調合してできたものが「製剤」と呼ばれる、私たちが普段接する医薬品です。医薬品には、医療用医薬品と一般用医薬品（大衆薬、OTC医薬品）があります。医療用医薬品は医師による処方箋が必要で、それに基づき薬剤師が調剤して患者に渡すもので、医師の指導や管理のもとに、病状の経過をみながら使用する薬です。一般用医薬品については医師の処方箋は不要で、薬局や薬店などで自由に購入できます。一般の人が使用することに配慮して、作用も緩やかで安全に作られていますが、副作用なども懸念されることからリスクに応じて第1類～第3類に分類されています。

医薬品は医薬品医療機器等法（医薬品、医療機器等の品質、有効性及び安全性の確保等に関する法律、旧薬事法）第2条1項で次のように定められています。

1. 日本薬局方に収められているもの
2. 人または動物の疾病の診断、治療または予防に使用されることが目的とされるものであって、器具機械（歯科材料、医療 用品及び衛生用品を含む）でないもの（医薬品部外品を除く）
3. 人または動物の身体の構造または機能に影響を及ぼすことが目的とされているものであって、器具機械でないもの（医薬部外品および化粧品を除く）

医薬品医療機器等法は、医薬品の研究開発から製剤の生産・販売に至るまでを厳しく規制しており、すべての医薬品は品目ごとの許可が必要で、承認を得なければなりません。

医薬品関連産業は、法規制の緩和政策と国際標準化、新薬開発における熾烈な国際競争、国や企業・組織の壁を越えたオープンイノベーションの推進、医療費抑制のための後発医薬品（ジェネリック医薬品。有効成分は先発薬と同じだが、先発薬の特許が切れているため価格をより安く設定できる）の使用拡大とそれにともなう原薬の安定供給など、大きな環境変化のなかで様々な課題を抱えています。このような状況のなか、医薬品・医療機器各社は、「医療のパラダイムシフト（治療から予防、疾患の根本治療など）」に対応するために「精密医療（適切な患者選択）」「予防医療（疾患を未然に防ぐ）」「再生医療（疾患の根本治療につながる）」などの分野で取り組みを加速しています。

世界の創薬イノベーションは抗体、ペプチド、核酸、再生・細胞医療など多様性を増しています。がん治療では抗体薬の威力が発揮されてき

◎医薬品用途区分別生産金額

(単位：100万円、%)

用途区分	2017年		2018年		2019年	
	生産金額	構成割合	生産金額	構成割合	生産金額	構成割合
医療用医薬品	6,007,419	89.4	6,172,570	89.4	8,662,822	91.3
国　産	4,377,801	65.1	4,281,860	62.0	2,389,342	25.2
輸　入	1,629,617	24.2	1,890,710	27.4	6,273,480	66.1
その他の医薬品	713,898	10.6	735,152	10.6	823,166	10.6
一般用医薬品	699,626	10.4	720,928	10.4	820,441	10.4
配置用家庭薬	14,272	0.2	14,224	0.2	2,725	0.2
総　　数	6,721,317	100.0	6,907,722	100.0	9,485,988	100.0

資料：厚生労働省『薬事工業生産動態統計』

◎世界の医薬品売上高トップ10（2020年）

(単位：億ドル)

順位	企　業　名	売上高
1	ロシュ（1）	624
2	ノバルティス（3）	486
3	米メルク（4）	479
4	アッヴィ（8）	458
5	ジョンソン・エンド・ジョンソン（6）	455
6	グラクソ・スミスクライン（5）	440
7	ブリストルマイヤーズスクイーブ（10）	440
8	ファイザー（2）	419
9	サノフィ（7）	410
10	武田薬品工業（9）	287
20	大塚HD（20）	128
22	アステラス製薬（21）	112

〔注〕（　）内は前年順位
資料：Answers News「【2021年版】製薬会社世界ランキング」をもとに作成

ましたが、次に注目されるのはキメラ抗原受容体T細胞（CAR－T）療法など細胞医療であり、がん治療の世界に新たな地平を切り開くと期待されています。また、低分子薬と抗体医薬の双方のメリット（前者：経口投与が可能、免疫毒性がない。後者：標的選択性が高く、副作用が少ない）を併せ持つ特殊ペプチド創薬は、世界の注目を集めています。抗体に比べて安価に製造できるという利点もあります。

この10年ばかり、創薬ターゲットががん、自己免疫疾患、認知症などの治療薬、希少疾患関連と変化するなか、バイオ医薬品（特に抗体）は創薬基盤として注目されてきました。世界の医薬品売上高トップ10の半分以上を抗体医薬などのバイオ医薬品が占めていますが、多くは海外のアカデミアやベンチャー、製薬企業が実用化し、大型製品に育てたものです。小野薬品工業と米ブリストルマイヤーズスクイブが共同開発したがん免疫薬「オプジーボ」も健闘していますが、日本由来はこれのみと言ってよく、日本は大きく出遅れている状況です。

2010年に、日本の医薬品の輸入超過額（医薬品貿易赤字）は1兆円を超えましたが、2015年には2兆円を突破しました。2019年は初めて3兆円を超え、赤字額は5年連続で2兆円を超える状況にあります。現在、がんや自己免疫疾患、希少疾患・難病に対する新薬のほとんどは抗体医薬などのバイオ医薬品で、国産バイオ新薬およびシミラーで出遅れた日本は、輸入に頼る構図が長年続いており、その依存度は高まるばかりです。

再生医療産業は高い成長が見込まれており、大手製薬企業の細胞・再生医療分野への参入も加速しています。今まで治療法がなかった難病に有効な治療法をもたらしたり、治療費のかさむ慢性疾患に根本治療をもたらしたりする可能性がある点に加え、生きた細胞をそのまま使用する再生医療には独自の製造ノウハウなどが必要で、低分子医薬品やバイオ医薬品のように特許切れ後にジェネリックに置き換わるリスクが少ないという点で製薬企業にとって魅力となっ

ています。ただし再生医療の産業化は、アカデミアや製薬・医療機器企業、バイオベンチャーだけで成し遂げられるものではありません。培地・試薬、自動培養装置・検査装置、臨床試験受託（CRO）、開発製造受託（CDMO）、輸送などのサポーティングインダストリー（周辺産業）の存在が不可欠です。これら周辺産業を含めた2050年の市場規模は、世界全体で53兆円になるとする試算もあります。

　2005年に改正薬事法（現 医薬品医療機器等法）が施行され、製薬会社が製造を外部に全面委託することが可能になりました。医薬品市場は化学企業と親和性が高く、化学企業は医薬品原料・添加剤を製薬会社に供給したり、医薬品製剤を販売したりすることで、医薬品市場に関与してきました。医薬品市場は景気の良し悪しに左右されず、化学企業も安定した収益を確保することができます。

　改正薬事法とともに受託事業を後押ししているのが後発医薬品です。医療費を削減すべく、政府は2017年6月にいわゆる「骨太方針」で、2020年9月までに後発医薬品のシェアを80％以上に上げるという目標を掲げました。これは新薬メーカーにとっては長期収載品に依存したビジネスモデルの終焉を意味し、継続的に新薬を開発していくことが求められます。新薬開発の加速と一体の取り組みとして、グローバルな事業展開に拍車をかけることも重要です。財源面や人口減少といった問題を踏まえれば今後、国内の医薬品マーケットには大きな伸びは期待できません。日本ジェネリック製薬協会によると、2020年4月〜6月の数量シェアは79.3％となっています。

　医薬品原料メーカーは、こうした新薬メーカーの動きに連携していくことが求められます。原薬レベルでは、場合によっては研究開発から一体的な取り組みを進め、より積極的に差異化を図っていかなければなりません。

　急激な後発薬の普及が医薬品バリューチェーンに与える影響は大きく、原薬メーカー（川上）、卸（川中）、医療機関や調剤薬局（川下）にも大きな影響を及ぼしています。なかでも最大の課題は、やはり供給力の拡大です。医薬品はその性質上、欠品が許されません。安定供給のために、後発薬メーカーは実際の需要予測以上の供給能力の構築を進めています。爆発的な需要増に応えるには、原料サイドにも供給責任が強く要求されます。医薬品業界、監督官庁も原料業者に安定供給を強く求めています。中国、インドなど海外勢も日本市場での拡大を狙っていて、これらと競争しつつ、あるいは連携するなどして安定供給体制を確立する必要があります。逆にいえば、安定供給とコスト競争力をうまく両立できれば、市場拡大の恩恵を最大限に受けることが可能となります。もちろん品質に関しては手を抜けませんし、時々の規制に的確に対応していくことも必須条件です。製薬産業との信頼関係を確固としたうえで従来以上に相互の情報交換を緊密化し、これらの条件をクリアしていければ、激変する市場でも勝機を見出せるはずです。

　他方、後発薬に対する不信感も一部ではいまだに根強く、原薬の安全性が後発薬の帰趨を握っているともいえます。後発薬に懐疑的な意見として、海外から輸入する原薬や中間体の品質を不安視する声があります。先発薬の原薬にも輸入品は含まれていますし、厚生労働大臣による承認を受ケタ時点で品質は保証されているのですが、1品でも問題が起これば後発品業界全体にとっての逆風となりかねません。各社には安全管理の一層の強化が求められます。

　政府が掲げる後発薬のシェア目標達成にあたり、化学品専門商社は海外からの医薬品原薬（API）を安定調達するという重要な役割を担うことになります。品質や価格競争力に優れる海外原薬メーカーを各国から発掘することで調達ルートを拡大し、国内ではAPI倉庫の拡充を進めるなど需要増を見据えた動きを加速しています。欧州から品質に優れる原薬を輸入すると

ともに、価格競争力のある中国、インドの原薬メーカーに次の照準を合わせていますが、中国やインドではGMP管理の徹底が不十分だったり、日本の法制度への理解不足から、輸入不適合となる原薬もしばしば見受けられます。今後はこうした管理指導も含めた海外ネットワークの拡充が求められます。

一方で先発薬側も対抗策として新薬開発を加速しており、専門商社の存在感は高まっています。単なる輸入販売だけでなく、分析センターの設置や受託合成サービスの提供など、各社の差別化戦略も明らかになってきました。成長市場を取り込むため、これまで以上の機能が求められています。

●マテリアルズ・インフォマティクス

従来の材料研究は、素材となる物質を発見し、組成や組合せを変え、製造条件を見直しながら手探りで進める試行錯誤の連続でしたが、このような時間のかかるプロセスでは対応に限界があります。そこで注目されているのが、データを活用し材料開発の革新を目指すマテリアルズ・インフォマティクス（MI）です。

自然科学研究の方法は、第1に実験、第2に理論であり、近年これに計算が加えられました。材料研究でも、実験により有望な材料の構造や組成を調べ、物性や機能を観察し、観察された現象を支配する基本原理（法則）を見出すことで理論を体系化し、それを数学的に表現することにより解析や予測を行います。これは、原因と結果との間の因果関係を探るという演繹的なアプローチであり、材料開発は長くこのスタイルで行われてきました。

しかし、急速に発展する現代社会の課題に応えるためには、これとは逆のアプローチが必要とされます。つまり、求める機能や物性を示す物質・材料を直接"探索"あるいは"設計"しようという帰納的なアプローチです。ビッグデータを用い、データ駆動型アプローチで課題に迫るというのがMIの基本的な考え方です。原因（構造・組成など）と結果（物性・機能など）の組合せを機械学習させ、望ましい結果が得られるような原因を予測する人工知能を作り出すことが大きな目的になっています。ただ、この場合、結果と原因の間にあるのは因果関係ではなく相関関係になるため、予測結果の検証が必須となります。検証には実験・理論・計算が有効であり、その意味では、自然科学の四本柱すべてが協働するのが本来のMIだといえます。

日本国内でも各種プロジェクトが進行中で、すでに研究レベルでは着実に成果が出ており、実用性に関する期待が高まっている状況です。プロジェクトに参加している企業の顔ぶれをみると、材料メーカーだけでなく、その材料を利用して製品を開発する川下のメーカーも加わっていることが分かります。とりわけ、自動車や航空・宇宙、電子・ハイテク関連産業で顕著で、材料科学を製品設計にシームレスに統合することが、近年の研究開発の基本的なスタンスになりつつあることが背景にあるようです。

4.2 化 粧 品

化粧品は、医薬品医療機器等法で「人の身体を清潔にし、美化し、魅力を増し、容貌を変え、または皮膚若しくは毛髪を健やかに保つために、身体に塗擦、散布その他これらに類似する方法で使用されることが目的とされている物で、人体に対する作用が緩和なもの」と定義されています。その使用目的から、洗顔料や化粧水などのスキンケア化粧品、口紅、ファンデーションなどのメークアップ化粧品、シャンプーなどのヘアケア化粧品、浴用石けんなどのボディケア化粧品、歯磨き剤、香水などのフレグランス化粧品に分類することができます。なお、肌あれ防止、美白などの効果を持つ有効成分を含む薬用化粧品は医薬部外品に分類され、出荷金額は化粧品全体の2割を占めています。

化粧品の原料は、化粧品の形状を構成するのに必要な基剤原料、生理活性や効果、機能を訴求するための薬剤原料、製品の品質を保つ品質保持原料、色や香りに関連する官能的特徴付与原料に大まかに分類できます。具体的にはビタミン類やアミノ酸、高級アルコール、油脂、脂肪酸エステル、界面活性剤、色素、香料、保湿剤、防腐剤、酸化防止剤、紫外線防止剤、キレート剤、顔料、パール顔料など化学品がほとんどです。その種類は、化粧品原料基準や日本汎用化粧品原料集（JCID）、メーカーが独自で開発した新規素材などを合わせると2,000種以上あるといわれています。

インバウンド（訪日外国人）需要の獲得を機に、かつてない好況に沸いていた化粧品業界の風向きが2019年から変わり始めました。2019年1月施行の中国電子商務法によって非正規ルートで並行輸入を行っていた個人バイヤーが

規制され、インバウンド需要に少なからず影響を及ぼしました。さらに10月の消費増税は想定よりも回復に時間がかかり、国内の消費意欲の低下を示す結果となりました。それでも東京五輪もあって、訪日客のさらなる増加と日本の化粧品を手に取ってもらう好機と2020年に期待を寄せていたメーカーは少なくありませんでした。しかしここで起こったのがCOVID-19の感染拡大です。2020年は化粧品産業にとって波乱の一年となりました。

近年の好況をもたらしたインバウンド（訪日外国人）やトラベルリテール（免税店）需要が真っ先に途絶えた後は、緊急事態宣言の発令やコロナ第2波、第3波の到来で、国内需要の回復も鈍化しています。

◎化粧品の生産量

（単位：トン）

	2018年	2019年	2020年
香水、オーデコロン	174	183	144
頭髪用化粧品	278,060	290,515	246,832
皮膚用化粧品	143,601	134,727	117,714
仕上げ用化粧品	5,403	5,331	3,750
特殊用途化粧品	28,196	33,304	26,442
合　計	455,435	464,060	394,882

資料：経済産業省『生産動態統計　化学工業統計編』

◎化粧品の販売額

（単位：100万円）

	2018年	2019年	2020年
香水、オーデコロン	4,942	4,917	4,394
頭髪用化粧品	383,866	393,448	369,909
皮膚用化粧品	849,388	887,587	771,818
仕上げ用化粧品	361,326	372,981	245,652
特殊用途化粧品	94,627	102,213	86,596
合　計	1,694,150	1,761,146	1,478,367

資料：経済産業省『生産動態統計　化学工業統計編』

外出機会の減少やマスク着用の常態化といったニューノーマル（新常態）が「化粧を施す」文化・習慣に与えた打撃は計り知れず、昨年の化粧品出荷額は東日本大震災が発生した2011年以来、9年ぶりに減少に転じました。

経済産業省の『生産動態統計 化学工業統計編』によると、2020年における化粧品の出荷個数は前年比14％減の27億2,043万個、出荷額は同16％減の1兆4,783億7,088万円でした。皮膚用化粧品は同12％減の11億個、同13％減の7,718億1,824万円、日焼け止めといった特殊用途化粧品は同15％減の2億3,145万個、同15％減の865億9,600万円など、すべてのカテゴリーで出荷個数・額ともに減少しました。なかでも、マスクと重なる部位に施すファンデーションや口紅といった仕上げ用化粧品は同28％減の3億9,647万個、同34％減の2,456億6,552万円と最大の減少幅率となりました。

厳しい市場環境は各社の業績にも色濃く表れています。直近の売上高をみると、資生堂は前年度比18.6％減（2020年12月期）、コーセーは同23.7％減（2021年3月期第2四半期）、花王の化粧品事業は同22.4％減（2020年12月期）、ポーラ・オルビスホールディングスは同19.8％減（2020年12月期）と、軒並み20％前後減少しました。

しかし、苦境に立たされながらも「コロナは社会が変化するスピードを速めた」とみて、各社はこれまでの取り組みや新たな挑戦に一層力を入れています。その中核がデジタルトランスフォーメーション（DX）です。コロナ禍では、購買に欠かせない丁寧な接客やテスター（店頭見本）の使用が難しくなりました。いずれも「接触」してしまうからです。

資生堂は、美容部員が行う「ＳＨＩＳＥＩＤＯ」「クレ・ド・ポー　ボーテ」ブランドのＷｅｂカウンセリングを全国の百貨店カウンターへと拡大しました。昨年から一部店舗で実施してきましたが、より多くの生活者がいつでも・どこでもブランドを体験できるように体制を整えました。

コーセーが2020年12月、東京・表参道に開設した旗艦店「Ｍａｉｓｏｎ　ＫＯＳＥ」ではデジタルを活用し、入店から商品配送まで「非接触」でショッピング可能な環境を設けました。各ブランドの中核商品を試せるオートテスター、顔写真をスキャンするだけで肌状態が診断できるＡＲ（拡張現実）肌診断ソリューションなどがそろっています。

ポーラ・オルビスグループのオルビスではＡＩ（人工知能）を活用して、生活者がさまざまなサービスを楽しめるアプリを2019年春から展開しています。その人に似合う色味や眉のかたちのアドバイスをはじめ、直近では現在の肌状態から将来の顔に現れる加齢変化を予測するシミュレーションを取り入れました。

他方、花王は中国展開の強化に向け、ＳＮＳ（交流サイト）での発信力に長けるソーシャルバイヤーとの連携を2月から開始しました。コロナ禍を受けて急伸するＥＣ（電子商取引）市場のなかでもＣｔｏＣ（個人間取引）ビジネスが存在感を増していることに着目した花王は、化粧品へのリテラシー（理解力）が高いバイヤーに商品を宣伝してもらい、現地未導入のブランドに対する生活者の関心を形成したい考えです。

各社はニューノーマルに沿った商品提案も充実させています。資生堂は2020年秋、トレンドのツヤ肌を叶えながら、マスクにはつきにくい日中用色つき美容液「マキアージュ　ドラマティック　ヌードジェリー　ＢＢ」を発売しました。コーセーもマスク内の高温多湿環境で化粧持ちが持続する技術を応用し、自然な仕上がりが一日続くファンデーション「エスプリーク　シンクロフィット　パクト　ＥＸ」を2月に上市しました。マンダムでは革新的な除菌メカニズムを持つ「ＭＡ－Ｔ（要時生成型亜塩素酸イオン水溶液）」配合の除菌スプレーを展開中です。

こうした店舗の開設が続く背景には、店舗で商品を販売するだけでなく、リアルとデジタルを融合した体験や、メーカーあるいはブランドの考え方に触れるような機会を提供すること

で、COVID-19後のニューノーマルの世界の中でも消費者の琴線に触れ、選ばれる化粧品でありたい―。そんな願いが込められています。

●注目集める環境に優しい化粧品原料
―化学品商社の取り組み―

環境問題への関心の高まりやヴィーガン（完全菜食主義者）実践者の増加、あるいは宗教上の理由などを背景として、環境に優しい化粧品原料が注目されています。海外を中心に、これまでのウシやブタ、海洋生物などの生物由来から他の原材料へ移行するケースがみられ今後、動物由来の素材・原料を使用しないという流れが大きくなることが予測されています。それにともない、化粧品原料を取り扱っている化学品商社でも同様の動きが出始めています。

例えば三井化学ファインは、2020年末から化粧品原料として酵母由来のコラーゲンの販売を始めています。これまで販売していたブタなど動物由来の原料では、環境規制が厳しい欧州など海外市場での展開が困難となってきていました。これを背景に、同社は日本でも、その傾向が強まると予測し非動物由来のコラーゲンを確保しました。現在、中国から調達している非動物由来コラーゲンは、2021年度からは一定数量の確保に努めるとしています。現在は今後の海外展開拡大を狙い、ヴィーガン認証の取得も目指しており、取得後にはヴィーガンに対応した美容液など各種化粧品の原材料としての提供を見込んでいます。

一方、昭光通商は、バニラ風味の主要成分であるバニリンの用途開拓を進めるなかで、化粧

品市場への展開を視野に入れています。同社が扱っているリグニンバニリンは、天然物であるマツ科の常緑針葉樹のトウヒから製造されています。この樹木由来のバニリンは石油由来の合成品とは異なり、香りが豊かなことに加え、リニューアブル（再生可能）かつサステナブル（持続可能）。環境に配慮した製品であるのが特徴です。

バニリンは、日本国内ではアイスクリームやチョコレートなど食品用を中心とする嗜好品の香料としての利用が大部分を占めます。直近ではCOVID－19の感染者増加の影響で、これらの需要が減少する一方、米国や中国など海外ではバニリンが持つ抗菌作用が評価され、天然由来の防腐剤として化粧品向け需要が好調とのことです。このような理由によってバニリンの価格は世界的に上昇傾向にあります。昭光通商はリグニンバニリンについて、これまでの食品用途に加え新たな市場の探索を進めており、その一つとして化粧品市場の開拓を見込んでいます。

環境負荷の低減は、あらゆる企業にとって避けて通れない課題です。それに対する真摯な取り組みこそがグローバル市場で事業展開を進める商社にとっても、規模の大小を問わず重要なことになるでしょう。今後、環境保護に配慮した原材料の投入などの試みが増えていくことに期待が寄せられています。

4.3 食品添加物

食品添加物は、加工食品に欠かせません。加工食品の製造から流通・販売、家庭で保存され実際に調理されるまで、すべての過程で重要な役割を担っています。品質や安全性の確保、味・香り・色・食感の付与に加え、カロリーコントロールや減塩など健康増進ニーズにも応えて広く浸透しています。

食品添加物は食品の製造過程で、加工、保存の目的で食品に添加、混和、浸潤その他の方法で用いられるものであるため、内閣府食品安全委員会（食安委）における安全性評価を経て、厚生労働大臣が薬事・食品衛生審議会（薬食審）の意見を聞き、人の健康を損なう恐れのないものとして定める場合に限り販売、製造、輸入、使用等を認める指定制度がとられています。2017年11月には、品質規格などを定める食品添加物公定書の第9版が官報告示され、酵素製剤など89品目が新たに使用可能になりました。改定は、2007年の第8版発行からおよそ10年ぶりです。また2019年4月には、加工食品について認められている一括表示や用途名の表示方法、「無添加」「不使用」といった消費者の誤認を誘う表示等について議論を深めることを目的に、消費者庁に「食品添加物表示制度に関する検討会」が設けられました。

【酸味料】

酸味料は、清涼飲料・加工食品に酸味を与えたり、調整する目的で用いられます。代表としてクエン酸および乳酸、リンゴ酸があります。保存、酸化防止、pH調整機能もあり高い安全性から医薬・工業用途としても利用されていま

す。使用量が最も多いのはクエン酸で、「クエン酸塩（クエン酸を含む化学物質）」を合わせると国内需要はおよそ2万7,000トンです。食品用途としては5割が清涼飲料水向けで、安定しています。

これに次いで国内需要量が多いのが乳酸で、「乳酸塩類（乳酸を含む化学物質）」と合わせると1万7,000トン程度の規模（いずれも50％換算）があり、醸造工業、飲料向けが中心です。「乳酸塩類」の乳酸カリウムについては「減塩」食品開発への応用が見込まれています。さわやかな酸味が特徴の「リンゴ酸」は「リンゴ酸塩類（リンゴ酸を含む化学物質）」と合わせるとおよそ5,000トンで、果実系の飲料や菓子に多く用いられます。これらの酸味料の国内需要は、ほぼ安定的に推移しています。その他の酸味料には酒石酸、フマル酸、コハク酸、グルコン酸、シュウ酸、アジピン酸、リン酸などが挙げられます。

食品添加物として用いられる酸味料は、食品の酸性・アルカリ性などを調整する機能があることから、組み合わせて使われるのが一般的です。また、菌種によっては一定程度の抗菌性も得られます。食品機能としては退色を防いだり、ビタミンの分解を防ぎます。この機能に着目した食品開発も行われています。

【酸化防止剤】

酸化防止剤は、加工食品中の油脂成分の変質・劣化や、果実・野菜加工品の変色・褐変を防ぐために用いられます。風味や外観の悪化のみならず、栄養成分の減少や人体に有害な過酸化物質の生成を防ぐ目的があります。

食品に応じて水溶性と油（脂）溶性のものに大別されますが、内需としては合計で4,000トン程度です。水溶性のものはエリソルビン酸、アスコルビン酸類（ビタミンC類）や亜硝酸塩類、油溶性のものはトコフェロール類（ビタミンE類）およびブチルヒドロキシアニソール（BHA）などが代表例です。いずれもビタミン類の補給という栄養強化目的でも用いられます。また、一部の香辛料には酸化防止効果成分を含むものがあります。

酸化防止剤は食品成分よりも先に酸素と結合することで食品の酸化を防ぎます。また、酸化防止剤ではありませんが、クエン酸、酒石酸などは酸化防止剤と併用することによって効果を高めることが知られています。このほか、加工食品の酸化防止を目的として、包材に酸素透過性を抑えた多層フィルムを用いたり、脱酸素剤・乾燥剤を併用したりすることによって、さらに効果を上げることもできます。

需要規模が最も大きいのはL-アスコルビン酸と同ナトリウムで、果実缶詰、清涼飲料水などに用いられます。栄養強化目的分などを除いた酸化防止剤としての需要は、合わせて年2,900トン程度です。これに次ぐのがエリソルビン酸と同ナトリウムで、果実缶詰、魚介加工品などに用いられます。酸化防止剤としてはL-アスコルビン酸が圧倒的なシェアを持ちますが、食品に合わせて各種選択されています。

【保存料】

保存料は微生物による食品の腐敗・変敗を防ぐ目的で用いられ、加工食品においては消費期限や賞味期限の延長につながり、食中毒や食品ロスを防止することにもなります。一方で、食品の安全性をアピールする（保存料不使用をうたう）ために使用される日持ち向上剤（保存期間が数時間〜数日程度と短い）が、惣菜業界を中心に普及しています。通常の加工食品に比べて

微生物の繁殖を抑える時間が短いため、商品管理や家庭での消費のタイミングには注意が必要です。

食品添加物には合成品である安息香酸、ソルビン酸、パラオキシ安息香酸エステルなどの指定添加物のほか、天然添加物としてカワラヨモギ抽出物、白子タンパク抽出物、ペクチンなどがあります。これらはターゲットとなる微生物に応じて選択されますが、使用できる食品と使用量が厳密に定められています。

国内需要の主力は酢酸ナトリウム（需要量は年間1万トン）で、つづいてグリシン（同7,000トン）、ソルビン酸およびソルビン酸ナトリウム（あわせて5,000トン）となっています。

日持ち向上剤の抗菌性は弱く、使用する食品の特性や風味への影響、流通条件、微生物の種類に応じて複数の食品添加物を製剤化して供給されています。主なものとしては、グリセリン脂肪酸エステル、グリシン、酢酸ナトリウム、氷酢酸などの合成品のほか、チャ抽出物、ユッカフォーム抽出物、リゾチーム、ローズマリー抽出物などの天然添加物もあります。

【着色料】

食品素材由来の色素は様々な要因によって劣化・分解し退色していきます。着色料は加工食品において、農作物や水産物が本来持っていた自然な色調を維持するために用いられます。鮮魚・食肉・野菜などの鮮度を見誤らせる恐れがあるため、生鮮食品に用いることはできません。

主力は天然系着色料のカラメル色素で、内需は年2万トン程度とみられます。主用途は清涼飲料およびアルコール飲料で、ハム・ソーセージ製品、各種の冷凍食品にも用いられています。天然系色素としては他にアナトー、アントシアニン、カロチン、クチナシ、コチニール、ベニバナ、ラックなどが用いられます。

化学的合成品であるタール系色素（食用赤色

2号、黄色4号など）の国内需要は、ピーク時には年400トン程度ありましたが、現在は80トン程度とみられ、主に魚肉・畜産加工品に用いられます。消費者の嗜好に対応して天然系色素への切り替えが進んでいますが、発色の良さと安全性の高さから工業用でも需要があります。

　なお、着色料に似た機能のものとして発色剤がありますが、これは加工時に失われる色素を固定させるもので、食品に着色する着色剤とは異なります。伝統食品では発色剤として鉄釘やミョウバン類が用いられてきましたが、使用が認められているのは亜硝酸ナトリウム、硝酸カリウム、硝酸ナトリウムの3種のみです。これらは魚肉などに含まれるヘモグロビンの酸化を防ぎ、褐変を抑えます。

　上記に紹介したもののほかに、食品添加物として以下のものが挙げられます。

【乳化剤】

　［グリセリン脂肪酸エステル、ショ糖脂肪酸エステル、ソルビタン脂肪酸エステル、レシチン酸、プロピレングリコール脂肪酸エステルなど］

　乳化剤は、食品原料中の油脂・水分を均一化させるほか、起泡、消泡、洗浄の目的でも用いられます。主な用途としてチョコレート、キャラメルなどの製菓、マーガリン・ショートニング、マカロニなどの麺類製造における乳化（食品原料中の油脂・水分を均一化させる）のほか、豆腐製造・アルコール発酵飲料製造時の消泡、液状食品の安定化、でんぷん・タンパク質食品の改質が挙げられます。コンビニエンスストアの東南アジア進出においては、総菜製造用として乳化剤などを製剤化し、現地でも日本並みの総菜製造を行うなどの取り組みが試みられています。

　食品用乳化剤は大きく合成系と天然系に分かれますが、内需全体では2万5,000〜2万8,000トン規模で推移しているとみられます。合成系の主力はグリセリン脂肪酸エステルで、内需はおよそ1万3,000トンです。脂肪酸モノグリセリドが大半を占めており、同1万トン程度の需要があるとみられます。でんぷん・タンパク質の改質機能があるほか、工業用途としては乳化剤、プラスチック可塑剤としても需要があります。天然系の主力はレシチン類です。植物系から動物系など多様で、大豆、ナタネ、ヒマワリなどを原料とする植物レシチン、分別レシチン、卵黄レシチン、酵素処理レシチンおよび酵素分解レシチンの5タイプに分けられます。用途に応じた需要があり、内需は1万トン程度とみられます。取り扱いの多い大豆レシチンの国内需要規模はおよそ7,000トンです。

【増粘安定剤】

　［カルボキシメチルセルロースナトリウム（CMC）、アラビアガム、カラギナン、ペクチン、グアーガム、キサンタンガムなど］

　増粘安定剤（糊料）は、加工食品に粘性を与え、「滑らかさ」や「粘り気」といった食感を生み出します。この特性を食品加工に適用することで、分散安定剤、結着剤、保水剤、被覆剤といった役割が得られます。一般的には粘性付与を目的とする「増粘剤」と、ゼリー状に加工する「ゲル化剤」に大別されます。食品そのものにも同様の性質を持つものがあり、小麦粉に含まれるグルテンなどはその一例です。

　アルギン酸ナトリウムやCMCなど合成物のほか、同様の機能を持つ天産物も多く、種子、樹脂、海藻、植物や甲殻類などの多糖類から抽出されたものが利用されています。増粘安定剤として最も需要量が大きいのは動物性タンパク質であるゼラチンで、年1万2,000トン程度です。これに次いで多いのが種子多糖類で、大

豆、ローカストビーンガム、タマリンドガムなどが代表例です。これらのガム類を合わせると年8,000トン程度の需要量があります。天産物については、天候要因や輸出規制などの外的要因で原料需給が変動します。

　また、増粘安定剤のいくつかは工業用途としても利用されています。種子由来の増粘安定剤については一時期、シェールガス井掘削用とみられる分野にも応用され需給がひっ迫しましたが、現在はこうした特殊要因は消失し落ち着きをみせています。分散性の付与を目的にアイスクリーム、各種のソース類、麺類加工などに利用されるCMCは食品用途として年600トン程度の需要がありますが、一方で、植物繊維（セルロース）を加工して得られ、微粒子分散性が高いという特徴を生かして繊維産業での捺染剤、排水処理分野での凝集剤や医薬部外品などでの用途もあります。

　近年では、嚥下のしやすさを向上させるものとして、介護食品向けの需要が注目されています。

【甘　味　料】

　［サッカリン、アスパルテーム、D-ソルビトール、キシリトール、ステビオサイド、甘草、トレハロース］

　一般的に甘味料というとショ糖（砂糖）、ブドウ糖、果糖などを指しますが、これらは食品扱いで、加工食品などに用いても食品添加物の対象とはなりません。食品添加物としての甘味料は、砂糖・水飴などの「食品」とは区別され、加工食品・清涼飲料水に甘味を付与するために用いられます。食品に悪影響を与える雑菌（酵母など）を増殖させてしまう砂糖などを味覚面で代替する材料として開発されてきた経緯がありますが、過去にチクロなどのサイクラミン酸塩が使用禁止になったことがあり厳しい目が向けられる傾向があります。一方で、低カロリー

性や虫歯になりにくい抗う蝕性など健康面での機能についても理解が進んできており、食品開発においてはこうしたリスクコミュニケーションが欠かせません。上記したもののほか、ショ糖の1万倍の甘味度を持つ超高甘味度甘味料として2007年にネオテーム、2014年には同4万倍以上のアドバンテームが新規指定を受けています。ごく少量の使用で甘味を付与することが可能で、低カロリー食品開発につながる素材として注目されています。また逆に、ショ糖の4割程度の甘味しかないニゲロオリゴ糖などの低甘味度甘味料も、甘味の切れを向上させる素材として開発されています。

【栄養強化剤】

　［ビタミン類：L-アスコルビン酸（ビタミンC）、トコフェロール酢酸エステル（ビタミンE）、エルゴカルシフェロール、β-カロテンなど、ミネラル類：炭酸カルシウム、乳酸カルシウムのほか、亜鉛塩類、塩化カルシウム、塩化第二鉄など、アミノ酸：L-アスパラギン酸ナトリウム、DL-アラニン、L-イソロイシンなど］

　栄養強化剤は、戦後の食糧事情が悪かった時期においては不足する栄養成分を積極的に補給する目的で、主にコメ、ムギ、パン、麺などの主食を対象に用いられたほか、醤油・味噌、バター・マーガリンや、粉乳、清涼飲料などにも応用されてきました。

　今日では食品加工時および保存時に失われてしまう栄養成分を補う目的で、アミノ酸類、ビタミン類、ミネラル類が指定されています。このほか既存添加物も合わせた国内需要規模は2万数千トン規模とみられます。最も需要の多いのが炭酸カルシウムで、市場規模は1万3,000トンです。即席麺や菓子類、乳飲料向けが中心です。ビタミンCは酸化防止剤としての用途もありますが、栄養強化剤としては5,000

トン弱の市場と推定されています。

　食品素材によっては、不足している成分を強化して栄養価を高めるために用いられます。栄養強化目的で使用した場合には食品衛生法上、使用した食品添加物の表示義務はありませんが、通常は表示されるのが一般的です。また、保健機能食品（特定保健用食品および栄養機能食品）の栄養成分としても、これらの食品添加物が用いられています。

【調　味　料】

［L-グルタミン酸ナトリウム、5-イノシン酸2ナトリウムなど］

　調味料は食品に「味」や「うまみ」を付与し、調整する目的で用いられるもので、食品香料と組み合わせて用いられることもあります。一般に調味料というと味噌、醤油、食塩などを指しますが、これらは「食品」扱いであるため食品添加物には含めません。また天然系調味料であるビーフエキス、酵母エキス、タンパク質分解物なども、食品素材そのものであるため除かれ

ます。

　食品添加物として「調味料」の一括表示が認められているものは「アミノ酸系」「核酸系」「有機酸系」「無機塩系」に大別されます。代表的なのはアミノ酸系の「L-グルタミン酸ナトリウム」（MSG）で、いわゆる「昆布のうま味」成分です。発酵法によって工業生産され、国内では12万トン、全世界では年300万トン規模の需要があります。家庭用から飲食店向けまで幅広く用いられるほか、加工食品製造としては水産・食肉加工製品、インスタント食品類や缶詰・瓶詰食品などを中心に広く用いられています。また、核酸系調味料である「5-イノシン酸2ナトリウム」などと組み合わせるとさらにうまみが向上するため、アミノ酸系と核酸系を合わせた調味料も開発されています。

　調味料単独の製品ではありませんが、近年の野菜摂取志向の高まりで鍋つゆが人気となっているほか、家庭で本格的な味が再現できるメニュー調味料も、中華風や韓国風に加え和風や洋風が登場したことで急速に市場を拡大しています。

4. 4 農　　薬

農薬の使用を規制する農薬取締法では、農薬を「農作物（樹木及び農林産物を含む）を害する菌、線虫、だに、昆虫、ねずみその他の動植物又はウイルスの防除に用いられる殺菌剤、殺虫剤その他の薬剤及び農作物等の生理機能の増進又は抑制に用いられる植物成長調整剤、発芽抑制剤その他の薬剤をいう。」と規定しています。用途別に、殺虫剤（農作物を加害する害虫を防除する）、殺菌剤（農作物を加害する病気を防除する）、殺虫・殺菌剤（農作物の害虫、病気を同時に防除する）、除草剤（雑草を防除する）、殺そ剤（農作物を加害するノネズミなどを防除する）、植物成長調整剤（農作物の生育を促進したり、抑制する）、誘引剤（主として害虫をにおいなどで誘き寄せる）、忌避剤（農作物を加害する哺乳動物や鳥類を忌避させる）、展着剤（他の農薬と混合して用い、その農薬の付着性を高める）に分類することができます。

動植物のどこにどう作用して効力を発揮するかは製品ごとに異なります。例えば、殺虫剤の場合、昆虫の神経に作用するもの、脱皮や変態を妨げるもの、昆虫の筋肉細胞に作用し、筋収縮を起こして摂食行動を停止させるものなどがあります。

農薬工業会のまとめた2020農薬年度（2019年10月～2020年9月）の出荷実績によると、数量ベースでは、18万552トンで前年度比1.8％減、金額ベースで3,391億円の同0.3％減でした。

使用分別にみると、数量では水稲が同0.8％減の5万5,058トン、果樹は同3％減の1万7,730トン、野菜・畑作は同5.8％減の7万2,145トン、非農耕地や林業、ゴルフ場向けなどのそ

の他は同4.3％減の3万766トン、忌避剤などの分類なしが同2.9％減の4,853トン。金額では、水稲が同2.5％増の1,171億円、果樹が同1.2％減の466億円でした。野菜・畑作は同2.7％減の1,212億円、その他は同2.9％減の451億9,000万円、分類なしが同1.6％増の89億円となりました。

種類別には、数量で殺虫剤が同3.4％減の5万6,220トン、殺菌剤が同6.2％減の3万5,290トン、殺虫殺菌剤が同3.4％増の1万7,043トン、除草剤が同0.7％増の6万7,146万トン、植調剤ほかが同2.9％減の4,853トンとなりました。金額では、殺虫剤が同1.5％減の944億円、殺菌剤が同3.4％減の721億円、殺虫殺菌剤が同4.7％増の351億円、除草剤が同1.2％増の1,286億円、植調剤ほかが同1.1％減の89億円でした。

農業の後継者確保を念頭に、政府は2016年に、農家の所得倍増を旗印に「農業競争力強化プログラム」を策定しています。所得増加のために生産資材価格の引き下げに取り組むと明記されており、農薬業界は対応が求められます。2017年には農業競争力強化支援法が成立し、農政改革が実行段階に入りました。農薬については国際的対応が特に重要とされ、2018年12月に農薬取締法の一部改正がなされています。具体的には、登録審査にリスク評価を実施するとともに、登録してから15年以上が経過した有効成分である農薬原体を対象に再評価制度を導入します。最新の科学に照らして農薬の安全性を確保するのが狙いです。大仕事となることが予想されるものの、安全性には代えられません。農薬登録に関する論議では、価格引

き下げばかりに注目が集まってきましたが、本質的な問題にも踏み込んだことになります。リスクベースでの安全性評価は、欧米などの先進諸国で1990年代から実施されており、その下でよりリスクの少ない農薬や使用方法での登録が推進されてきました。一方、日本では農薬の毒性に応じて防護装備着用の注意事項を付すことで、使用者の安全を確保しようとしてきました。曝露量が多くても使用方法の変更を指示することはなく、また曝露量が少ない農薬について過剰な防護装備を義務づける場合もありました。

日本では農業者の高齢化や減農薬栽培が広がるなかで、省力化へのニーズが一段と高まっています。農薬業界は、少量で高い効果のあるものや、高い選択性、人畜への安全性に加え、環境負荷の低い有効成分や混合剤を開発するなど、高付加価値製品を市場に送り出すことで収益確保を図っています。結果として出荷数量では減少するものの、出荷金額は増えるという傾向にあります。

農薬企業には、合理化の促進と同時に、省力化などの新たな生産者のニーズにかなった製品を開発していくことで、農業生産のトータルコスト削減を実現していくことが求められています。

海外では従来、シンジェンタ、モンサント、バイエル、ダウ・ケミカル、デュポン、ＢＡＳＦの「ビッグ６」が高いシェアを握ってきましたが、2017〜2018年にかけて再編されました。シンジェンタが国有企業の中国化工傘下に入り、大手でさえ攻略が難しかった中国市場で有利に立ったほか、ダウとデュポンが統合、さらにバイエルがモンサントの買収を決め、「ビッグ４」時代が始まっています。

これら世界大手以外で新規有効成分の開発能力を持つのは事実上、日本企業に限られ、しかも開発の早さでは優に世界大手を上回ります。大規模化にともない世界大手は大型製品へ集中せざるを得ないという事情がありますが、そこに生じる空白は、日本の農薬企業にとっては大きなビジネスチャンスとなります。

◎種類別農薬出荷

(単位：トン、億円)

種　別	数　　量			金　　額		
	2018年度	2019年度	2020年度	2018年度	2019年度	2020年度
殺　虫　剤	60,462	58,247	56,220	963	960	944
殺　菌　剤	37,933	37,643	35,290	744	747	721
殺虫殺菌剤	17,519	16,474	17,043	350	336	351
除　草　剤	66,371	66,647	67,146	1,227	1,270	1,286
植調剤ほか	4,751	4,998	4,853	89	90	89
合　　計	187,038	184,008	180,552	3,373	3,403	3,391

資料：農薬工業会

◎使用分野別農薬出荷

(単位：トン、億円)

使用分野	数　　量			金　　額		
	2018年度	2019年度	2020年度	2018年度	2019年度	2020年度
水　　　稲	55,937	54,577	55,058	1,159	1,142	1,171
果　　　樹	18,559	18,295	17,730	479	472	466
野菜・畑作	78,206	76,644	72,145	1,220	1,246	1,212
そ　の　他	29,585	29,494	30,766	426	452	453
分類なし	4,751	4,998	4,853	89	90	89
合　　計	187,038	184,008	180,552	3,373	3,403	3,391

資料：農薬工業会

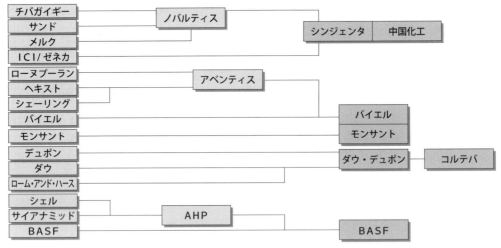

◎農薬大手企業の主な合併・統合の推移

最近の状況もみていきましょう。2021年前半は農薬メーカー各社の新規剤を中心に、農業生産者の使用場面や地域特性などに合わせた製剤をラインアップするなど、農業生産者の要望や潜在需要に訴求する取り組みにより出荷量・金額ともに伸びています。農薬の高機能化にともない、使用量が少なくて済む製品が多く紹介されていますが、2021年は全般的に活発な動きがみえます。一方、海外では最大の需要国ブラジルの市場が回復基調にあることや、北米、南米アルゼンチンでの拡販、インド市場でのシェア拡大への各種戦略が展開されています。

また、農薬の新たな使用方法が織り込まれているスマート農業は、ICTやAI（人工知能）、センサー技術、ロボットなどを利用した管理システムによる農作業の自動化、高度化につながる新技術が相次いで開発され、実用化や普及へ向けた取り組みが進んでいます。ほかにも、規制緩和や導入費補助などにより普及が始まっている農業用ドローンは、平坦地での農薬散布により作業効率、散布量の低減、作業時間の短縮、労働負担の軽減、作業トータルコストの削減などの農業生産者側にとっての導入メリットが実感として表れてきています。潜在ニーズの高い中山間地域への導入についても、最適な活用方法を模索ながら各種実験が行われるなど、前進のほどがうかがえます。

4. 5 塗 料

身の回りに当たり前に存在するという意味で、塗料業界ではしばしば、「塗料は空気のようなもの」といわれます。実際、住宅の外壁や屋根はもちろん、スマートフォンや自動車のボディ、テレビや冷蔵庫、椅子や机、食器、路面標示など、塗装されているものを挙げていったら切りがありません。塗料の役割には、色付けや艶出しといった美観の付与だけではなく、金属や木材などを雨やサビ、汚れ、カビなどから保護する機能があります。また、火災から守る難燃・耐火、表面の平滑化、撥水など様々な機能を素材に付与することも可能です。例えば自動車では0.1mmの塗膜のなかに、防錆の役割を果たす下塗りからトップコートまでが何層にも塗布されます。橋梁では長期にわたる耐候性、船舶では燃費向上や生物の付着防止など、それぞれの用途に応じた塗料が採用されています。

塗料は成分により油性塗料、繊維素系塗料、溶剤系・水系および無溶剤、合成樹脂塗料、無機質塗料などに分類されますが、現在生産されている製品は様々な配合が行われており、上記の分類では区分が難しくなっています。組成中に顔料を含み不透明仕上がりになるものをペイントまたはエナメル、顔料を含まないか少量含んでも透明仕上がりになるものをワニスまたはクリヤーとする一般的な区分もあります。

日本塗料工業会(日塗工)によると、塗料の2019年の生産量は164万6,074トンで前年度比0.3%減となりました。電気絶縁塗料やシンナーなどが減少したものの、主流の合成樹脂塗料は微増となりました。各分類では溶剤系が横ばい、水系・無溶剤系が微増と比較的堅調でした。またシンナー・ラッカーを含む2019年度(2019年4月～2020年3月)の塗料生産量は前年度比1.7%減の162万4,372トンでした。米中貿易摩擦長期化による景気後退や10月の消費増税の影響を反映しました。165万トンを大きく下回るのは前回増税のあった2014年度以来5年ぶりです。

さらにCOVID-19のまん延により、塗料業界は大打撃を受けることとなりました。2021年5月に発表された大手・中堅塗料メーカーの3月期決算業績にも、コロナ禍の影響は色濃くにじんでいました。一部を除き減収減益の数字が並び、とくに自動車生産台数の減少に準じて、新車用はもちろん自動車内装・部品用塗料、防音材などの自動車関連製品の塗料消費は大きく落ち込みました。

しかし、多くの企業では2020年後半からどん底の状況を脱し、回復途上にあるようです。2020年の国内塗料生産量は前年比9.6%減の148万7,705トンとコロナ禍が響くも、2021年1～5月は前年同期比2.3%増の62万3,588トンと好調です。日塗工がまとめた業況予測アンケートをみても「2020年5月に不振を極めたが、その後は復調傾向で2021年5月は自動車や工業用品向けは2019年並みに回復しつつある」という結果が出ています。

一方で、塗料業界にはとても悩ましい問題が浮上しています。製造するうえで不可欠な樹脂や顔料、溶剤など原材料の高騰です。国内・輸入品ともに原料の値上げが相次ぎました。多くの樹脂は原油・ナフサ価格の上昇や原料上昇によるコスト高を理由に価格改定を余儀なくされました。

顔料の酸化チタンのほか、汎用溶剤も2021

年春から原油・ナフサ価格上昇によって、トルエンやメチルエチルケトン、イソプロピルアルコールなどの値上げが打ち出されました。輸入比率の高い酢酸エチルも海外市況の高騰を理由に2020年秋から複数回にわたって価格改定が要請されました。これを受けて、一部の大手塗料メーカーはこうした原料価格の上昇に加え、昨今の物流費の高騰を理由に塗料やシンナー、硬化剤などの値上げを表明しています。

コロナ禍を受けて、製品にも変化が表れてきました。COVID-19のまん延を背景に、抗菌・抗ウイルスの建築内装用塗料が開発されました。市場は活況を呈していますが、長期スパンで見た抗ウイルス機能の持続性評価には課題が残ります。統一的な評価基準の策定や規格制定に向けて、業界の協力が必要だという声も上がっています。

ほかにも塗料業界には、サステナビリティ（持続可能性）に配慮した取り組みも求められています。業界では揮発性有機化合物（VOC）低減を目的に、水性塗料への変更が長い間叫ばれ続けていますが、合成樹脂塗料の2020年生産量のうち、溶剤系が約34％に対し、水系は約26％にとどまります。一部新車用や首都高速道路での塗装については水系化が進んではいますが、

◎塗料の輸出入実績

（単位：トン、100万円）

	2018年	2019年	2020年
輸 出 量	139,213	133,835	132,346
輸出金額	218,148	209,883	215,005
輸 入 量	64,952	66,112	61,326
輸入金額	32,701	33,499	30,456

〔注〕塗料製品のほかワニスなど原材料も含む。
輸出金額はFOB、輸入金額はCIF。
資料：日本塗料工業会

◎塗料の品種別生産・販売実績および平均単価（2020年）

（単位：トン、円／kg）

品 目		生産量	出荷量	平均単価
ラッカー		15,009	13,929	607
電気絶縁塗料		20,610	20,321	800
アルキド樹脂系	ワニス・エナメル	15,901	13,721	510
	調合ペイント	14,634	12,555	444
	さび止めペイント	35,067	29,609	247
アミノアルキド樹脂系		52,471	49,568	598
アクリル樹脂系	常温乾燥型	46,549	39,204	596
	焼付乾燥型	31,520	22,634	826
エポキシ樹脂系		112,503	96,915	385
ウレタン樹脂系		107,895	97,819	753
不飽和ポリエステル樹脂系		6,844	4,617	793
船底塗料		13,851	13,634	630
その他の溶剤系		67,493	60,265	750
溶剤系計		504,728	440,541	589
エマルジョンペイント		222,597	212,517	299
厚膜型エマルジョン		20,552	20,239	158
水性樹脂系塗料		146,711	91,015	426
水系計		389,860	323,771	335
粉体塗料		38,206	15,848	698
トラフィックペイント		52,723	52,644	110
無溶剤計		90,927	68,492	369
合成樹脂塗料計		985,517	832,804	468
その他の塗料		66,628	62,128	550
シンナー		399,941	399,612	174
合 計		1,487,705	1,328,794	398

資料：日本塗料工業会

水系塗料が抱える速乾性や耐久性の問題がネックとなり、代替が一気に進むのは難しいとみられています。しかしどの塗料メーカーもただ手をこまねいているわけではなく、環境配慮に意識した動きは活発化しています。

鉛含有塗料についても、業界は自主的に使用量削減を進めてきました。2015年4月には「鉛含有塗料に関するお知らせとお願い」と題した資料を発行し、鉛含有塗料をめぐる状況や日塗工の取り組みを紹介するとともに、廃絶に向けての協力と理解を求めました。こうした取り組みもあって、日塗工では2020年3月をもって正会員企業において鉛含有塗料の生産および販売が全て終了したことを報告するとともに、会員企業が生産・販売する塗料には鉛が含有されていないことを宣言しました。

4.6 印刷インキ

印刷は文明度や経済状態を反映するといわれています。文化水準が高ければ印刷物は多く、インキ需要も伸びるほか、経済活動が活発なときには印刷物が増えます。文字、写真、絵画など各種の原稿にしたがって作製した版の上へ印刷機のロールによってインキをつけ、紙・その他の印刷素材の上へ印圧によってインキを転移させ、原稿の画線を再現するのが印刷という作業であり、インキはこれらの諸要素を結びつけて印刷面を形成する重要な役割を担っています。

印刷インキには用途、印刷方法によって様々なタイプがあります。代表的なものは、平版インキ(オフセットインキ。ポスター、雑誌、カタログ)、樹脂凸版インキ(フレキソインキ。紙袋、包装紙、段ボール)、グラビアインキ(化粧合板、携帯電話、菓子袋)、スクリーンインキ(自動車パネル、看板、CD・DVD)、特殊機能インキ(液晶テレビ、プラズマテレビ、電子基盤)、新聞インキ(新聞印刷)などで、出版印刷、商業印刷、包装印刷、有価証券印刷、事務印刷、特殊印刷など多くの分野に対応する多種類のインキがあります。

印刷インキの種類は印刷素材、版式、後加工の有無や要求特性によって異なり、それぞれに適した原材料を選択して製品設計を行います。高粘度のペースト状インキ(平版や凸版インキなど)と低粘度の液状インキ(グラビアインキなど)に大別されますが、基本的にはワニス製造、練肉・分散、調整の工程からなっています。高粘度のペースト状インキは、まず原料である合成樹脂(ロジン変性フェノールアルキド)、乾性油(亜麻仁油、桐油、大豆油)、高級アルコールなどの溶剤を加熱・溶解してワニスを作り、これに顔料を加えてよく混ぜた後、希釈ワニス、溶剤を加えてベースを生産、色・粘度調整を行い製品に仕上げます。低粘度の液状インキは樹脂と溶剤を攪拌・溶解してワニスを製造し、練肉・分散工程を経て、色・粘度調整、品質チェックを行います。

インキ工業では、植物油インキのうち大豆油を原料とするものについて、環境にやさしいインキとして普及活動を展開し、新聞インキや平版インキのほとんどで大豆インキを使用するまでになっていますが、食用穀物の確保などの点から大豆油に限定せず、各種植物油に対象を広げ、植物油インキの拡大を推進しようとしています。

印刷インキを構成する主成分は、"色料""ビヒクル""補助剤"です。色料は、インキに色を与えるのが主な役目でありますが、同時にインキの流動性や硬さ、乾燥性、光沢、その他の性状にも密接な関連を持っています。色料は顔料と染料に分けられますが、インキに染料が使われるのはごく特別な場合で、大部分のインキには顔料が用いられます。ビヒクル(Vehicle)は英語で荷車のことで、顔料粒子を印刷機の肉つぼから版を通って紙まで運ぶ役目を担います。また、紙へ移された後は乾燥固化して顔料粒子を紙面に固着させるという重要な役割もあります。補助剤は、これらインキの流動性や乾燥性などを調整するために少量添加されるもので、いろいろな種類があり、インキメーカーがインキ製造時に入れておく場合と、印刷担当者が印刷時に様々な条件の変化に対応するために加える場合とがあります。最近はそのまま使用でき

◎印刷インキの需給実績

（単位：トン）

	2018年		2019年		2020年	
	生産量	出荷量	生産量	出荷量	生産量	出荷量
平版インキ	95,549	107,129	87,836	99,214	68,192	77,669
樹脂凸版インキ	21,673	22,882	21,260	22,210	19,192	20,446
金属印刷インキ	10,856	13,020	10,609	12,633	10,020	11,792
グラビアインキ	127,272	154,416	124,415	150,303	118,628	145,278
その他のインキ	41,548	41,133	41,437	41,740	36,434	37,426
一般インキ合計	296,898	338,580	285,557	326,100	252,466	292,611
新聞インキ	36,567	36,284	32,016	30,921	26,624	25,357
合　　計	333,465	374,864	317,573	357,021	279,090	317,968

資料：経済産業省『生産動態統計 化学工業統計編』

る「プレスレディ」タイプのインキが増えており、印刷担当者による調整作業は大幅に減少してきています。

　現在、印刷インキの国内需要には歯止めがかからない状態が続いています。経済産業省の『生産動態統計 化学工業統計編』によると、2020年の印刷インキ生産量は、前年比12.2％減の27万9,090トン、出荷量は同11％減の31万7,968トンと、それぞれ10年連続、7年連続の減少でした。出荷金額も同7.3％減の2,565億円となりました。

　情報媒体のデジタル化による印刷物の減少といった構造的な要因に加え、2020年はコロナ禍の影響を大きく受けた形です。

　イベントの中止、広告減で平版インキが大幅に減少したほか、食品包装用を中心に近年堅調だったグラビアインキも減少に転じました。併せて、好調だったUVインキやレジストインキなどの「その他のインキ」も減少を余儀なくされました。

　2021年上期（1〜6月）の印刷インキ生産量は前年同期比0.6％減の13万8,225トンでした。出荷量は同0.1％増の15万6,220トン、出荷金額は同3.1％増の1,279億円とやや増加しましたが、これは前年の大幅な減少の反動によるものであり、減少基調であることに変わりはありません。

　大手印刷インキメーカーは国内需要に今後大きな伸びを期待できないことから、中国やインド、中東、アフリカなど海外展開を強化しています。また、高付加価値化が図れる電子材料向けのUVインキ、レジストインキ、バイオマスインキなどの環境対応商品にも力を入れています。

4.7 接着剤

接着剤は建築、自動車、電機、医療分野などの工業用から一般家庭用まで幅広い場面で使われており、多くの種類があります。接着剤の性能は主成分（主に高分子化合物）の持つ性質によって異なり、その性質を効果的に発揮させるための様々な添加物が加えられています。接着剤を使用する際には、その性質をよく把握したうえで、被接着物質の種類や用途に合うものを選ぶ必要があります。

接着の仕組みには様々な説があり、化学的接着（化学反応が起きる）、機械的接着（微細な凹凸にひっかかる）、物理的接着（分子間力が働く）などが考えられています。接着のメカニズムは完全には解明されていませんが、接着剤が液体として細かい隙間にも流れ込み被着材表面をよく濡らし、固まった後、強靭な接着剤の層を形成することが重要とされています。

接着剤と同じ「物にくっつくもの」として、粘着テープがあります。粘着テープは基材フィルムの片面に粘着剤、裏面にはく離剤を塗布したテープで、ほとんどすべての物質によく接着するため作業能率がよく、包装用、その他に広く使われています。粘着剤は塗布したのち溶剤が揮散しても固化せず粘着力を失いません。したがって、必要なときに被着物に圧着すれば貼り合わすことができますが、接着剤ほど接着力は強くありません。

日本接着剤工業会によると、接着剤の2020年国内生産量は、前年比8.9％減の85万1,194トンとなりました。

国内接着剤市場は、ピーク時には130万トン台でしたが、2008年9月のリーマンショック直後に80万トン台を割り込み、100万トン台回復にはいたっていません。メラミン樹脂系、ユリア樹脂系およびフェノール樹脂系のホルムアルデヒド形接着剤を用いる合板・木工産業の海外シフトが大幅減少の要因ですが、自動車やエレクトロニクス産業を中心に回復してきているようです。

今期はCOVID-19の感染拡大の影響による消費の減少もあり、さまざまな分野向けの生産・出荷が落ち込んでいますが、通販やeコマース向け包装資材用の需要が伸びるなどの光明もありました。今後の消費回復はコロナ禍の状況に大きく影響されそうです。

建築向けでは東京オリンピック・パラリンピック向け需要が終わり、コロナ禍で主に外国人宿泊客を想定した宿泊施設向け需要も停滞しています。人口減、少子高齢化の進行などで今後、新築件数の頭打ちが見込まれますが、都心部のマンションや中古物件への居住が増えリフォームやリノベーションなど内装需要の増加が見込まれることもあって、大きな減少にはならないとみられます。

現場では人手不足で熟練工の減少が深刻化し

◎接着剤形別生産量

（単位：トン）

	2018年	2019年	2020年
縮 合 形※	252,868	245,258	222,885
溶 剤 形	37,161	37,543	33,311
水 性 形	246,963	236,920	217,414
ホットメルト形	116,520	112,513	103,304
反 応 形	103,673	101,888	92,222
感 圧 形	147,648	137,909	126,026
天然形・水溶性形	30,889	38,153	30,258
そ の 他	27,396	24,804	25,774
合 計	963,116	934,988	851,194

〔注〕※ユリア、メラミン、フェノールの各樹脂系
　　　接着剤
資料：日本接着剤工業会

ており、経験の少ない職人でも使いやすい接着剤が求められています。また省人化の動きも始まっています。人件費の高騰で工期の短縮も求められていますので、短期間で効率よく作業できる接着剤の需要が高まっています。一部メーカーが現場に合わせて自社接着剤を最適に使える工具の開発を進めるなど、現場に適した接着剤などのセット提供が今後広がる可能性があります。

工業用では自動車、電子機器、スマートフォン、第5世代通信（5Ｇ）などの分野を見据えて製品開発が進んでいます。自動車では樹脂と金属の異種接合など、電子機器や5Ｇでは放熱など、ほかの機能と組み合わせた高付加価値製品

が必要とされています。木材への使用も広がりそうです。木質材用接着剤の消費も伸長が期待されています。

海外では、欧州で接着剤の管理に関するＩＳＯ（国際標準規格）21368の新しい案が提示されています。現状は日本接着剤工業会が会員の活動に影響が出ないように意見を取りまとめ、対応を進めているところです。さらに中国では12月から厳しいVOC（揮発性有機化合物）に関する規制（国家基準）が施行される予定となっており、同会が対応を進めています。一大生産・消費国での動きだけに、今後が注目されます。

4.8 電子材料

【電　　池】

　電池の種類は大きく分けて２つ、充電できない使いきりの一次電池と、充電すれば繰り返し使える二次電池があります。度重なる自然災害への備えとして、乾電池の備蓄が改めて見直されているほか、電気自動車（EV）向けや、出力が不安定な再生可能エネルギーの導入拡大にともなう電力需給調整対策として蓄電池が大きく期待されています。電池はエネルギーインフラにもなりうるものであり、その進化は今後の社会全体の発展を左右するともいえます。

　世の中に様々な電池が存在するなか近年最も注目を集めるのがリチウムイオン二次電池（LiB）です。民生用途を中心に拡大した同電池ですが、電気自動車用としても搭載が進んでいます。航続距離の向上が課題として挙げられていますが、この解決に向け化学メーカーの技術力は欠かせません。部材メーカー各社は、安全性を絶対条件に、LiBの容量増加に寄与する研究開発を加速しています。

　2020年の電池総生産は、総数で44億7,071万個（前年比15.2％増）、販売総額で8,297億円（同0.5％増）でした。

　LiBは図に示すように、リチウムを含む酸化物（正極：＋）とカーボン（負極：－）の間に電解質が満たされており、中央部がセパレーター（高分子微孔膜）によって仕切られた構造となっています。正極と負極の間を電解質を介してリチウムイオンが移動することによって充電・放電が行われます。主要部材は、①正極材、②負極材、③電解質、④セパレーターの４つです。4

つの部材は、いずれも日本メーカーが高い技術を持っており、優位なポジションを占めていますが、コスト競争力に優れた韓国・中国メーカーが猛追しています。

　LiBは正極材と負極材の組合せにより、高容量タイプ・高出力タイプのどちらの電池も作ることができます。航続距離の延長が命題のEV向けには高容量タイプが求められており、電池メーカーおよび材料メーカーが最も開発に注力している分野です。正極材にはニッケル・コバルト・マンガンの三元系が主に使われ、当初のNCM111（ニッケル1：コバルト1：マンガン1）から、現在はNMC522が主流となっており、今後もハイニッケル化が進む見通しです。負極材についても従来のカーボン材料のほか、理論値容量が10倍のシリコンや、金属リチウムを複合化した負極材開発が進んでいます。

　高出力タイプは、急激な充放電に対応する用途に使われます。例えば車載の始動用バッテリーは、現在の鉛電池からLiBへの置き換えが進むと予想されています。車載用に次ぐ用途と

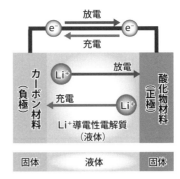

〔注〕Li＋：リチウムイオン
資料：新エネルギー・産業技術総合
　　　開発機構（NEDO）
◎リチウムイオン二次電池の仕組み

しては電力貯蔵向けが挙げられます。政府は再生可能エネルギーの主電源化を推進しており、出力が不安定な太陽光発電などの導入をさらに拡大するためには、その出力変動を蓄電池による充放電で調整しなければなりません。

富士経済によれば、ＬｉＢ材料の世界市場が2024年に6兆7,802億円と2019年比2.5倍に成長するとの見通しです。ｘＥＶ（電動車）用を中心にＬｉＢ、同材料とも大幅な拡大を見込んでいます。

2020年の材料市場（見込み）は、コロナ禍の影響により経済が低迷するなか、各国が経済刺激策を打ち出し、ドイツをはじめ欧州ではＥＶ（電気自動車）の成長を支援しました。

またテレワークや巣ごもりで新たな需要が喚起され、ＬｉＢ需要が増加しました。材料市場も同9.7％増が見込まれます。2021年以降もｘＥＶ用を中心に電池、材料市場とも大幅に拡大するとみられています。

車載電池は人命に関わるだけに、燃えにくいという安全性が第一に優先されます。併せてエネルギー密度、充放電特性、10年以上の長期耐久性が求められます。いずれも有機系電解液を使う既存のLiBでは実現が難しく、ポストLiBとして全固体電池に注目が集まっています。LiBでは可燃性の電解液を用いますが、全固体電池は電解質に固体を使用するため、高電圧化しエネルギー密度を高めても安全性が担保でき、発火リスクのない次世代電池として知られています。充放電の繰り返しで正極の活物質が溶け出したり、電解液が分解してガスを発生するなど電池性能が低下する要因が少なく、液体の電解液に比べてパッケージも簡素化できます。電解質は硫化物系、酸化物系に分かれますが、それぞれ一長一短があり、各企業、大学などで研究開発が進められているところです。

オールジャパンで全固体LiBの早期実用化を目指す取り組みもあります。NEDOは2018年6月に第2期の研究開発プロジェクトをスタート

しています。自動車・蓄電池・材料メーカー23社および大学・公的研究機関15法人が参画するもので、2022年には800W時／Lの高容量化セル技術を実現させる考えです。

電気を生成する創電デバイスとして注目されているのは太陽電池です。太陽電池には多くの住宅用途で使われているシリコン型（単結晶と多結晶がある）や薄膜シリコン型（アモルファスシリコン型）、化合物系、色素増感型などの種類があります。限られた面積で高い発電効率が求められる住宅向けでは、シリコン型が利用されています。

再生可能エネルギーの固定価格買い取り制度（FIT，2012年7月施行）を追い風に、日本国内の太陽電池需要は急成長を遂げました。太陽光発電協会（JPEA）によると、日本における2014年度の太陽電池モジュールの出荷量は、9.87GWと過去最高を記録しましたが、FITが定めた3年間のプレミアム期間が終了したこともあり減少しました。その後、2017年度を底に反転し2019年度は前年比9％増の6.4GWと増加しました。しかし2020年は、5.3GWまで下落しました。世界的にみれば「太陽光発電産業は空前の繁忙期」（某メーカー）にあたります。ドイツや日本などのPV先進国以外は、ほとんどの国・地域が未開の地といえる状況です。陸上設置を中心としたメガソーラーの建設は世界中で進んでおり、今後もガリバーメーカーによるPV供給が続くものと見込まれます。

PVの活躍の場はメガソーラーだけではありません。現在、社会生活や産業インフラにおけるIoT化が急速に進展していますが、機器やシステムを稼働させる電源確保が課題となっており、PV先進国にも、十分すぎるほど新たな開拓領域が残されているといえます。

【有機ＥＬ】

有機EL（エレクトロ・ルミネッセンス）と

は、電圧をかけると自ら発光する性質を持つ有機材料です。電圧をかけて注入された電子（－）と正孔（＋）が、有機材料で形成された発光層で結合することによって発光する仕組みです。この仕組みを用いたデバイスも含めて有機ELと呼ばれています。液晶テレビに使われる液晶の場合、それ自体は発光しないため光源としてバックライトが必要ですが、自発光材料である有機ELには光源が不要です。しかも有機ELは液晶に比べて素子の動作が高速で、コントラストも優れるとあって、理想的な薄型テレビが実現すると期待が高まっています。また、薄型・軽量、デザイン性の高さ、フレキシブル性（プラスチック基板。曲げることができる）など、液晶にはない特性もあります。

有機ELの構造はLED（発光ダイオード）と同様のため、海外では一般にOLED（オーガニック・ライトエミッティング・ダイオード）と呼ばれます。要の発光材料には低分子系と高分子系があり、現在実用化されているのは光の三原色（赤・緑・青）の各有機材料を加熱して気化させ、微細なスリットの入った板（シャドウマスク）を通し、ガラスや樹脂の基板に積層する低分子法（蒸着法）です。比較的単純な工程で材料の純度を上げやすく寿命を延ばせますが、熱膨張の影響を受けることなどから、精緻な積層が困難でコスト高につながっています。

ぎらぎらした感じのあるLEDと違い、有機ELはパネル全体が均一に発光するため、柔らかな感じがあり、その特性を照明に活かす動きも国内外で活発化しています。デザイン性に優れ自然な色合いを表現できる有機EL照明は、ショールームや飲食店だけではなく、医療関係者にも注目されています。今後、有機EL照明の普及にとって課題になるのはLED照明よりも高価格なことです。製造過程に工夫を凝らしつつ、有機EL照明の持つ特性を追求していくことが重要です。

有機EL市場の拡大を牽引するのはスマートフォン（スマホ）です。もはや全世界的な生活必需品となっており、開発途上国の農村にも浸透しています。また2～3年で買い換える必要があるため、継続的な需要が見込めます。2017年秋にはアップル社の「iPhoneX」が有機ELを初搭載し、次世代ディスプレイの筆頭が有機ELであることを全世界に印象付けました。有機ELディスプレイは韓国勢が先行しており、中小型フレキシブル有機ELではサムスンディスプレイが世界シェアの9割以上を占める状態が続いていましたが、2019年に入って8割に縮小するなど勢力図に変化がみられます。ホワイト有機ELパネルで大型市場を独占するLGディスプレイが存在感を強めており、アップル社の「iPhone 11 Pro / Pro Max」向けの供給が大きく牽引しています。今後、中小型市場におけるサムスンのシェアは徐々に落ち込んでいくとの見方も浮上しています。

有機EL市場は拡大を続けていますが、スマホ以外の用途では厳しい状況にあります。特にテレビ向けの大型はLGディスプレイが手掛け

◎有機ELの主な概要

発 光 材 料	主 な 用 途	特 長 （ディスプレイの場合）
・高分子材料 　（ポリマー状の分子を用いたもの） ・低分子材料 　（それ以外の分子を用いたもの）	・携帯電話 ・薄型テレビ ・パソコンなどのディスプレイ ・照明（家庭用、事務用、フレキシブルなど） ・誘導灯 ・スピーカー　ほか	・コントラストが鮮明 ・消費電力が低い ・薄型軽量（バックライト不要） ・高速応答 ・広い視野角

るのみとなっています。液晶を上回る表示性能を有しながらも、高価格が普及の足かせとなっています。既存の蒸着プロセスから、材料の使用効率が格段に上がる塗布・印刷プロセスに移行すれば、有機ELテレビが一気に普及するといわれています。化学各社では、塗布プロセスに対応する発光材料の開発に力を入れており、塗布型有機ELパネル市場は間もなく本格化する見込みです。

【液晶ディスプレイ】

液晶とは液体と固体（結晶）の中間の状態のことで、液体と固体の両方の性質を兼ね備えています。液体のように流動性を示す一方で、結晶のように構造上の規則性があり、電磁力や圧力、温度に敏感に反応することからディスプレイなどに利用されます。

一般的な液晶ディスプレイは、偏光フィルター、ガラス基板、透明電極、配向膜、液晶、カラーフィルター、バックライトが、サンドイッチのように層状に重なった構造をしています。バックライトから出た光は、まず偏光フィルター（特定の種類の光しか通さない）を通り、次に液晶に向かいます。液晶に電圧をかけると分子の配列が変わり、光を通したり通さなかったり、ちょうど窓のブラインドのような役目を果たします。液晶を通った光はカラーフィルターを通って色の付いた光となり、第2の偏光フィルターを通過して私たちの目に届きます。以上が液晶ディスプレイの仕組みです。

中期的なトレンドとしては、中小型に限らずFPD（フラットパネルディスプレイ）市場全体における液晶のシェアは年々減少していくとされていますが、液晶がすぐに有機ELに代替されることはありません。英IHS Markitは、2025年の勢力図を液晶66％：有機EL33％と予測しています。多くの用途において生産技術が確立し、さらなる進化も見込める液晶が引き

続き優位性を発揮するとみられます。有機ELディスプレイ市場の拡大を受け、液晶ディスプレイ市場の縮小が見込まれていますが、有機EL同様にワイド・フルスクリーンを実現できる低温ポリシリコン（LTPS）液晶は堅調に推移する見通しです。

シャープのIGZO（インジウム・ガリウム・亜鉛からなる酸化物半導体）液晶ディスプレイやジャパンディスプレイのLTPSなどバックプレーンの進化によって、人間の目の限界とされる画素800ppiを見据えた開発が行われています。LTPSはディスプレイの大きさに合わせて高精度なトランジスタを形成でき、IGZOは高速応答性、表示性能向上、低消費電力といった強みを持ちます。バックプレーンは液晶だけでなく有機ELにも必要であり、LTPSとIGZOの存在感は今後、重みを増していくとみられます。液晶と有機ELが併存し、競合するなかでより進化した次世代ディスプレイが生まれることになるでしょう。

【半　導　体】

半導体はアルミニウムや銅線からなる膨大な電気回路を集積したもので、ウエハーと呼ばれる基板材料には、主にシリコンでできたシリコンウエハーが使用されます。半導体はより小さなサイズで高性能を発揮できるように配線幅が年々狭くなっていますが、これを支えるのがフォトレジスト（感光性樹脂）を用いるリソグラフィ（回路転写）技術です。表面を酸化させたシリコンウエハー上にフォトレジストを薄く塗布した後、回路原板（フォトマスク）越しに露光機（スキャナー）から光を照射すれば、光が当たったフォトレジスト部分だけが現像後に残るか（ネガ型）、または熔解します（ポジ型）。光が当たらず反応しなかった部分は現像液で除去し、次に腐食液やガスを使ってシリコンウエハーの酸化した表面を除去します（エッチング）。こう

してできた凹部に不純物（ホウ素やリンなど）を注入することで半導体領域が形成されます。そして銅やアルミニウムの薄膜を作り電気回路にします。その後、ウエハーをチップの大きさに切断し、配線を取り付け、最後に半導体チップを汚れや衝撃から保護するため、樹脂などでできた封止材で固めます。日本の最大の強みは原材料から製品までのサプライチェーンが国内で完結することで、技術課題が高くなるほどシェアを拡大してきた実績があります。

　需要を牽引しているのはスマホですが、加えて自動車や大型サーバーも大きく貢献しています。スマホの成長期が終わった後のカギを握るのがIoTといえます。あらゆる種類の半導体を量産可能な日本には、大きく躍進する潜在力があります。

　2020年の世界半導体市場は2019年比7.3％増となりました。米ガートナーの調査によると、COVID-19の影響が当初想定より小さく、4,498億ドルとなったもようです。自動車や産業機器、コンシューマー市場が低迷したものの、在宅勤務などの影響でロジックやメモリーが急伸しました。とくにメモリーはサーバー、パソコン、モバイルなどの需要増を受けた結果、成長全体の44％を占め、135億ドル増加しました。

　半導体市場は2019年に2018年比マイナス12％と調整局面に入ったものの、2020年はサーバー需要の65％を占めるハイパースケールが在宅化に応えた規模拡大を推進しました。台メディアテック、日キオクシア、米Ｎｖｉｄｉａ、クアルコムがそれぞれ2019年比30％以上増加し躍進し、3位の韓ＳＫハイニクスも同13.3％増と2ケタ成長を記録しました。米テキサスインスツルメンツは同2.2％減と低調でした。

　メモリーはＮＡＮＤフラッシュが同23.9％増加しました。上半期に品不足を受け価格が高騰したものの、下半期は供給過剰となり成長は鈍化しているようです。

　半導体製造用部材における最大のテーマは、次世代プロセスへの対応です。業界を先導する米インテル、韓国サムスン電子、台湾TSMCの各社は回路線幅5nmを実現するためにEUV（極紫外線）リソグラフィ導入を急いでおり、関連するEUVレジストや洗浄剤といった高純度薬剤市場も急速に立ち上がっています。一方でEUV露光機の光源出力向上が難航しており、そのしわ寄せがレジストやエッチャントにきているため、電材各社は一段の高機能化を迫られている状況です。

　半導体用薬剤で市場が大きいのはレジスト回りです。現像液やレジスト剥離剤、洗浄剤のような汎用薬剤でも、測定限界を超える高い純度が求められるようになってきています。半導体メーカーも新プロセスにおいて歩留まり低下の原因をつかめない場合が多いだけに、サプライヤーへの品質要求は厳しくならざるを得ないところがあります。

　半導体メーカーはプロセス微細化と省材料対策を進めており、封止材市場がかつてのような高成長を実現するのは難しい状況です。デスクトップPCおよびノートPCの販売不振が長引き、EMC（エポキシモールディングコンパウンド）業界にとって逆風となっているなかで急成長しているMUF（モールドアンダーフィル）は、フリップチップとプリント配線板のわずかな隙間をエポキシのモールド樹脂で埋める新技術です。従来は高価な液状封止剤が使われていましたが、これを代替できるだけではなくプロセスコストも削減、信頼性も向上と多くの利点があります。

　半導体業界の国際団体ＳＥＭＩによると、2020年のシリコンウエハー出荷面積は124億平方インチと前年比5％増加しました。販売額は横ばいの111億7,000万ドルでした。コロナ禍の影響は受けたものの、下期の復調もあり堅調に推移したとみられます。

　半導体関連業界ではイノベーションが次々に

起こり続けています。スマホは一時代前のコンピューター並みの能力を持つようになり、自動車の自動運転も実現が近づいています。半導体業界はグローバルな再編のなかで厳しくなっているものの、日本のものづくり技術は世界のトップレベルを維持しています。イノベーションは米国を中心に生まれていますが、ものづくり基盤の優れる日本が工場の最適地であることは間違いありません。従業員の質と定着率、安定した電気や工業用水、行政の対応など、どれも世界最高水準といえます。

【5G】

5Gというのは、「移動通信規格の第5世代」のことです。ここで、移動通信システムの歴史を振り返ってみましょう。第1世代（1G）はアナログ無線技術を用いた通話機能のみのもので、もともとは自動車用電話として開発が進められました。バブル時代の象徴として1985年に登場した「ショルダーフォン」も第1世代です。1990年代に普及した第2世代（2G）はデジタル無線技術を用いたもので、メールが利用できるようになりました。2000年代に登場した第3世代（3G）では、ユーザーの要望に応え通信の高速化とともに、通信規格の世界標準化が図られました。2015年頃から広まった第4世代（4G／LTE）では、さらなる大容量・高速通信化が可能となりました。5Gは4Gの100倍の通信速度を持ちます。2時間の映画を3秒でダウンロード可能で、タイムラグを意識せずに遠隔地のロボットをリアルタイムで操作することも可能になると見込まれています。

これまでの経緯をみると5Gは《高速ネットワークの改良版》と思われがちですが、「インターネットが普及したとき以上の変革が起きる」（ソフトバンク）という予想もあり、単なる改良ではなく《新たな超高速ネットワークの出現》と捉えるのが正しいようです。今までにな

い高周波帯域（RF）を利用することで、「超高速」「大容量」「超低遅延」「超多接続」を実現し、社会に大きな変化をもたらすことになります。

5G社会を実現するためには、電子デバイスだけでなく電子材料にもイノベーションが不可欠で、基地局、中継局、アンテナ、端末とそれぞれに商機があり、様々な技術課題を解決すべく化学メーカーの取り組みが進行しています。

5G向けの高速伝送用フレキシブルプリント基板には、高速通信を阻害しない低誘電率、低誘電正接などの特徴が求められます。ベースフィルムは、電気特性に優れる液晶ポリマーフィルムが最有力候補と目され、各社がしのぎを削っています。同様に高いポテンシャルを持つのがフッ素樹脂で、フッ素樹脂メーカーも虎視眈々と市場を狙うほか、エンプラメーカーも参入を目指しており、市場は今後、要求性能に合わせた棲み分けが進むとみられます。

情報通信の基幹を担う光ファイバーは、有線・無線通信に関わらず、バックボーンとなる設備や施設、大陸間をつなぐ重要な役割を果たしています。5Gでは全体通信量・無線通信量ともに増大するため、親局−子局、交換局間の大容量化や、データセンターなど大量データ処理にともなうバックホール回線の強化、施設内接続の増強などが求められています。日本電線工業会によると、光ファイバーの2019年度の国内需要は642万キロメートルコア（kmc、前年度比1.7％増）で、20年度は新型コロナウイルスの影響から601万kmc（同6.3％減）と減少します。長期的には堅調に推移していくとみられていますので、日系メーカーは強みを持つ超多心品を筆頭に、高付加価値品に注力することで業容拡大を進めています。

光ファイバー業界の世界市場規模は約3,000〜5,000億円程度と推計されます。

基地局で電波を選り分けるフィルターやRFデバイスのパッケージは信頼性の高いセラミックス製が台頭する見込みです。チップセットな

どの実装材料も低誘電率のものが主流になりそうです。

5Gの応用範囲は幅広く、スマートフォン向けの4.5ギガヘルツ以下よりもロボット制御や施設運営、自動運転などにより使いやすい広帯域の28ギガヘルツ帯サービスが「本番」といえます。周波数が高まるにつれ、求められる材料も変わります。期待が寄せられる高周波対応の実現が、ビジネス拡大のカギを握るといえそうです。

●5G

世界的に2019年は「5G元年」といわれており、次世代通信規格「5G」がいよいよ動き出したといえます。日本国内でも、2020年の本格運用を前に、各企業による実証実験等が行われています。

楽天モバイルネットワークは2018年に、宮城県仙台市のスタジアムで5Gネットワークを活用し、ドローンによる撮影映像を用いたユーザー認証を行い、スタジアム内の人物が特定できることを確認しました。2019年には、ソフトバンクが野外音楽フェスティバルでプレサービス用の5Gネットワークを構築し、VR体験ゾーンを設けました。ラグビーW杯2019日本大会の会場では、KDDIがドローン（小型無人機）と5Gを組み合わせたスタジアム警備を行ったほか、NTTドコモが全国の会場で5G端末を貸し出し、来場者にマルチアングル視点での試合観戦サービスを提供しました。

成長著しいドローン関連企業も、実用化に向けて各種の実証実験を実施しています。KDDIと東京大学、広島県福山市は、2018年にドローンの空撮によるリアルタイム映像配信への応用を想定した実験として、上空からの監視を想定し、4K映像と物体の認識結果をドローンから同時に伝送しました。同技術の確立は、スマートシティ実現に向けた施策の1つとして期待が寄せられています。

5Gの活用は、ロボット関連機器の遠隔操作も可能にします。NTTドコモとトヨタ自動車は、トヨタが開発したヒューマノイドロボットを用いた実証実験で、約10kmを想定した遠隔制御に成功しています。また、NECとKDDI、大林組は、2台の建設機械を遠隔操作により連携させる作業を実施し、1人のオペレーターで2台の建機を同時に操作できることを確認しています。

これらの実証は、いずれも「超高速」「超低遅延」「多数同時接続」といった5Gにより得られた成果といえます。今後も5Gの実用化を見据え、新たな製品やソリューションが続々と誕生することになりそうです。将来的には災害時における救助活動やインフラの復旧活動、遠隔操作による外科手術などの実現につながる技術として、幅広い業界から注目を集めています。

第**3**部

主な化学
企業・団体

日本の化学関連企業ランキング（2020年度 連結決算）

＊138～148ページのランキングは、売上高が200億円以上の関連企業を対象に作成したものです。

◎売上高

企業が営業活動によって稼いだ売上げの総額を表しています。売上高からは、その企業の事業規模を測ることができます。

・売上高トップ100 （単位：100万円）

順位	社 名	売上高	営業利益	経常利益（税引前利益）	純利益	売上高営業利益率（%）	売上高経常利益率（%）（売上高税前利益）	海外売上高構成比率（%）	ROE（%）	ROA（%）
1	三菱ケミカルHD	3,257,535	47,518	32,908	△7,557	1.5	1.0	45.0	0.6	0.1
2	武田薬品工業	3,197,812	509,269	366,235	376,005	15.9	11.5	83.0	7.6	2.9
3	ダイキン工業	2,493,386	238,623	240,284	156,249	9.6	9.6	77.0	10.1	4.8
4	住 友 化 学	2,286,978	137,115	137,803	46,034	6.0	6.0	68.0	4.7	1.2
5	富士フイルムHD	2,192,519	165,473	235,870	181,205	7.5	10.8	58.0	8.7	5.1
6	旭 化 成	2,106,051	171,808	178,036	79,768	8.2	8.5	43.0	5.6	2.7
7	東 レ	1,883,600	55,879	65,566	45,797	3.0	3.5	56.0	3.9	1.6
8	信越化学工業	1,496,906	392,213	405,101	293,732	26.2	27.1	74.0	10.7	8.7
9	大 塚 H D	1,422,826	198,582	189,988	148,137	14.0	13.4	54.0	8.2	5.6
10	A G C	1,412,306	59,711	57,121	32,715	4.2	4.0	65.0	2.9	1.3
11	花 王	1,381,997	175,563	173,917	126,142	12.7	12.6	38.0	14.2	7.6
12	アステラス製薬	1,249,528	136,051	145,324	120,589	10.9	11.6	78.0	9.0	5.3
13	三 井 化 学	1,211,725	78,074	74,243	57,873	6.4	6.1	54.0	10.2	3.7
14	味 の 素	1,071,453	101,121	98,320	59,416	9.4	9.2	56.0	10.3	4.2
15	積水化学工業	1,056,560	67,300	62,649	41,544	6.4	5.9	25.0	6.5	3.6
16	ダイワボウHD	1,043,534	35,028	35,781	25,715	3.4	3.4	—	22.2	6.7
17	昭 和 電 工	973,700	△19,449	△43,971	△76,304	2.0	4.5	45.0	16.9	3.5
18	第 一 三 共	962,516	63,795	74,124	75,958	6.6	7.7	42.0	5.9	3.6
19	資 生 堂	920,888	14,963	9,638	△11,660	1.6	1.0	64.0	2.4	1.0
20	帝 人	836,512	54,931	53,658	6,662	6.6	6.4	41.0	1.7	0.6
21	日本酸素HD（旧大陽日酸）	818,238	88,846	77,706	55,214	10.9	9.5	57.0	12.0	3.0
22	エア・ウォーター	806,630	51,231	49,651	27,367	6.4	6.2	5.0	7.9	3.0
23	中 外 製 薬	786,946	301,230	298,118	214,733	38.3	37.9	47.0	23.4	17.4
24	日本ペイントHD	781,146	86,933	88,715	44,648	11.1	11.4	80.0	8.0	2.8
25	日 東 電 工	761,321	93,809	93,320	70,235	12.3	12.3	78.0	10.0	7.3
26	東 ソ ー	732,850	87,819	95,138	63,276	12.0	13.0	45.0	10.7	6.4
27	ユニ・チャーム	727,475	95,590	95,849	52,344	13.1	13.2	60.0	10.8	5.9
28	豊 田 合 成	721,498	36,479	37,301	35,205	5.1	5.2	54.0	9.6	4.5
29	D I C	701,223	39,663	36,452	13,233	5.7	5.2	65.0	4.2	1.6
30	エ ー ザ イ	645,942	51,766	52,551	42,119	8.0	8.1	59.0	6.1	3.9

(続き)

順位	社　　名	売上高	営業利益	経常利益（税引前利益）	純利益	売上高営業利益率（%）	売上高経常利益率（%）（売上高税前利益）	海外売上高構成比率（%）	ROE（%）	ROA（%）
31	宇 部 興 産*1	613,889	25,902	23,293	22,936	4.2	3.8	28.0	6.6	3.0
32	三 菱 ガ ス 化 学	595,718	44,510	50,240	36,070	7.5	8.4	59.0	7.1	4.3
33	カ ネ カ	577,426	27,544	22,066	15,831	4.8	3.8	40.0	4.6	2.4
34	ク ラ レ	541,797	44,341	39,740	2,570	8.2	7.3	71.0	0.5	0.2
35	大 日 本 住 友 製 薬*2	515,952	71,224	77,851	56,219	13.8	15.1	63.0	10.1	4.3
36	日 清 紡 H D	457,051	1,248	3,466	13,540	0.3	0.8	45.0	5.8	2.3
37	J S R	446,609	△61,633	△62,430	△55,155	13.8	14.0	59.0	15.1	8.2
38	日 揮 H D	433,970	22,880	25,506	5,141	5.3	5.9	60.0	1.3	0.7
39	ダ イ セ ル	393,568	31,723	34,683	19,713	8.1	8.8	56.0	6.6	3.1
40	関 西 ペ イ ン ト	364,620	31,228	35,880	20,027	8.6	9.8	64.0	7.2	3.3
41	ラ イ オ ン	355,325	44,074	44,494	29,870	13.1	13.3	27.0	13.6	6.9
42	デ ン カ	354,391	34,729	32,143	22,785	9.8	9.1	40.0	8.8	4.3
43	東 洋 紡	337,406	26,657	20,706	4,202	7.9	6.1	33.0	2.3	0.9
44	A D E K A	327,080	28,979	29,270	16,419	8.9	8.9	51.0	7.5	3.8
45	協 和 キ リ ン	318,352	50,763	52,263	47,027	15.9	16.4	48.0	6.8	5.9
46	千 代 田 化 工 建 設	315,393	7,015	8,426	7,993	2.2	2.7	54.0	26.3	2.4
47	小 野 薬 品 工 業	309,284	98,330	100,890	75,425	31.8	32.6	31.0	12.6	10.1
48	ト ク ヤ マ	302,407	30,921	30,796	24,534	10.2	10.2	21.0	13.4	6.3
49	日 本 ゼ オ ン	301,961	33,408	38,668	27,716	11.1	12.8	57.0	10.0	6.2
50	塩 野 義 製 薬	297,177	117,438	143,018	111,858	39.5	48.1	60.0	13.9	11.2
51	大 正 製 薬 H D	281,980	19,965	25,946	13,316	7.1	9.2	33.0	1.9	1.5
52	コ ー セ ー	279,389	13,294	18,745	11,986	4.8	6.7	40.0	5.3	3.9
53	日 本 触 媒	273,163	△15,921	△12,926	△10,899	5.8	4.7	55.0	3.4	2.3
54	東洋インキSCHD	257,657	12,909	12,543	6,019	5.0	4.9	46.0	2.8	1.6
55	ニ フ コ	256,078	27,695	29,535	18,402	10.8	11.5	66.0	10.7	6.0
56	参 天 製 薬	249,605	12,917	12,418	6,830	5.2	5.0	32.0	2.2	1.7
57	リ ン テ ッ ク	235,902	17,030	16,770	11,407	7.2	7.1	49.0	5.9	4.1
58	日 産 化 学	209,121	42,530	43,893	33,470	20.3	21.0	48.0	17.5	12.6
59	住 友 ベ ー ク ラ イ ト	209,002	19,914	16,139	13,198	9.5	7.7	58.0	7.0	3.8
60	東 海 カ ー ボ ン	201,542	7,858	6,262	1,019	3.9	3.1	75.0	0.5	0.2
61	エ フ ピ コ	196,950	18,763	19,381	12,211	9.5	9.8	―	10.0	4.9
62	ア ー ス 製 薬	196,045	11,416	11,661	3,547	5.8	5.9	―	7.4	3.0
63	セ ン ト ラ ル 硝 子	190,673	4,064	4,794	1,230	2.1	2.5	50.0	0.8	0.4
64	日 医 工	188,218	107	1,068	△4,179	0.1	0.6	19.0	3.7	1.1
65	サ ワ イ グ ル ー プ H D*3	187,219	18,888	18,460	12,340	10.1	9.9	―	―	―
66	東洋エンジニアリング	184,000	1,615	2,781	814	0.9	1.5	54	2.2	0.4
67	ロ ー ト 製 薬	181,287	22,990	23,910	16,743	12.7	13.2	36.0	11.7	7.4
68	ポ ー ラ ・ オ ル ビ ス H D	176,311	13,752	12,579	4,632	7.8	7.1	15.0	2.6	2.3
69	ア イ カ 工 業	174,628	17,991	18,438	10,759	10.3	10.6	43.0	8.1	5.2
70	日 本 化 薬	173,381	15,194	16,538	12,574	8.8	9.5	26.0	5.8	4.3

(続き)

順位	社　　　名	売上高	営業利益	経常利益（税引前利益）	純利益	売上高営業利益率（%）	売上高経常利益率（%）（売上高税前利益）	海外売上高構成比率（%）	ROE（%）	ROA（%）
71	日　　　　　油	172,645	26,602	28,870	23,302	15.4	16.7	29.0	12.2	8.6
72	サカタインクス	161,507	7,212	7,789	5,275	4.5	4.8	62.0	6.9	3.6
73	森　六　Ｈ　Ｄ	155,460	5,672	5,595	375	3.6	3.6	62.0	0.6	0.3
74	東　和　薬　品	154,900	19,923	18,677	13,958	12.9	12.1	－	12.6	5.7
75	小　林　製　薬	150,514	25,943	27,726	19,205	17.2	18.4	14.0	10.8	8.1
76	高　砂　香　料	150,367	6,289	7,281	7,154	4.2	4.8	57.0	7.4	3.9
77	ダイキョーニシカワ	150,234	4,456	5,386	2,536	3.0	3.6	24.0	3.3	1.6
78	三 洋 化 成 工 業	144,757	11,932	11,999	7,282	8.2	8.3	44.0	5.4	3.7
79	ク　　レ　　ハ	144,575	17,263	17,748	13,493	11.9	12.3	30.0	7.7	5.3
80	日　本　曹　達	139,363	9,980	12,743	7,360	7.2	9.1	－	5.1	3.2
81	大　日　精　化	138,491	4,920	5,613	6,340	3.6	4.1	30.0	6.5	3.2
82	タキロンシーアイ	134,470	8,511	8,807	5,332	6.3	6.5	16.0	6.4	3.7
83	コ　　ニ　　シ	133,736	7,285	7,428	4,934	5.4	5.6	－	7.9	4.3
84	東　亞　合　成	133,392	12,336	13,054	8,142	9.2	9.8	17.0	4.2	3.4
85	ツ　　ム　　ラ	130,883	19,382	20,866	15,332	14.8	15.9	－	7.2	4.8
86	グ　　ン　　ゼ	123,649	4,673	5,094	2,147	3.8	4.1	16.0	1.9	1.3
87	ク　ラ　ボ　ウ	122,184	3,206	4,242	2,209	2.6	3.5	24.0	2.4	1.3
88	日　本　新　薬	121,885	26,134	26,760	20,702	21.4	22.0	26.0	13.5	10.5
89	積 水 化 成 品 工 業	118,851	2,091	1,956	1,126	1.8	1.6	34.0	1.7	0.7
90	藤　森　工　業	117,250	10,286	10,708	7,278	8.8	9.1	－	10.5	6.2
91	ファンケル	114,909	11,576	11,784	8,016	10.1	10.3	9.0	11.7	8.2
92	久　光　製　薬	114,510	10,671	11,829	9,250	9.3	10.3	34.0	3.7	3.1
93	ユ　ニ　チ　カ	110,375	6,018	5,381	3,864	5.5	4.9	19.0	10.3	0.9
94	クミアイ化学工業	107,280	8,283	9,916	6,618	7.7	9.2	45.0	6.9	4.3
95	住　友　精　化	103,254	10,101	10,375	7,119	9.8	10.0	74.0	10.4	6.6
96	キョーリン製薬ＨＤ	102,904	5,786	6,447	6,130	5.6	6.3	1.0	5.0	3.7
97	Ｊ　　Ｓ　　Ｐ	102,668	5,185	5,519	3,017	5.1	5.4	39.0	3.7	2.3
98	日本パーカライジング	99,918	10,681	14,197	9,999	10.7	14.2	39.0	6.8	4.5
99	セ　ー　レ　ン	98,688	8,580	9,451	6,252	8.7	9.6	44.0	7.9	4.3
100	大　阪　ソ　ー　ダ	97,266	8,341	8,838	6,050	8.6	9.1	27.0	8.3	5.1

＊1．2022年4月にUBEに社名変更予定
＊2．2022年4月に住友ファーマに社名変更予定
＊3．2021年4月に沢井製薬が持株会社化

◎営業利益

企業が本業で稼いだ利益を表しています。営業利益からは、その企業の本業の収益力を測ることができます。

・営業利益トップ50

（単位：100万円）

順位	社名	営業利益	順位	社名	営業利益
1	武田薬品工業	509,269	26	エーザイ	51,766
2	信越化学工業	392,213	27	エア・ウォーター	51,231
3	中外製薬	301,230	28	協和キリン	50,763
4	ダイキン工業	238,623	29	三菱ケミカルHD	47,518
5	大塚HD	198,582	30	三菱ガス化学	44,510
6	花王	175,563	31	クラレ	44,341
7	旭化成	171,808	32	ライオン	44,074
8	富士フイルムHD	165,473	33	日産化学	42,530
9	住友化学	137,115	34	DIC	39,663
10	アステラス製薬	136,051	35	豊田合成	36,479
11	塩野義製薬	117,438	36	ダイワボウHD	35,028
12	味の素	101,121	37	デンカ	34,729
13	小野薬品工業	98,330	38	日本ゼオン	33,408
14	ユニ・チャーム	95,590	39	ダイセル	31,723
15	日東電工	93,809	40	関西ペイント	31,228
16	日本酸素HD（旧大陽日酸）	88,846	41	トクヤマ	30,921
17	東ソー	87,819	42	ADEKA	28,979
18	日本ペイントHD	86,933	43	ニフコ	27,695
19	三井化学	78,074	44	カネカ	27,544
20	大日本住友製薬[*2]	71,224	45	東洋紡	26,657
21	積水化学工業	67,300	46	日油	26,602
22	第一三共	63,795	47	日本新薬	26,134
23	AGC	59,711	48	小林製薬	25,943
24	東レ	55,879	49	宇部興産[*1]	25,902
25	帝人	54,931	50	ロート製薬	22,990

◎経常利益（税引前利益）

企業が本業を含めた財務活動によって得られた利益を表しています。経常利益（税引前利益）からは、その企業の財務力を含めた総合的な実力を測ることができます。

・経常利益トップ50　　　　　　　　　　　　　　　　　　　　　　（単位：100万円）

順位	社　　名	経常利益	順位	社　　名	経常利益
1	信越化学工業	405,101	26	エーザイ	52,551
2	武田薬品工業	366,235	27	協和キリン	52,263
3	中外製薬	298,118	28	三菱ガス化学	50,240
4	ダイキン工業	240,284	29	エア・ウォーター	49,651
5	富士フイルムHD	235,870	30	ライオン	44,494
6	大塚HD	189,988	31	日産化学	43,893
7	旭化成	178,036	32	クラレ	39,740
8	花王	173,917	33	日本ゼオン	38,668
9	アステラス製薬	145,324	34	豊田合成	37,301
10	塩野義製薬	143,018	35	DIC	36,452
11	住友化学	137,803	36	関西ペイント	35,880
12	小野薬品工業	100,890	37	ダイワボウHD	35,781
13	味の素	98,320	38	ダイセル	34,683
14	ユニ・チャーム	95,849	39	三菱ケミカルHD	32,908
15	東ソー	95,138	40	デンカ	32,143
16	日東電工	93,320	41	トクヤマ	30,796
17	日本ペイントHD	88,715	42	ニフコ	29,535
18	大日本住友製薬[2]	77,851	43	ADEKA	29,270
19	日本酸素HD（旧大陽日酸）	77,706	44	日油	28,870
20	三井化学	74,243	45	小林製薬	27,726
21	第一三共	74,124	46	日本新薬	26,760
22	東レ	65,566	47	大正製薬HD	25,946
23	積水化学工業	62,649	48	日揮HD	25,506
24	AGC	57,121	49	ロート製薬	23,910
25	帝人	53,658	50	宇部興産[1]	23,293

◎純利益

企業が得た利益（経常利益）から法人税などを差し引いたもので、企業が当該年度に稼いだ最終利益を表しています。純利益からは、その企業の成長性や規模を測ることができます。

・純利益トップ50　　　　　　　　　　　　　　　　　　　　　　（単位：100万円）

順位	社　　名	純利益	順位	社　　名	純利益
1	武田薬品工業	376,005	26	三菱ガス化学	36,070
2	信越化学工業	293,732	27	豊田合成	35,205
3	中外製薬	214,733	28	日産化学	33,470
4	富士フイルムHD	181,205	29	ＡＧＣ	32,715
5	ダイキン工業	156,249	30	ライオン	29,870
6	大塚HD	148,137	31	日本ゼオン	27,716
7	花王	126,142	32	エア・ウォーター	27,367
8	アステラス製薬	120,589	33	ダイワボウHD	25,715
9	塩野義製薬	111,858	34	トクヤマ	24,534
10	旭化成	79,768	35	日油	23,302
11	第一三共	75,958	36	宇部興産*1	22,936
12	小野薬品工業	75,425	37	デンカ	22,785
13	日東電工	70,235	38	日本新薬	20,702
14	東ソー	63,276	39	関西ペイント	20,027
15	味の素	59,416	40	ダイセル	19,713
16	三井化学	57,873	41	小林製薬	19,205
17	大日本住友製薬*2	56,219	42	ニフコ	18,402
18	日本酸素HD（旧大陽日酸）	55,214	43	ロート製薬	16,743
19	ユニ・チャーム	52,344	44	ＡＤＥＫＡ	16,419
20	協和キリン	47,027	45	カネカ	15,831
21	住友化学	46,034	46	ツムラ	15,332
22	東レ	45,797	47	東和薬品	13,958
23	日本ペイントHD	44,648	48	日清紡HD	13,540
24	エーザイ	42,119	49	クレハ	13,493
25	積水化学工業	41,544	50	大正製薬HD	13,316

◎売上高営業利益率

企業の売上高に対する営業利益の占める割合を表しています。売上高営業利益率からは、その企業の本業の活動での収益性を判断することができます。この比率が高いほど、本業で利益を生み出す力が高いといえます。

・売上高営業利益率トップ50 (単位：%)

順位	社名	売上高営業利益率	順位	社名	売上高営業利益率
1	塩野義製薬	39.5		日本酸素HD（旧大陽日酸）	10.9
2	中外製薬	38.3	27	ニフコ	10.8
3	小野薬品工業	31.8	28	日本パーカライジング	10.7
4	信越化学工業	26.2	29	アイカ工業	10.3
5	日本新薬	21.4	30	トクヤマ	10.2
6	日産化学	20.3	31	サワイグループHD[*3]	10.1
7	小林製薬	17.2		ファンケル	10.1
8	協和キリン	15.9	33	デンカ	9.8
	武田薬品工業	15.9		住友精化	9.8
10	日油	15.4	35	ダイキン工業	9.6
11	ツムラ	14.8	36	住友ベークライト	9.5
12	大塚HD	14.0		エフピコ	9.5
13	大日本住友製薬[*2]	13.8	38	味の素	9.4
	JSR	13.8	39	久光製薬	9.3
15	ライオン	13.1	40	東亞合成	9.2
	ユニ・チャーム	13.1	41	ADEKA	8.9
17	東和薬品	12.9	42	藤森工業	8.8
18	花王	12.7		日本化薬	8.8
	ロート製薬	12.7	44	セーレン	8.7
20	日東電工	12.3	45	大阪ソーダ	8.6
21	東ソー	12.0		関西ペイント	8.6
22	クレハ	11.9	47	三洋化成工業	8.2
23	日本ペイントHD	11.1		クラレ	8.2
	日本ゼオン	11.1		旭化成	8.2
25	アステラス製薬	10.9	50	ダイセル	8.1

◎売上高経常利益率（売上高税引前利益率）

　企業の売上高に対する経常利益の占める割合を表しています。売上高経常利益率（売上高税引前利益率）からは、その企業の本業、財務を含めた事業活動全体における総合的な収益性を判断することができます。この比率が高いほど、収益性が高いといえます。

・売上高経常利益率トップ50　　　　　　　　　　　　　　　　　　　　　　　　　（単位：％）

順位	社　　　名	売上高経常利益率	順位	社　　　名	売上高経常利益率
1	塩野義製薬	48.1		武田薬品工業	11.5
2	中外製薬	37.9	27	日本ペイントHD	11.4
3	小野薬品工業	32.6	28	富士フイルムHD	10.8
4	信越化学工業	27.1	29	アイカ工業	10.6
5	日本新薬	22.0	30	久光製薬	10.3
6	日産化学	21.0		ファンケル	10.3
7	小林製薬	18.4	32	トクヤマ	10.2
8	日油	16.7	33	住友精化	10.0
9	協和キリン	16.4	34	サワイグループHD[*3]	9.9
10	ツムラ	15.9	35	エフピコ	9.8
11	大日本住友製薬[*2]	15.1		関西ペイント	9.8
12	日本パーカライジング	14.2		東亞合成	9.8
13	ＪＳＲ	14.0	38	ダイキン工業	9.6
14	大塚HD	13.4		セーレン	9.6
15	ライオン	13.3	40	日本化薬	9.5
16	ロート製薬	13.2		日本酸素HD（旧大陽日酸）	9.5
	ユニ・チャーム	13.2	42	クミアイ化学工業	9.2
18	東ソー	13.0		大正製薬HD	9.2
19	日本ゼオン	12.8		味の素	9.2
20	花王	12.6	45	日本曹達	9.1
21	クレハ	12.3		藤森工業	9.1
	日東電工	12.3		大阪ソーダ	9.1
23	東和薬品	12.1		デンカ	9.1
24	アステラス製薬	11.6	49	ADEKA	8.9
25	ニフコ	11.5	50	ダイセル	8.8

◎海外売上高構成比率

企業の売上高における海外での売上高の占める割合を表しています。

・海外売上高構成比率トップ50 (単位：％)

順位	社　　名	海外売上高構成比	順位	社　　名	海外売上高構成比
1	武田薬品工業	83.0		住友ベークライト	58.0
2	日本ペイントHD	80.0	27	日本ゼオン	57.0
3	日東電工	78.0		日本酸素HD（旧大陽日酸）	57.0
	アステラス製薬	78.0		高砂香料	57.0
5	ダイキン工業	77.0	30	東レ	56.0
6	東海カーボン	75.0		ダイセル	56.0
7	住友精化	74.0		味の素	56.0
	信越化学工業	74.0	33	日本触媒	55.0
9	クラレ	71.0	34	三井化学	54.0
10	住友化学	68.0		豊田合成	54.0
11	ニフコ	66.0		千代田化工建設	54.0
12	ＤＩＣ	65.0		大塚HD	54.0
	ＡＧＣ	65.0		東洋エンジニアリング	54.0
14	資生堂	64.0	39	ＡＤＥＫＡ	51.0
	関西ペイント	64.0	40	セントラル硝子	50.0
16	大日本住友製薬[2]	63.0	41	リンテック	49.0
17	森六HD	62.0	42	日産化学	48.0
	サカタインクス	62.0		協和キリン	48.0
19	ユニ・チャーム	60.0	44	中外製薬	47.0
	日揮HD	60.0	45	東洋インキSCHD	46.0
	塩野義製薬	60.0	46	三菱ケミカルHD	45.0
22	三菱ガス化学	59.0		日清紡HD	45.0
	エーザイ	59.0		東ソー	45.0
	ＪＳＲ	59.0		昭和電工	45.0
25	富士フイルムHD	58.0		クミアイ化学工業	45.0

◎ ROE（return on equity. 自己資本利益率）

企業の純資産（自己資本）に対する当期純利益の割合を表しています。ROE からは、その企業が自己資本で効率的に運用できているか、高い成長力を持つかなど、企業の収益力を判断することができます。ROE が高い企業ほど自己資本をより効率的に運用できている優良企業であると判断されます。

・ROEトップ50　　　　　　　　　　　　　　　　　　　　　　　　　　　　（単位：%）

順位	社　　名	ROE	順位	社　　名	ROE
1	千代田化工建設	26.3		ユニチカ	10.3
2	中外製薬	23.4	27	三井化学	10.2
3	ダイワボウHD	22.2	28	ダイキン工業	10.1
4	日産化学	17.5		大日本住友製薬[*2]	10.1
5	昭和電工	16.9	30	日東電工	10.0
6	ＪＳＲ	15.1		日本ゼオン	10.0
7	花王	14.2		エフピコ	10.0
8	塩野義製薬	13.9	33	豊田合成	9.6
9	ライオン	13.6	34	アステラス製薬	9.0
10	日本新薬	13.5	35	デンカ	8.8
11	トクヤマ	13.4	36	富士フイルムHD	8.7
12	小野薬品工業	12.6	37	大阪ソーダ	8.3
	東和薬品	12.6	38	大塚HD	8.2
14	日油	12.2	39	アイカ工業	8.1
15	日本酸素HD（旧大陽日酸）	12.0	40	日本ペイントHD	8.0
16	ロート製薬	11.7	41	エア・ウォーター	7.9
	ファンケル	11.7		コニシ	7.9
18	ユニ・チャーム	10.8		セーレン	7.9
	小林製薬	10.8	44	クレハ	7.7
20	信越化学工業	10.7	45	武田薬品工業	7.6
	東ソー	10.7	46	ＡＤＥＫＡ	7.5
	ニフコ	10.7	47	アース製薬	7.4
23	藤森工業	10.5		高砂香料	7.4
24	住友精化	10.4	49	関西ペイント	7.2
25	味の素	10.3		ツムラ	7.2

◎ ROA（return on assets. 総資産利益率）

企業の総資産に対する当期純利益の割合を表しています。ROAからは、その企業が純資産、負債を含むすべての資本を効率的に運用できているかどうかを判断することができます。ROAが高い企業ほど効率的に利益を生み出せている優良企業であるといえる一方で、借入金を投入することにより高利益を生み出している場合でも同様にROAは高くなります。このため、ROAだけではなく、その他の指標とも比較分析するなど注意が必要です。

・ROAトップ50 (単位：％)

順位	社　名	ROA	順位	社　名	ROA
1	中外製薬	17.4	26	アステラス製薬	5.3
2	日産化学	12.6		クレハ	5.3
3	塩野義製薬	11.2	28	アイカ工業	5.2
4	日本新薬	10.5	29	富士フイルムHD	5.1
5	小野薬品工業	10.1		大阪ソーダ	5.1
6	信越化学工業	8.7	31	エフピコ	4.9
7	日油	8.6	32	ダイキン工業	4.8
8	JSR	8.2		ツムラ	4.8
	ファンケル	8.2	34	豊田合成	4.5
10	小林製薬	8.1		日本パーカライジング	4.5
11	花王	7.6	36	三菱ガス化学	4.3
12	ロート製薬	7.4		大日本住友製薬[2]	4.3
13	日東電工	7.3		デンカ	4.3
14	ライオン	6.9		日本化薬	4.3
15	ダイワボウHD	6.7		コニシ	4.3
16	住友精化	6.6		クミアイ化学工業	4.3
17	東ソー	6.4		セーレン	4.3
18	トクヤマ	6.3	43	味の素	4.2
19	日本ゼオン	6.2	44	リンテック	4.1
	藤森工業	6.2	45	エーザイ	3.9
21	ニフコ	6.0		コーセー	3.9
22	ユニ・チャーム	5.9		高砂香料	3.9
	協和キリン	5.9	48	ADEKA	3.8
24	東和薬品	5.7		住友ベークライト	3.8
25	大塚HD	5.6	50	三井化学	3.7

世界の化学企業ランキング（2020年）

・売上高トップ50　　　　　　　　　　　　　　　　　　　　　　　　（単位：100万ドル、％）

順位 20年	19年	社　名（国籍）	化学部門 売上高	前年比 伸び率	化学部門 比率	化学部門 営業利益	前年比 伸び率	化学部門 投資額	化学部門 R&D費
1	1	BASF	67,491	-0.30	100	4,904	-11.80	3,570	2,380
2	2	Sinopec	46,656	-24.3	15.7	1,502	-37.5	3,795	—
3	3	Dow	38,542	-10.3	100	2,556	-27.4	1,252	768
4	6	Ineos	31,310	-4	100	1,697	-32.8	—	—
5	4	Sabic	28,792	-16.4	92.3	1,609	-62.4	3,505	—
6	5	Formosa Plastics	27,711	-16	72.4	—	—	—	—
7	12	LG Chem	25,477	5.1	100	1,523	100.8	4,689	945
8	7	三菱ケミカル	25,323	-9.3	83	1,504	-11.2	2,179	—
9	10	Linde	24,392	-4.1	89.5	5,362	9.5	3,455	—
10	9	LyondellBasell Industries	23,407	-13.7	84.3	2,938	-36.3	1,763	113
11	8	ExxonMobil Chemical	23,091	-15.8	12.9	2,675	180.1	1,813	-
12	11	Air Liquide	23,089	-6.3	98.8	2,305	0	3,011	346
13	13	PetroChina	21,769	-4.3	7.8	1,588	220	-	-
14	14	DuPont	20,397	-5.2	100	1,661	-40.4	1,194	860
15	26	Hengli Petrochemical	17,265	45.7	78.2	—	—	—	—
16	17	住友化学	15,822	1.7	73.9	745	28.3	669	—
17	15	東レ	15,196	-14.2	86.1	900	-31.6	—	—
18	19	信越化学工業	14,019	-3	100	3,673	-3.4	2,212	480
19	18	Evonik Industries	13,919	-6.9	100	1,065	-21.5	1,091	494
20	16	Reliance Industries	13,600	-22.4	18.7	—	—	—	—
21	20	Covestro	12,216	-13.7	100	835	-0.5	803	299
22	—	Shell Chemicals	11,721	-13.6	6.5	808	69	2,640	109
23	22	Yara	11,591	-9.9	100	1,176	18.9	739	91
24	32	Braskem	11,348	11.9	100	1,394	228.5	535	49
25	25	三井化学	11,348	-9.5	100	767	14.3	702	317
26	29	Syngenta	11,208	5.9	78.4	2,161	-1.7	—	577
27	27	Bayer	11,204	-4.3	23.7	—	—	—	—
28	24	Solvay	11,084	-13.5	100	1,135	-25.1	518	342
29	34	Wanhua Chemical	10,636	7.9	100	1,921	10.1	—	296
30	28	Indorama	10,589	-6	100	306	4.9	536	19
31	23	Lotte Chemical	10,354	-19.2	100	302	-67.8	680	68
32	40	Johnson Matthey	9,951	12.3	49.5	396	-3.7	298	249
33	42	Umicore	9,738	16.6	41.2	256	-38.2	360	225
34	31	旭化成	9,283	-9.3	47.1	622	-28	941	308
35	30	DSM	9,249	-10	100	867	-17	523	454
36	33	Arkema	8,996	-9.8	100	641	-36.1	690	275
37	38	Air Products	8,856	-0.7	100	2,138	0.8	2,509	84
38	39	Mosaic	8,682	-2.5	100	693	27.7	1,171	-
39	41	Hanwha Solutions	8,596	1.6	81.4	467	38.5	455	62
40	36	Eastman Chemical	8,473	-8.6	100	1,095	-16.3	383	226
41	35	Chevron Phillips Chemical	8,439	-9.6	100	—	—	—	—
42	—	Rongsheng Petrochemical	8,359	47.2	53.8	—	—	—	—
43	37	Borealis	7,780	-15.9	100	300	-56.4	701	172
44	43	Westlake Chemical	7,504	-7.6	100	465	-32.9	525	—
45	48	Sasol	7,288	4.1	63.1	-5,776	—	1,495	—
46	45	Nutrien	7,156	-7.4	34.2	1,407	-33.9	—	—
47	44	Lanxess	6,965	-10.3	100	466	-27	520	123
48	46	東ソー	6,864	-6.8	100	822	7.5	474	183
49	47	DIC	6,567	-8.8	100	371	-4	306	113
50	—	Corteva Agriscience	6,461	3.3	45.4	625	-9.9	250	—

〔注〕為替レートは1ドル＝5.1587ブラジル・レアル、6.9042人民元、0.8764ユーロ、74.1429印ルピー、106.7754日本円、1,180.5554韓国ウォン、3.75サウジ・リヤル、29.4568台湾ドル、31.3070タイ・バーツ。

資料：C&EN　Global Top 50 Chemical Companies of 2021

総合化学企業

旭　化　成　株式会社

[東京本社(本店)] 〒100-0006　東京都千代田区有楽町１-１-２　日比谷三井タワー

[Tel.] 03-6699-3000　　[URL] https://www.asahi-kasei.co.jp

[設立] 1931年５月　　[資本金] 1,033億8,900万円

[代表取締役社長] 小堀秀毅

[事業内容] 化成品・樹脂、住宅・建材、繊維、医薬・医療、電子・機能製品などの事業の持株会社

[関係会社] 旭化成アドバンス、PSジャパン、旭化成ホームズ、旭化成建材、旭化成エレクトロニクス、旭化成ファーマ、旭化成メディカル、ゾール・メディカル、ベロキシス

[従業員数] 8,509名(41.5歳)

[上場市場(証券コード)] 東京《3407》

◎業績

連結　決算期：３月（百万円）				
期別	売上高	経常利益	純利益	売上高経常利益率(%)
2019年	2,170,403	219,976	147,512	10.1
2020年	2,151,646	184,008	103,931	8.6
2021年	2,106,051	178,036	79,768	8.5

宇 部 興 産 株式会社

[宇部本社] 〒755-8633 山口県宇部市大字小串1978-96
[Tel.] 0836-31-2111
[東京本社] 〒105-8449　東京都港区芝浦1-2-1　シーバンスN館
[Tel.] 03-5419-6110　　[URL] https://www.ube-ind.co.jp
[設立] 1942年3月　　[資本金] 584億円
[代表取締役社長] 泉原雅人
[事業内容] 化学、医薬、エネルギー・環境、建設資材、機械
[従業員数] 3,318名(40.7歳)
[上場市場(証券コード)] 東京　福岡《4208》
◎業績

連結　決算期：3月（百万円）

期別	売上高	経常利益	純利益	売上高経常利益率（%）
2019年	730,157	47,853	32,499	6.6
2020年	667,892	35,724	22,976	5.3
2021年	613,889	23,293	22,936	3.8

昭 和 電 工 株式会社

〒105-8518 東京都港区芝大門1-13-9
[Tel.] 03-5470-3235(広報室)
[URL] https://www.sdk.co.jp
[設立] 1939年6月　　[資本金] 1,405億6,400万円
[代表取締役社長] 森川宏平
[製造品目] 石油化学製品、有機・無機化学品、化成品、各種ガス、特殊化学品、電極、金属材料、研削材、耐火材、電子材料、ハードディスク、アルミニウム加工品
[従業員数] 3,561名(40.2歳)
[上場市場(証券コード)] 東京《4004》
◎業績

連結　決算期：12月（百万円）

期別	売上高	経常利益	純利益	売上高経常利益率（%）
2018年	992,136	178,804	111,503	18.0
2019年	906,454	119,293	73,088	13.2
2020年	973,700	△43,971	△76,304	4.5

信越化学工業 株式会社

〒100-0004 東京都千代田区大手町2-6-1　朝日生命大手町ビル

[Tel.] 03-3246-5011　　[URL] https://www.shinetsu.co.jp

[設立] 1926年9月　　[資本金] 1,194億1,900万円

[代表取締役社長] 斉藤恭彦

[製造品目] 塩化ビニル、シリコーン、メタノール、カ性ソーダ、ジクロロメタン、セルロース誘導体、半導体シリコン、リチウム・タンタレートなど単結晶、合成石英製品、電子産業用有機材料、レア・アース、希土類磁石、フォトレジスト製品

[従業員数] 3,238名(42.2歳)

[上場市場(証券コード)] 東京　名古屋《4063》

◎業績

◎連結　決算期：3月（百万円）				
期別	売上高	経常利益	純利益	売上高経常利益率(%)
2019年	1,594,036	415,311	309,125	26.1
2020年	1,543,525	418,242	314,027	27.1
2021年	1,496,906	405,101	293,732	27.1

住 友 化 学 株式会社

[東京本社] 〒103-6020 東京都中央区日本橋2-7-1　東京日本橋タワー

[Tel.] 03-5201-0200

[大阪本社] 〒541-8550　大阪市中央区北浜4-5-33　住友ビル

[Tel.] 06-6220-3211　　[URL] https://www.sumitomo-chem.co.jp

[設立] 1925年6月　　[資本金] 896億9,900万円

[代表取締役社長] 岩田圭一(社長執行役員)

[製造品目] 無機化学品、有機化学品、合成樹脂、合成ゴム、アルミニウム、染料、高分子有機EL材料、有機中間物、医薬原体・中間体、高分子添加剤、ゴム用薬品、高機能ポリマーほか

[従業員数] 6,277名(41.1歳)

[上場市場(証券コード)] 東京《4005》

◎業績

連結　決算期：3月（百万円）				
期別	売上高	税前利益	純利益	売上高税前利益率(%)
2019年	2,318,572	188,370	117,992	8.1
2020年	2,225,804	130,480	30,926	5.9
2021年	2,286,978	137,803	46,043	6.0

東 ソ ー 株式会社

〒105-8623 東京都港区芝3-8-2

[Tel.] 03-5427-5103　　[URL] https://www.tosoh.co.jp

[設立] 1935年2月　　[資本金] 552億円

[社長] 山本寿宣(社長執行役員)

[事業内容] (石油化学事業)オレフィン、ポリマー　　(クロル・アルカリ事業)化学品、ウレタン、セメント　(機能商品事業)有機化成品、バイオサイエンス、高機能材料

[従業員数] 3,683名(38.8歳)

[上場市場(証券コード)] 東京《4042》

◎業績

連結　決算期：3月（百万円）			
期別	売上高	経常利益	純利益	売上高経常利益率(%)
2019年	861,456	113,027	78,133	13.1
2020年	786,083	85,963	55,550	10.9
2021年	732,850	95,138	63,276	13.0

三 井 化 学 株式会社

〒105-7122 東京都港区東新橋1-5-2　汐留シティセンター

[Tel.] 03-6253-2100(コーポレートコミュニケーション部)

[URL] https://www.mitsuichemicals.com

[設立] 1955年7月　　[資本金] 1,253億3,100万円

[代表取締役] 橋本　修〔社長執行役員〕

[事業内容] (ヘルスケア事業)ヘルスケア材料、パーソナルケア材料、不織布　(モビリティ事業)エラストマー、機能性コンパウンド、機能性ポリマー　(フード＆パッケージング事業)コーティング・機能材、フィルムほか　(基盤素材事業)フェノール、PTA・PET、工業薬品、石化原料、ポリウレタン材料、ライセンス

[従業員数] 4,659名(41.0歳)

[上場市場(証券コード)] 東京《4183》

◎業績

連結　決算期：3月（百万円）			
期別	売上高	税前利益	純利益	売上高税前利益率(%)
2019年	1,482,909	102,972	76,115	6.9
2020年	1,338,987	65,517	37,944	4.9
2021年	1,211,725	74,243	57,873	6.1

株式会社 三菱ケミカルホールディングス

〒100-8251 東京都千代田区丸の内 1 - 1 - 1　パレスビル

[Tel.] 03-6748-7140　　[URL] https://www.mitsubishichem-hd.co.jp

[設立] 2005年10月　[資本金] 500億円

[代表者] Jean-Marc Gilson（代表執行役社長）

[事業内容] グループ会社の経営管理（グループの全体戦略策定，資源配分など）

[従業員数] 201名（45.8歳）

[上場市場（証券コード）] 東京《4188》

◎業績

連結　決算期：3月（百万円）				
期別	売上高	税前利益	純利益	売上高税前利益率（%）
2019年	3,923,444	288,056	169,530	7.3
2020年	3,580,510	122,003	54,077	3.4
2021年	3,257,535	32,908	△7,557	1.0

【主な関係会社】

三菱ケミカル 株式会社

〒100-8251 東京都千代田区丸の内 1 - 1 - 1　パレスビル

[Tel.] 03-6748-7300　　[URL] https://www.m-chemical.co.jp

[設立] 2017年4月　　[資本金] 532億2,900万円

[社長] 和賀昌之

[事業内容] 基礎化学品、ポリマー、情報電子、機能化学・電池、炭素、ヘルスケアなど

[従業員数] 42,660名（連結）

田辺三菱製薬 株式会社

[大阪本社] 〒541-8505 大阪市中央区道修町 3 - 2 - 10

[Tel.] 06-6205-5085

[東京本社] 〒100-8205　東京都千代田区丸の内 1 - 1 - 1　パレスビル

[Tel.] 03-6748-7700　　[URL] https://www.mt-pharma.co.jp

[設立] 2007年10月　　[資本金] 500億円

[社長] 上野裕明（代表取締役社長）

[事業内容] 医療用医薬品を中心とする医薬品

[従業員数] 6,728名（連結）

株式会社 生命科学インスティテュート

〒101-0047 東京都千代田区内神田1-13-4　THE KAITEKIビル

[URL] https://www.lsii.co.jp

[設立] 2014年4月　　[資本金] 92億5,000万円

[社長] 木曽誠一

[事業内容] 健康・医療ICT、次世代ヘルスケア、創薬ソリューション

[関係会社] 株式会社エーピーアイ コーポレーション

日本酸素ホールディングス 株式会社

〒142-0062 東京都品川区小山1-3-26

[Tel.] 03-5788-8000　　[URL] https://www.nipponsanso-hd.co.jp

[設立] 1910年10月　　[資本金] 373億4,400万円

[社長] 濱田敏彦(代表取締役社長CEO)

[事業内容] 子会社管理及びグループ運営に関する事業

[従業員数] 19,357名(連結)

[上場市場(証券コード)] 東京《4091》

●COVID-19と技術革新①
マイクロニードルワクチンパッチ

　ヘルスケア分野で静かに進展しているのが肌に貼り付けるパッチの技術です。東京大学生産技術研究所の金範埈教授は、COVID-19の早期診断とワクチン接種を自分でできる「マイクロニードルワクチンパッチ」の開発に取り組んでいます。

　金教授が開発を進めている、微細針「マイクロニードル」を敷き詰めたパッチは、皮膚に貼り、小さな注射器のように使ってワクチンを注入する仕組みとなっています。このパッチは血しょうとほぼ同じ成分の間質液を吸い上げるセンサーとしても使われ、専用のパッチ型センサーで感染の有無を調べることが可能です。適当なワクチンができれば、「冷凍管理も不要になる」としています。

　同マイクロニードルは生分解性ポリマーでできた使い捨て製品です。市場に出まわっている化粧品用のパッチとは違い、角質層を通し低侵襲で薬剤を注入するには微細加工が必要となるため、中空構造のマイクロニードルの長さは1ミリメートル程度、先端の口径は数十マイクロメートルほどになります。現在マイクロニードルパッチの開発にあたり、3Dプリンター(3DP)など生産性の高い加工方法を探っている最中とのことです。

　感染の自己診断の仕組みですが、パッチで吸い上げた間質液をセンサーの色の変化で識別する技術を協力企業と共同で進めているとのことです。注入するワクチンは不活化タイプになりそうですが、その効果を高める補助剤(アジュバント)の開発も協業する企業とめどをつけました。COVID-19の自己診断とワクチンの自己投与可能なマイクロニードルパッチが実現できれば、世界初となる技術です。

主要化学企業

株式会社 ＡＤＥＫＡ

〒116-8554　東京都荒川区東尾久 7 - 2 -35

[Tel.] 03-4455-2811　　[URL] https://www.adeka.co.jp

[設立] 1917年 1 月　　[資本金] 229億9,487万円

[社長] 城詰秀尊

[事業内容] 情報・電子化学品、機能化学品、基礎化学品、食品、ライフサイエンス、その他

[従業員数] 1,812名(38.5歳)　　[上場市場(証券コード)] 東京《4401》

◎業績

連結　決算期：3 月（百万円）		
期別	売上高	純利益
2019年	299,354	17,055
2020年	304,131	15,216
2021年	327,080	16,419

ＡＧＣ株式会社

〒100-8405　東京都千代田区丸の内 1 - 5 - 1

[Tel.] 03-3218-5096(代表)　　[URL] https://www.agc.com

[設立] 1950年 6 月　　[資本金] 908億7,300万円

[代表取締役] 平井良典(社長執行役員；ＣＥＯ)

[事業内容] ガラス、電子、化学品、その他

[従業員数] 7,147名(43.2歳)　　[上場市場(証券コード)] 東京《5201》

◎業績

連結　決算期：12月（百万円）		
期別	売上高	純利益
2018年	1,522,904	89,593
2019年	1,518,039	44,434
2020年	1,412,306	32,715

株式会社 大阪ソーダ

〒550-0011　大阪市西区阿波座 1 -12-18

[Tel.] 06-6110-1560

[URL] http://www.osaka-soda.co.jp

[設立] 1915年11月　　[資本金] 158億7,000万円

[代表取締役] 寺田健志（社長執行役員）

[事業内容] 基礎化学品、機能化学品、住宅設備ほか

[従業員数] 617名(41.8歳)　　[上場市場(証券コード)] 東京《4046》

◎業績

連結　決算期：3月（百万円）		
期別	売上高	純利益
2019年	107,874	6,793
2020年	105,477	6,506
2021年	97,266	6,050

花　　王 株式会社

〒103-8210　東京都中央区日本橋茅場町 1 -14-10

[Tel.] 03-3660-7111　　　[URL] https://www.kao.com/jp

[設立] 1940年 5 月　　[資本金] 854億円

[代表取締役] 長谷部佳宏（社長執行役員）

[事業内容] コンシューマープロダクツ事業、ケミカル事業

[従業員数] 8,456名(40.5歳)　　[上場市場(証券コード)] 東京《4452》

◎業績

連結　決算期：12月（百万円）		
期別	売上高	純利益
2018年	1,508,007	153,698
2019年	1,502,241	148,213
2020年	1,381,997	126,142

株式会社 カ　ネ　カ

[大阪本社] 〒530-8288　大阪市北区中之島 2 - 3 -18　中之島フェスティバルタワー

[Tel.] 06-6226-5050（ダイヤルイン）　　[URL] https://www.kaneka.co.jp

[設立] 1949年 9 月　　[資本金] 330億4,600万円

[社長] 田中　稔

[事業内容] 化成品、機能性樹脂、発泡樹脂製品、食品、ライフサイエンス、エレクトロニクスほか

[従業員数] 3,551名(41.0歳)　　[上場市場(証券コード)] 東京　名古屋《4118》

◎業績

連結　決算期：3月（百万円）		
期別	売上高	純利益
2019年	621,043	22,238
2020年	601,514	14,003
2021年	577,426	15,831

株式会社 ク ラ レ

[東京本社] 〒100-8115 東京都千代田区大手町１‐１‐３　大手センタービル

[Tel.] 03-6701-1000（代表）　　[URL] https://www.kuraray.co.jp

[設立] 1926年６月　　[資本金] 890億円

[代表取締役社長] 伊藤正明

[製造品目] ビニロン、ポバール樹脂、ポバールフィルム、人工皮革、「エバール」樹脂、「エバール」フィルム、歯科材料、熱可塑性エラストマー、ファインケミカルなど

[従業員数] 4,197名(41.1歳)　　[上場市場(証券コード)] 東京《3405》

◎業績

連結　決算期：12月（百万円）		
期別	売上高	純利益
2018年	602,996	33,560
2019年	575,807	△1,956
2020年	541,797	2,570

株式会社 ク レ ハ

〒103-8552 東京都中央区日本橋浜町３‐３‐２

[Tel.] 03-3249-4666（代表）　　[URL] https://www.kureha.co.jp

[設立] 1944年６月　　[資本金] 181億6,900万円

[代表取締役社長] 小林　豊

[製造品目] 機能樹脂、炭素製品、無機薬品、有機薬品、医薬品、動物用医薬品、農薬、食品包装材、家庭用品、合成繊維など

[従業員数] 1,676名(単体)(43.4歳)　　[上場市場(証券コード)] 東京《4023》

◎業績

連結　決算期：3月（百万円）		
期別	売上高	純利益
2019年	148,265	13,933
2020年	142,398	13,719
2021年	144,575	13,493

堺化学工業　株式会社

〒590-8502　大阪府堺市堺区戎島町5-2

[Tel.] 072-223-4111（代表）　　[URL] http://www.sakai-chem.co.jp

[設立] 1932年2月　　[資本金] 218億3,837万円

[社長] 矢部正昭

[事業内容] バリウム・ストロンチウム・亜鉛製品、酸化チタン、電子材料、樹脂添加剤、触媒製品ほか

[従業員数] 774名（39.1歳）　　[上場市場（証券コード）] 東京《4078》

◎業績

連結　決算期：3月（百万円）		
期別	売上高	純利益
2019年	89,541	3,606
2020年	87,177	2,535
2021年	84,918	△2,803

三洋化成工業　株式会社

〒605-0995　京都市東山区一橋野本町11-1

[Tel.] 075-541-4311　　[URL] https://www.sanyo-chemical.co.jp

[設立] 1949年11月　　[資本金] 130億5100万円

[社長] 樋口章憲

[製造品目] 自動車関連、住宅関連、化粧品・パーソナルケア関連、医療関連、生活関連、電気電子・半導体・光学部材関連

[従業員数] 2,096名（連結）　　[上場市場（証券コード）] 東京《4471》

◎業績

連結　決算期：3月（百万円）		
期別	売上高	純利益
2019年	161,599	5,345
2020年	155,503	7,668
2021年	144,757	7,282

Ｊ　Ｎ　Ｃ　株式会社

〒100-8105　東京都千代田区大手町2-2-1　新大手町ビル

[Tel.] 03-3243-6760　　[URL] https://www.jnc-corp.co.jp

[設立] 2011年1月　　[資本金] 311億5,000万円

[社長] 山田敬三

[製造品目] 液晶・有機ＥＬ材料、リチウムイオン電池材料、合成樹脂、合成繊維など

[従業員数] 3,057名（連結）

◎業績

連結　決算期：3月（百万円） ※チッソ㈱連結決算		
期別	売上高	純利益
2019年	155,025	▲8,151
2020年	144,852	▲11,906
2021年	132,011	▲11,430

ＪＳＲ 株式会社

〒105-8640 東京都港区東新橋 1 - 9 - 2

[Tel.] 03-6218-3500（代表）　　[URL] https://www.jsr.co.jp

[設立] 1957年12月　　[資本金] 233億7,000万円

[社長] 川橋信夫

[事業内容] 合成ゴム、エマルジョン、TPE、半導体材料、ディスプレイ材料、光学材料、診断試薬材料など

[従業員数] 9,278名（連結）　　[上場市場（証券コード）] 東京《4185》

◎業績

連結　決算期：3月（百万円）		
期別	売上高	純利益
2019年	496,746	31,116
2020年	471,967	22,604
2021年	446,609	△55,155

積水化学工業 株式会社

[大阪本社] 〒530-8565 大阪市北区西天満 2 - 4 - 4

[Tel.] 06-6365-4122　　[URL] https://www.sekisui.co.jp

[設立] 1947年3月　　[資本金] 1,000億200万円

[社長] 加藤敬太

[事業内容] 住宅、環境・ライフライン、高機能プラスチックス、メディカル、その他

[従業員数] 26,557名（連結）　　[上場市場（証券コード）] 東京《4204》

◎業績

連結　決算期：3月（百万円）		
期別	売上高	純利益
2019年	1,142,713	66,093
2020年	1,129,254	58,931
2021年	1,056,560	41,544

株式会社 ダイセル

[大阪本社] 〒530-0011 大阪市北区大深町 3 - 1　　グランフロント大阪 タワー B

[Tel.] 06-7639-7171　　[URL] https://www.daicel.com

[設立] 1919年9月　　[資本金] 362億7,544万円

[社長] 小河義美

[事業内容] モビリティ、エレクトロニクス、メディカル、コスメ・ヘルスケアなど

[従業員数] 2,597名（41.8歳）　　[上場市場（証券コード）] 東京《4202》

◎業績

連結　決算期：3月（百万円）		
期別	売上高	純利益
2019年	464,859	35,301
2020年	412,826	4,978
2021年	393,568	19,713

帝　　人 株式会社

［**大阪本社**］〒530-8605　大阪市北区中之島３-２-４　中之島フェスティバルタワー・ウエスト

［**Tel.**］06-6233-3401（代表）　　［**URL**］https://www.teijin.co.jp

［**設立**］1918年６月　　［**資本金**］718億3,300万円

［**代表取締役**］鈴木　純（社長執行役員）

［**事業内容**］ポリエステル繊維、アラミド繊維、炭素繊維、ポリカーボネートフィルムほか

［**従業員数**］21,090名（連結）　　［**上場市場（証券コード）**］東京《3401》

◎業績

連結　決算期：３月（百万円）		
期別	売上高	純利益
2019年	888,589	45,057
2020年	853,746	25,252
2021年	836,512	6,662

Ｄ　Ｉ　Ｃ 株式会社

［**本社**］〒103-8233　東京都中央区日本橋３-７-20　ディーアイシービル

［**Tel.**］03-6733-3000（大代表）　　［**URL**］http://www.dic-global.com

［**設立**］1937年３月　　［**資本金**］966億円

［**代表取締役**］猪野　薫（社長執行役員）

［**事業内容**］プリンティングマテリアル、カラーマテリアル、パフォーマンスマテリアルなど

［**従業員数**］3,662名（43.6歳）　　［**上場市場（証券コード）**］東京《4631》

◎業績

連結　決算期：12月（百万円）		
期別	売上高	純利益
2018年	805,498	32,028
2019年	768,568	23,500
2020年	701,223	13,233

デ　ン　カ 株式会社

〒103-8338　東京都中央区日本橋室町２-１-１　日本橋三井タワー

［**Tel.**］03-5290-5055　　［**Fax.**］03-5290-5059　　［**URL**］https://www.denka.co.jp

［**設立**］1915年５月　　［**資本金**］369億9,800万円

［**代表取締役社長**］今井俊夫

［**事業内容**］電子・先端プロダクツ、ライフイノベーション、エラストマー・インフラソリューション、ポリマーソリューション

［**従業員数**］4,166名（40.5歳）　　［**上場市場（証券コード）**］東京《4061》

◎業績

連結　決算期：３月（百万円）		
期別	売上高	純利益
2019年	413,128	25,046
2020年	380,803	22,703
2021年	354,391	22,785

東 洋 紡 株式会社

〒530-8230 大阪市北区堂島浜2-2-8

[Tel.] 06-6348-3111 　　[URL] https://www.toyobo.co.jp

[設立] 1914年6月 　　[資本金] 517億3,000万円

[代表取締役社長] 楢原誠慈(社長執行役員)

[事業内容] フィルム・機能マテリアル、モビリティ、生活・環境・ライフサイエンス分野における
　各種製品の製造、加工、販売ほか

[従業員数] 3,365名(単独)(41.3歳) 　　[上場市場(証券コード)] 東京《3101》

◎業績

連結　決算期：3月（百万円）		
期別	売上高	純利益
2019年	336,698	△603
2020年	339,607	13,774
2021年	110,375	3,864

東 　 レ 株式会社

[東京本社] 〒103-8666 東京都中央区日本橋室町2-1-1　日本橋三井タワー

[Tel.] 03-3245-5111(代表) 　　[URL] https://www.toray.co.jp

[設立] 1926年1月 　　[資本金] 1,478億7,303万771円

[代表取締役社長] 日覺昭廣(社長執行役員)

[事業内容] 繊維事業、環境・エンジニアリング事業、炭素繊維複合材料事業、ライフサイエンス事業ほか

[従業員数] 7,568名(38.5歳) 　　[上場市場(証券コード)] 東京《3402》

◎業績

連結　決算期：3月（百万円）		
期別	売上高	純利益
2019年	2,388,848	79,373
2020年	2,214,633	55,725
2021年	1,883,600	45,794

株式会社 ト ク ヤ マ

[東京本部] 〒101-8618 東京都千代田区外神田1-7-5　フロントプレイス秋葉原

[Tel.] 03-5207-2500 　　[URL] https://www.tokuyama.co.jp

[設立] 1918年2月 　　[資本金] 100億円

[代表取締役] 横田　浩(社長執行役員)

[事業内容] 化成品、セメント、電子材料、ライフサイエンス、環境など

[従業員数] 2,256名(41.5歳) 　　[上場市場(証券コード)] 東京《4043》

◎業績

連結　決算期：3月（百万円）		
期別	売上高	純利益
2019年	324,661	34,279
2020年	316,096	19,937
2021年	302,407	24,534

株式会社 日本触媒

[大阪本社] 〒541-0043 大阪市中央区高麗橋4-1-1 興銀ビル

[Tel.] 06-6223-9111（総務部）　　[URL] http://www.shokubai.co.jp

[東京本社] 〒100-0011 東京都千代田区内幸町1-2-2 日比谷ダイビル　[Tel.] 03-3506-7475

[設立] 1941年8月　　[資本金] 250億3,800万円

[社長] 五嶋祐治朗

[事業内容] 化成品、重合性モノマー、開始剤、ポリマー、微粒子、触媒・環境装置など

[従業員数] 2,391名（38.5歳）　[上場市場（証券コード）] 東京《4114》

◎業績

連結　決算期：3月（百万円）		
期別	売上高	純利益
2019年	349,678	25,012
2020年	302,150	11,094
2021年	273,163	△10,899

富士フイルムホールディングス 株式会社

〒107-0052 東京都港区赤坂9-7-3

[Tel.] 03-6271-1111（大代表）　　[URL] https://holdings.fujifilm.com

[設立] 1934年1月　　[資本金] 403億6,300万円

[代表取締役社長] 後藤禎一（ＣＥＯ）

[従業員数] 73,275名（連結）　　[上場市場（証券コード）] 東京《4901》

◎業績

連結　決算期：3月（百万円）		
期別	売上高	純利益
2019年	2,431,489	138,106
2020年	2,315,141	124,987
2021年	2,192,519	181,205

【主な事業会社】

富士フイルム 株式会社

[URL] https://www.fujifilm.jp　　[主な製造品目] イメージングソリューション、ヘルスケア＆マテリアルズソリューション

富士フイルム富山化学株式会社

[URL] https://www.fujifilm.com/fftc/ja　　[主な製造品目] 医薬品

富士フイルム和光純薬株式会社

[URL] https://www.fujifilm.com/ffwk/ja　　[主な製造品目] 試薬・化成品・臨床検査薬

三菱ガス化学 株式会社

〒100-8324 東京都千代田区丸の内２-５-２ 三菱ビル

[Tel.] 03-3283-5000 　　[URL] https://www.mgc.co.jp

[設立] 1951年４月 　[資本金] 419億7,000万円

[社長] 藤井政志

[事業内容] 天然ガス系化学品、芳香族化学品、機能化学品、電子材料など

[従業員数] 2,427名(40.8歳) 　[上場市場(証券コード)] 東京《4182》

◎業績

連結 決算期：３月（百万円）		
期別	売上高	純利益
2019年	648,986	55,000
2020年	613,344	21,158
2021年	595,718	36,070

持株会社

アサヒグループホールディングス株式会社

[本部] 〒130-8602 東京都墨田区吾妻橋1-23-1

[Tel.] 0570-00-5112

[URL] https://www.asahigroup-holdings.com

[設立] 1949年9月

[資本金] 2,200億4,400万円

[社長] 勝木敦志(CEO)

◎業績 [連結]
　2020年12月期　売上収益2,027,762(百万円)

[事業内容] グループの経営戦略・経営管理

[主なグループ会社] アサヒビール、ニッカウヰスキー、アサヒ飲料ほか

[従業員数] 29,850名(連結)

[上場市場(証券コード)] 東京《2502》

ENEOSホールディングス株式会社

〒100-8161 東京都千代田区大手町1-1-2

[Tel.] 03-6257-5050

[URL] https://www.hd.eneos.co.jp

[設立] 2010年4月

[資本金] 1,000億円

[社長] 大田勝幸(社長執行役員)

◎業績 [連結]
　2021年3月期　売上高7,658,011(百万円)

[事業内容] 事業を行う子会社およびグループ会社の経営管理ならびにこれに付帯する業務

[主なグループ会社] ENEOS(エネルギー事業)、JX石油開発(石油・天然ガス開発事業)、JX金属(金属事業)

[従業員数] 40,753名(連結)

[上場市場(証券コード)] 東京　名古屋《5020》

大塚ホールディングス 株式会社

〒108-8241 東京都港区港南2-16-4　品川グランドセントラルタワー

[Tel.] 03-6717-1410

[URL] https://www.otsuka.com

[設立] 2008年7月

[資本金] 816億9,000万円

[社長] 樋口達夫(CEO)

◎業績 [連結]
　2020年12月期　売上高1,422,826(百万円)

[事業内容] 持株会社

[主なグループ会社] 大塚製薬、大塚製薬工場、大鵬薬品工業、大塚倉庫、大塚化学、大塚メディカルデバイス

[従業員数] 33,151名(連結)

[上場市場(証券コード)] 東京《4578》

キリンホールディングス 株式会社

〒164-0001 東京都中野区中野4-10-2　中野セントラルパークサウス

[Tel.] 03-6837-7000

[URL] https://www.kirinholdings.com

[設立] 1907年2月

[資本金] 1,020億4,579万3,357円

[社長] 磯崎功典

◎業績 [連結]
　2020年12月期　売上収益1,849,545(百万円)

[事業内容] グループの経営戦略・経営管理

[主なグループ会社] キリンビール、協和キリン

[従業員数] 30,131名（連結）

[上場市場（証券コード）] 全国4市場《2503》

コスモエネルギーホールディングス 株式会社

〒105-8302　東京都港区芝浦1-1-1　浜松町ビル

[Tel.] 03-3798-7545

[URL] https://ceh.cosmo-oil.co.jp

[設立] 2015年10月

[資本金] 400億円

[社長] 桐山　浩（社長執行役員）

◎業績 [連結]

2021年3月期　売上高 2,233,250（百万円）

[事業内容] 総合石油事業等を行う傘下グループ会社の経営管理およびそれに付帯する業務

[主なグループ会社] コスモエネルギー開発、コスモ石油、コスモ石油マーケティング

[従業員数] 7,086名（連結）

[上場市場（証券コード）] 東京《5021》

サッポロホールディングス 株式会社

〒150-8522　東京都渋谷区恵比寿4-20-1

[Tel.] 03-5423-7407

[URL] https://www.sapporoholdings.jp

[設立] 1949年9月

[資本金] 538億8,700万円

[社長] 尾賀真城

◎業績 [連結]

2020年12月期　売上高 434,723（百万円）

[事業内容] 持株会社

[主なグループ会社] サッポロビール、ポッカサッポロフード＆ビバレッジ

[従業員数] 7,592名（連結）

[上場市場（証券コード）] 東京　札幌《2501》

ＪＦＥホールディングス 株式会社

〒100-0011　東京都千代田区内幸町2-2-3

[Tel.] 03-3597-4321

[URL] https://www.jfe-holdings.co.jp

[設立] 2002年9月

[資本金] 1,471億4,300万円

[社長] 柿木厚司（CEO）

◎業績 [連結]

2021年3月期　売上高3,227,285（百万円）

[事業内容] グループの戦略機能、リスク管理、対外説明責任

[主なグループ会社] ＪＦＥスチール、ＪＦＥエンジニアリング、ＪＦＥ商事

[従業員数] 52名（単独）　64,371名（連結）

[上場市場（証券コード）] 東京　名古屋《5411》

宝ホールディングス 株式会社

〒600-8688　京都市下京区四条通烏丸東入長刀鉾町20　四条烏丸ＦＴスクエア

[Tel.] 075-241-5130（大代表）

[URL] https://www.takara.co.jp

[設立] 1925年9月

[資本金] 132億2,600万円

[社長] 木村　睦

◎業績 [連結]

2021年3月期　売上高278,443（百万円）

[業務内容] 子会社の事業活動の支配・管理、不動産の賃貸借・管理、工業所有権の取得・維持・管理・使用許諾・譲渡など

[主なグループ会社] 宝酒造、タカラバイオ

[従業員数] 4,748名（連結）

[上場市場（証券コード）] 東京《2531》

DOWAホールディングス 株式会社

〒101-0021　東京都千代田区外神田4-14-1秋葉原ＵＤＸビル22階

[Tel.] 03-6847-1100

[URL] http://www.dowa.co.jp

[設立] 1937年3月

[資本金] 364億3,700万円

[社長] 関口　明

◎業績 [連結]

　2021年3月期　売上高 588,003（百万円）

[事業内容] 製錬事業、環境・リサイクル事業、電子材料事業、金属加工事業、熱処理事業

[主なグループ会社] DOWAメタルマイン、DOWAエコシステム、DOWAエレクトロニクス、DOWAメタルテックほか

[従業員数] 7,258名（連結）

[上場市場（証券コード）] 全国4市場《5714》

東洋インキSCホールディングス 株式会社

〒104-8377　東京都中央区京橋2-2-1　京橋エドグラン

[Tel.] 03-3272-5731（代表）

[URL] https://schd.toyoinkgroup.com

[設立] 1907年1月

[資本金] 317億3,349万6,860円

[社長] 髙島　悟

◎業績 [連結]

　2020年12月期　売上高 257,675（百万円）

[事業内容] グループ戦略立案および各事業会社の統括管理

[主なグループ会社] 東洋インキ、トーヨーケム

[従業員数] 8,107名（連結）

[上場市場（証券コード）] 東京《4634》

日清紡ホールディングス 株式会社

〒103-8650　東京都中央区日本橋人形町2-31-11

[Tel.] 03-5695-8833（代表）

[URL] https://www.nisshinbo.co.jp

[設立] 1907年2月

[資本金] 276億9,800万円

[社長] 村上雅洋

◎業績 [連結]

　2020年12月期　売上高 457,051（百万円）

[事業内容] 繊維製品、ブレーキ製品、精密機器、化学品、無線・通信／マイクロデバイスなど

[主なグループ会社] 日清紡テキスタイル、日清紡ブレーキ、日清紡メカトロニクス、日清紡ケミカル、日本無線ほか

[従業員数] 21,704名（連結）

[上場市場（証券コード）] 全国4市場《3105》

日本軽金属ホールディングス 株式会社

〒105-8681　東京都港区新橋一丁目1番13号アーバンネット内幸町ビル

[Tel.] 03-6810-7100

[URL] https://www.nikkeikinholdings.co.jp/

[設立] 2012年11月

[資本金] 465億2,500万14円

[社長] 岡本一郎

◎業績 [連結]

　2021年3月期　売上高 432,568（百万円）

[事業内容] 子会社等の経営管理およびそれに附帯または関連する業務

[主なグループ会社] 日本軽金属、日軽パネルシステム、日本電極、東洋アルミニウムほか

[従業員数] 13,162名（連結）

[上場市場（証券コード）] 東京《5703》

日 本 製 紙 株式会社

〒101-0062　東京都千代田区神田駿河台4-6御茶ノ水ソラシティ

[Tel.] 03-6665-1111

[URL] https://www.nipponpapergroup.com

[設立] 1949年8月

[資本金] 1,048億7,300万円

[社長] 野沢　徹（社長執行役員）

◎業績 [連結]

　2021年3月期　売上高 1,007,339（百万円）

[事業内容] 紙パルプ、紙関連、ケミカル・エ
ネルギー、木材・建材関連ほか

[主なグループ会社] 日本製紙クレシア、日本
製紙パピリア

[従業員数] 16,156名（連結）

[上場市場（証券コード）] 東京《3863》

日本ペイントホールディングス　株式会社

〒531-8511　大阪市北区大淀北2-1-2

[Tel.] 06-6458-1111（代表）

[URL] https://www.nipponpaint-holdings.com

[設立] 1898年3月

[資本金] 6,714億3,200万円

[代表取締役社長] 若月雄一郎、ウィー・シュー
キム（代表執行役共同社長）

◎業績 [連結]

　2020年12月期　売上高781,146（百万円）

[事業内容] グループ戦略立案および各事業会
社の統括管理

[主なグループ会社] 日本ペイント・オートモー
ティブコーティングス、日本ペイント、日本
ペイント・インダストリアルコーティングス、
日本ペイント・サーフケミカルズ、日本ペイ
ントマリン

[従業員数] 27,318名（連結）

[上場市場（証券コード）] 東京《4612》

ハリマ化成グループ　株式会社

[大阪本社]　〒541-0042　大阪市中央区今橋
4-4-7

[Tel.] 06-6201-2461

[URL] https://www.harima.co.jp

[設立] 1947年11月

[資本金] 100億円

[社長] 長谷川吉弘

◎業績 [連結]

　2021年3月期　売上高 62,850（百万円）

[業務内容] トール脂肪酸、製紙用サイズ剤、
表面塗工剤、紙力増強剤ほか

[主な関係会社] ハリマ化成、ハリマエムアイ
ディ、ハリマ化成商事、日本フィラーメタル
ズ、セブンリバーほか

[従業員数] 1,427名（連結）

[上場市場（証券コード）] 東京《4410》

古河機械金属　株式会社

〒100-8370　東京都千代田区丸の内2-2-3
丸の内仲通りビル

[Tel.] 03-3212-6570

[URL] https://www.furukawakk.co.jp

[設立] 1918年4月

[資本金] 282億818万円

[社長] 中戸川 稔

◎業績 [連結]

　2021年3月期　売上高 159,702（百万円）

[事業内容] 産業機械事業、金属事業、電子材料
事業など

[主なグループ会社] 古河ケミカルズ

[従業員数] 2,752名（連結）

[上場市場（証券コード）] 東京《5715》

明治ホールディングス　株式会社

〒104-0031　東京都中央区京橋2-4-16

[Tel.] 03-3273-4001（代表）

[URL] https://www.meiji.com

[設立] 2009年4月

[資本金] 300億円

[社長] 川村和夫

◎業績 [連結]

2021年3月期　売上高1,191,765（百万円）

[**事業内容**] 食品、薬品等の製造、販売等を行
　う子会社等の経営管理およびそれに付帯また
　は関連する事業

[**主なグループ会社**] 明治、Meiji Seikaファルマ

[**従業員数**] 17,832人（連結）

[**上場市場（証券コード）**] 東京《2269》

製造業者

ア キ レ ス 株式会社

〒169-8885　東京都新宿区北新宿 2 -21- 1
新宿フロントタワー

[Tel.] 03-5338-9200

[URL] https://www.achilles.jp

[設立] 1947年 5 月

[資本金] 146億4,000万円

[社長] 伊藤　守

◎業績［連結］

2021年 3 月期　売上高73,617（百万円）

[主な製造品目] シューズ、プラスチック、産
業資材など

[従業員数] 1,662名（連結）

[上場市場（証券コード）] 東京《5142》

アステラス製薬 株式会社

〒103-8411　東京都中央区日本橋本町 2 - 5 - 1

[Tel.] 03-3244-3000（代表）

[URL] https://www.astellas.com/jp/ja

[設立] 1939年 3 月

[資本金] 1,030億100万円

[社長] 安川健司

◎業績［連結］

2021年 3 月期　売上高1,249,528（百万円）

[主な製造品目] 医薬品

[従業員数] 15,455名（連結）

[上場市場（証券コード）] 東京《4503》

味　の　素　株式会社

〒104-8315　東京都中央区京橋 1 -15- 1

[Tel.] 03-5250-8111（代表）

[URL] https://www.ajinomoto.co.jp

[設立] 1925年12月

[資本金] 798億6,300万円

[社長] 西井孝明（最高経営責任者）

◎業績［連結］

2021年 3 月期　売上高1,071,453（百万円）

[主な製造品目] 日本食品、海外食品、ライフ
サポート、ヘルスケア

[従業員数] 3,184名（単体）

[上場市場（証券コード）] 東京《2802》

荒川化学工業 株式会社

〒541-0046　大阪市中央区平野町 1 - 3 - 7

[Tel.] 06-6209-8500（ダイヤルイン案内台）

[URL] https://www.arakawachem.co.jp

[設立] 1956年 9 月

[資本金] 33億4,300万円

[社長] 宇根高司

◎業績［連結］

2021年 3 月期　売上高70,572（百万円）

[主な製造品目] 製紙用薬品、印刷インキ用樹脂、
粘着・接着剤用樹脂、電子材料の中間素材な
ど

[従業員数] 793名（個別）　1,593名（連結）

[上場市場（証券コード）] 東京《4968》

イ ビ デ ン 株式会社

〒503-8604　岐阜県大垣市神田町 2 - 1

[Tel.] 0584-81-3111（大代表）

[URL] https://www.ibiden.co.jp

［設立］1912年11月

［資本金］641億5,200万円

［社長］青木武志

◎業績［連結］

　2021年3月期　売上高323,461（百万円）

［主な製造品目］ICパッケージ基板、プリント
　配線板、SiC-DPF、特殊炭素製品など

［従業員数］3,504名

［上場市場（証券コード）］東京　名古屋《4062》

石 原 産 業 株式会社

〒550-0002　大阪市西区江戸堀1-3-15

［Tel.］06-6444-1451

［URL］https://www.iskweb.co.jp

［設立］1949年6月

［資本金］434億2,000万円

［社長］髙橋英雄

◎業績［連結］

　2021年3月期　売上高101,774（百万円）

［主な製造品目］酸化チタン、機能性材料、環境
　商品、遮熱材料、農薬、有機中間体など

［従業員数］1,149名

［上場市場（証券コード）］東京《4028》

出 光 興 産 株式会社

〒100-8321　東京都千代田区大手町1-2-1

［Tel.］03-3213-9307

［URL］https://www.idemitsu.com

［設立］1940年3月

［資本金］1,683億5,100万円

［社長］木藤俊一

◎業績［連結］

　2021年3月期　売上高4,556,620（百万円）

［主な製造品目］燃料油、基礎化学品、高機能剤、
　電力・再生可能エネルギー、資源

［従業員数］5,192名（単体）

［上場市場（証券コード）］東京《5019》

エ ー ザ イ 株式会社

〒112-8088　東京都文京区小石川4-6-10

［Tel.］03-3817-3700

［URL］https://www.eisai.co.jp

［設立］1941年12月

［資本金］449億8,600万円

［取締役］内藤晴夫（代表執行役ＣＥＯ）

◎業績［連結］

　2021年3月期　売上高645,942（百万円）

［主な製造品目］医薬品

［従業員数］3,005名

［上場市場（証券コード）］東京《4523》

エア・ウォーター 株式会社

［本社］〒542-0081　大阪市中央区南船場2-
　12-8

［Tel.］06-6252-5411

［URL］https://www.awi.co.jp

［設立］1929年9月

［資本金］558億5,500万円

［社長］白井清司

◎業績［連結］

　2021年3月期　売上高806,630（百万円）

［主な製造品目］産業ガス関連事業、ケミカル
　関連事業、医療関連事業、エネルギー関連事
　業、農業・食品関連事業、その他の事業

［従業員数］853名（単体）　18,843名（連結）

［上場市場（証券コード）］東京　札幌《4088》

関西ペイント 株式会社

〒541-8523　大阪市中央区今橋2-6-14

［Tel.］06-6203-5531（ダイヤルイン）

［URL］https://www.kansai.co.jp

［設立］1918年5月

［資本金］256億5,800万円

［社長］毛利訓士

◎**業績**［連結］

　2021年３月期　売上高364,620（百万円）

［**主な製造品目**］各種塗料の製造・販売、配色
　設計、バイオ関連製品および電子材料関連製
　品の製造・販売

［**従業員数**］15,908名（連結）

［**上場市場(証券コード)**］東京《4613》

関東電化工業 株式会社

〒100-0005　東京都千代田区丸の内２−３−２
　郵船ビルディング

［**Tel.**］03-4236-8801

［**URL**］https://www.kantodenka.co.jp

［**設立**］1938年９月

［**資本金**］28億7,700万円

［**社長**］長谷川淳一

◎**業績**［連結］

　2021年３月期　売上高51,927（百万円）

［**主な製造品目**］無機製品、有機製品、特殊ガ
　ス製品、電池材料その他製品、鉄系製品など

［**従業員数**］651名

［**上場市場(証券コード)**］東京《4047》

京　セ　ラ　株式会社

〒612-8501　京都市伏見区竹田鳥羽殿町6

［**Tel.**］075-604-3500（代表）

［**URL**］https://www.kyocera.co.jp

［**設立**］1959年４月

［**資本金**］1,157億300万円

［**社長**］谷本秀夫

◎**業績**［連結］

　2021年３月期　売上高1,526,893（百万円）

［**主な製造品目**］ファインセラミック部品関連、
　半導体部品関連、ファインセラミックス応用
　品関連など

［**従業員数**］19,865名（京セラ単体）

［**上場市場(証券コード)**］東京《6971》

協和キリン 株式会社

〒100-0004　東京都千代田区大手町１−９−２
　大手町フィナンシャルシティグランキューブ

［**Tel.**］03-5205-7200（代表）

［**URL**］https://www.kyowakirin.co.jp

［**設立**］1949年７月

［**資本金**］267億4,500万円

［**社長**］宮本昌志

◎**業績**［連結］

　2020年12月期　売上高318,352（百万円）

［**主な製造品目**］医療用医薬品など

［**従業員数**］5,506名（連結）　3,752名（単体）

［**上場市場(証券コード)**］東京《4151》

クラボウ（倉敷紡績 株式会社）

〒541-8581　大阪市中央区久太郎町２−４-31

［**Tel.**］06-6266-5111（代表）

［**URL**］https://www.kurabo.co.jp

［**設立**］1888年３月

［**資本金**］220億4,000万円

［**社長**］藤田晴哉

◎**業績**［連結］

　2021年３月期　売上高122,184（百万円）

［**主な製造品目**］繊維事業、化成品事業、環境
　メカトロニクス事業、食品サービス事業ほか

［**従業員数**］4,313名（グループ）

［**上場市場(証券コード)**］東京《3106》

群栄化学工業 株式会社

〒370-0032　群馬県高崎市宿大類町700

［**Tel.**］027-353-1818（代表）

［**URL**］https://www.gunei-chemical.co.jp

［**設立**］1946年１月

［**資本金**］50億円

［**社長**］有田喜一郎

◎**業績**［連結］

2021年3月期　売上高25,194（百万円）

[主な製造品目] 工業用フェノール樹脂、鋳物用粘結剤、高機能繊維など

[従業員数] 332名（単体）

[上場市場（証券コード）] 東京《4229》

株式会社 神戸製鋼所

[神戸本社] 〒651-8585　兵庫県神戸市中央区脇浜海岸通2-2-4

[Tel.] 078-261-5111（大代表）

[URL] https://www.kobelco.co.jp

[設立] 1911年6月

[資本金] 2,509億3,000万円

[社長] 山口　貢

◎業績 [連結]

　2021年3月期　売上高1,705,566（百万円）

[主な製造品目] 鋼材、加工製品ほか、溶接材料、アルミ圧延品、銅圧延品など

[従業員数] 11,837名

[上場市場（証券コード）] 東京　名古屋《5406》

サカタインクス 株式会社

[大阪本社] 〒550-0002　大阪市西区江戸堀1-23-37

[Tel.] 06-6447-5811（代表）

[URL] http://www.inx.co.jp

[設立] 1920年9月

[資本金] 74億7,200万円

[社長] 上野吉昭

◎業績 [連結]

　2020年12月期　売上高161,507（百万円）

[主な製造品目] 各種印刷インキ・補助剤の製造・販売、印刷用・製版用機材の販売ほか

[従業員数] 853名

[上場市場（証券コード）] 東京《4633》

株式会社 Ｊ　Ｓ　Ｐ

〒100-0005　東京都千代田区丸の内3-4-2
新日石ビル

[Tel.] 03-6212-6300

[URL] https://www.co-jsp.co.jp

[設立] 1962年1月

[資本金] 101億2,800万円

[社長] 大久保知彦

◎業績 [連結]

　2021年3月期　売上高102,668（百万円）

[主な製造品目] 発泡プラスチック、その他合成樹脂製品など

[従業員数] 775名

[上場市場（証券コード）] 東京《7942》

塩野義製薬 株式会社

〒541-0045　大阪市中央区道修町3-1-8

[Tel.] 06-6202-2161（大代表）

[URL] https://www.shionogi.co.jp

[設立] 1919年6月

[資本金] 212億7,974万2,717円

[社長] 手代木功

◎業績 [連結]

　2021年3月期　売上高297,117（百万円）

[主な製造品目] 医薬品、臨床検査薬・機器ほか

[従業員数] 5,485名（連結）

[上場市場（証券コード）] 東京《4507》

株式会社 資　生　堂

〒104-0061　東京都中央区銀座7-5-5

[Tel.] 03-3572-5111（代表）

[URL] https://corp.shiseido.com/jp/

[設立] 1927年6月

[資本金] 645億600万円

[代表取締役] 魚谷雅彦（執行役員社長；ＣＥＯ）

◎業績［連結］

2020年12月期　売上高920,888（百万円）

［主な製造品目］化粧品、トイレタリー製品、医薬品などの製造・販売

［従業員数］39,035名（連結）

［上場市場（証券コード）］東京《4911》

城北化学工業　株式会社

〒150-0013　東京都渋谷区恵比寿 1 - 3 - 1　朝日生命恵比寿ビル 5 階

［Tel.］03-5447-5760（代表）

［URL］http://www.johoku-chemical.com

［設立］1958年 4 月

［資本金］ 1 億1,000万円

［社長］大田友昭

［主な製造品目］亜リン酸エステル、酸性リン酸エステル類ほかリン化合物、ベンゾトリアゾール系紫外線吸収剤、ベンゾトリアゾール系防錆剤など

［従業員数］110名

昭和電工マテリアルズ株式会社

〒1100-6606　東京都千代田区丸の内 1 - 9 - 2　グラントウキョウサウスタワー

［Tel.］03-5533-7000

［URL］http://www.mc.showadenko.com

［設立］1962年10月

［資本金］155億円

［取締役社長］丸山　寿

［主な製造品目］機能材料、先端部品・システム

［従業員数］6,872名

［上場市場（証券コード）］東京《4217》

住友金属鉱山　株式会社

〒105-8716　東京都港区新橋 5 -11- 3　新橋

住友ビル

［Tel.］03-3436-7701（ダイヤルイン受付台）

［URL］https://www.smm.co.jp

［設立］1950年 3 月

［資本金］932億4,200万円

［社長］野崎　明

◎業績［連結］

2021年 3 月期　売上高926,122（百万円）

［主な製造品目］資源事業、製錬事業、材料事業

［従業員数］7,072名（連結）

［上場市場（証券コード）］東京《5713》

住友ゴム工業　株式会社

〒651-0072　兵庫県神戸市中央区脇浜町 3 - 6 - 9

［Tel.］078-265-3000

［URL］https://www.srigroup.co.jp

［設立］1917年 3 月

［資本金］426億5,800万円

［社長］山本　悟

◎業績［連結］

2020年12月期　売上高790,817（百万円）

［主な製造品目］タイヤ、精密ゴム部品、体育施設など

［従業員数］7,371名

［上場市場（証券コード）］東京《5110》

住　友　精　化　株式会社

［本社（大阪）］〒541-0041　大阪市中央区北浜 4 - 5 -33　住友ビル

［Tel.］06-6220-8508（ダイヤルイン総務人事室）

［Fax.］06-6220-8541

［設立］1944年 7 月

［資本金］96億9,800万円

［社長］小川育三

◎業績［連結］

　2021年3月期　売上高103,254（百万円）

［主な製造品目］吸水性樹脂、機能化学品、ガ
　スなど

［従業員数］1,022名

［上場市場（証券コード）］東京《4008》

住友電気工業 株式会社

［本社（大阪）］〒541-0041　大阪市中央区北浜
　4-5-33　住友ビル

［Tel.］06-6220-4141（大代表）

［URL］https://sumitomoelectric.com

［設立］1911年8月

［資本金］997億3,700万円

［代表取締役社長］井上　治

◎業績［連結］

　2021年3月期　売上高2,918,580（百万円）

［主な製造品目］電線・ケーブル、特殊金属線、
　粉末合金製品、ハイブリッド製品、その他

［従業員数］6,136名

［上場市場（証券コード）］東京　名古屋　福岡
　《5802》

住友ベークライト 株式会社

〒140-0002　東京都品川区東品川2-5-8
　天王洲パークサイドビル

［Tel.］03-5462-4111

［URL］https://www.sumibe.co.jp

［設立］1932年1月

［資本金］371億4,300万円

［代表取締役］藤原一彦（社長執行役員）

◎業績［連結］

　2021年3月期　売上高289,002（百万円）

［主な製造品目］半導体、高機能プラスチック、
　ヘルスケア関連製品

［従業員数］7,937名（連結）　1,612名（単体）

［上場市場（証券コード）］東京《4203》

住 友 理 工 株式会社

［グローバル本社］〒450-6316　愛知県名古屋
　市中村区名駅1-1-1　ＪＰタワー名古屋

［Tel.］052-571-0200

［URL］https://www.sumitomoriko.co.jp

［設立］1929年12月

［資本金］121億4,500万円

［社長］清水和志（執行役員社長）

◎業績［連結］

　2021年3月期　売上高397,940（百万円）

［主な製造品目］各種防振ゴム、ホース、その
　他工業用ゴム製品、各種樹脂製品

［従業員数］25,127名（連結）

［上場市場（証券コード）］東京　名古屋《5191》

セントラル硝子 株式会社

〒101-0054　東京都千代田区神田錦町3-7-
　1　興和一橋ビル

［Tel.］03-3259-7111

［URL］https://www.cgco.co.jp

［設立］1936年10月

［資本金］181億6,800万円

［代表取締役］清水　正（社長執行役員）

◎業績［連結］

　2021年3月期　売上高190,673（百万円）

［主な製造品目］ガラス製品、ガラス繊維製品、
　化学品、電子部品、医療器具など

［従業員数］6,053名（連結）

［上場市場（証券コード）］東京《4044》

積水化成品工業 株式会社

〒530-8565　大阪市北区西天満2-4-4　堂
　島関電ビル

［Tel.］06-6365-3014

［URL］https://www.sekisuikasei.com

［設立］1959年10月

[資本金] 165億3,300万円

[社長] 柏原正人

◎業績 [連結]

　2021年3月期　売上高118,851（百万円）

[主な製造品目] 農水産資材、食品包装材、流通資材、建築資材、土木資材、自動車部材、車輌部品梱包材、産業包装材など

[従業員数] 424名

[上場市場（証券コード）] 東京《4228》

ダイキン工業　株式会社

〒530-8323　大阪市北区中崎西2-4-12　梅田センタービル

[Tel.] 06-6373-4312

[URL] https://www.daikin.co.jp

[設立] 1934年2月

[資本金] 850億3,243万6,655円

[代表取締役社長] 十河政則（ＣＥＯ）

◎業績 [連結]

　2021年3月期　売上高2,493,386（百万円）

[主な製造品目] フッ素樹脂、フッ素ゴム、空調・冷凍機ほか

[従業員数] 84,870名（連結）

[上場市場（証券コード）] 東京《6367》

大 正 製 薬　株式会社

〒170-8633　東京都豊島区高田3-24-1

[Tel.] 03-3985-1111

[URL] https://www.taisho.co.jp

[設立] 1928年5月

[資本金] 298億3,700万円

[社長] 上原　茂

◎業績 [連結]

　2021年3月期　売上高190,156（百万円）

[主な製造品目] 医療用医薬品、OTC医療品など

[従業員数] 2,885名

大日精化工業　株式会社

〒103-8383　東京都中央区日本橋馬喰町1-7-6

[Tel.] 03-3662-7111

[URL] https://www.daicolor.co.jp

[設立] 1939年12月

[資本金] 100億3,900万円

[社長] 高橋弘二

◎業績 [連結]

　2021年3月期　売上高138,491（百万円）

[主な製造品目] 有機・無機顔料及び加工顔料、プラスチック用着色剤、印刷インキ・コーティング材など

[従業員数] 1,483名

[上場市場（証券コード）] 東京《4116》

大日本住友製薬　株式会社

[大阪本社] 〒541-0045　大阪市中央区道修町2-6-8

[Tel.] 06-6203-5321（代表）

[URL] https://www.ds-pharma.co.jp（日本語）
　　　 https://www.ds-pharma.com（英語）

[設立] 1897年5月

[資本金] 224億円

[代表取締役社長] 野村　博

◎業績 [連結]

　2021年3月期　売上高515,952（百万円）

[主な製造品目] 医療用医薬品、食品素材、食品添加物、動物用医薬品など

[従業員数] 3,109名

[上場市場（証券コード）] 東京《4506》

大日本塗料　株式会社

〒552-0081　大阪市中央区南船場1-18-11

[Tel.] 06-6266-3100

[URL] http://www.dnt.co.jp

［設立］1929年7月

［資本金］88億2,736万9,650円

［社長］里　隆幸

◎業績［連結］

　2021年3月期　売上高62,475（百万円）

［主な製造品目］塗料、ジェットインク、その他（各種塗装機器・装置、塗装工事など）

［従業員数］719名

［上場市場（証券コード）］東京《4611》

第一工業製薬 株式会社

〒601-8391 京都市南区吉祥院大河原町5

［Tel.］075-323-5911

［URL］https://www.dks-web.co.jp

［設立］1918年8月

［資本金］88億9,500万円

［会長・社長］坂本隆司

◎業績［連結］

　2021年3月期　売上高59,140（百万円）

［主な製造品目］アニオン・カチオン・非イオン・両性界面活性剤、難燃剤、セルロース系高分子、ショ糖脂肪酸エステルなど

［従業員数］1,061名（連結）　580名（単独）

［上場市場（証券コード）］東京《4461》

第 一 三 共 株式会社

〒103-8426 東京都中央区日本橋本町3-5-1

［Tel.］03-6225-1111（代表）

［URL］https://www.daiichisankyo.co.jp

［設立］2005年9月

［資本金］500億円

［社長］眞鍋　淳（ＣＥＯ）

◎業績［連結］

　2021年3月期　売上高962,516（百万円）

［主な製造品目］医療用医薬品の研究開発、製造・販売など

［従業員数］16,033名（連結）

［上場市場（証券コード）］東京《4568》

高砂香料工業 株式会社

〒144-8721　東京都大田区蒲田5-37-1
　ニッセイアロマスクエア17階

［Tel.］03-5744-0511

［URL］https://www.takasago.com/ja

［設立］1920年2月

［資本金］92億4,800万円

［社長］桝村　聡

◎業績［連結］

　2021年3月期　売上高150,367（百万円）

［主な製造品目］フレーバー、フレグランス、アロマイングレディエンツなど

［従業員数］1,030名

［上場市場（証券コード）］東京《4914》

武田薬品工業 株式会社

［グローバル本社］〒103-8668　東京都中央区
　日本橋本町2-1-1

［Tel.］03-3278-2111（代表）

［URL］https://www.takeda.com/ja-jp

［設立］1925年1月

［資本金］1兆6,681億4,500万円

［社長］C.ウェバー（ＣＥＯ）

◎業績［連結］

　2021年3月期　売上高3,197,812（百万円）

［主な製造品目］医薬品の製造・販売

［従業員数］5,350名

［上場市場（証券コード）］全国4市場《4502》

TOYO TIRE 株式会社

［本社］〒664-0847　兵庫県伊丹市藤ノ木2-2-13

［Tel.］072-789-9100（代表）

［URL］https://www.toyotires.co.jp

[設立] 1943年12月

[資本金] 559億3500万円

[代表取締役] 清水隆史

◎業績 [連結]

　　2020年12月期　売上高343,764（百万円）

[主な製造品目] 各種タイヤ、その他関連製品、
　　自動車部品

[従業員数] 11,258名（連結）

[上場市場（証券コード）] 東京《5105》

東 亞 合 成 株式会社

〒105-8419 東京都港区西新橋 1-14-1

[Tel.] 03-3597-7215

[URL] http://www.toagosei.co.jp

[設立] 1942年3月

[資本金] 208億8,600万円

[社長] 髙村美己志

◎業績 [連結]

　　2020年12月期　売上高133,392（百万円）

[主な製造品目] 基幹化学品、ポリマー・オリ
　　ゴマー、接着材料、高機能無機材料、樹脂加
　　工製品など

[従業員数] 2,547名（連結）　1,303名（単体）

[上場市場（証券コード）] 東京《4045》

東 洋 炭 素 株式会社

〒555-0011 大阪市西淀川区竹島 5-7-12

[Tel.] 06-6472-5811

[URL] https://www.toyotanso.co.jp

[設立] 1947年7月

[資本金] 79億4700万円

[会長・社長] 近藤尚孝

◎業績 [連結]

　　2020年12月期　売上高31,226（百万円）

[主な製造品目] 高機能カーボン製品

[従業員数] 820名

[上場市場（証券コード）] 東京《5310》

豊 田 合 成 株式会社

〒452-8564 愛知県清須市春日長畑1

[Tel.] 052-400-1055

[URL] https://www.toyoda-gosei.co.jp

[設立] 1949年6月

[資本金] 280億4,600万円

[社長] 小山 享

◎業績 [連結]

　　2021年3月期　売上高721,498（百万円）

[主な製造品目] 自動車部品（ウェザトリップ製
　　品・機能部品・内外装部品・セーフティシス
　　テム製品）及びオプトエレクトロニクス製品・
　　特機製品など

[従業員数] 6,526名（単独）

[上場市場（証券コード）] 東京　名古屋《7282》

ニ ッ タ 株式会社

〒556-0022 大阪市浪速区桜川 4-4-26

[Tel.] 06-6563-1211

[URL] https://www.nitta.group.com

[設立] 1945年2月

[資本金] 80億6,000 万円

[社長] 石切山靖順

◎業績 [連結]

　　2021年3月期　売上高78,697（百万円）

[主な製造品目] 伝動用ベルト、搬送用ベルト、
　　カーブコンベヤなどの搬送システム、樹脂
　　チューブ・ホースなど

[従業員数] 3,001名（連結）

[上場市場（証券コード）] 東京《5186》

ニッパツ（日本発条 株式会社）

〒236-0004 神奈川県横浜市金沢区福浦3-10

[Tel.] 045-786-7511

[URL] https://www.nhkspg.co.jp

[設立] 1939年9月

［資本金］170億957万円

［社長］茅本隆司

◎業績［連結］

　2021年３月期　売上高572,639（百万円）

［主な製造品目］自動車用懸架ばね、自動車用
　シート、精密ばねなど

［従業員数］5,061名

［上場市場（証券コード）］東京《5991》

日　　　油　株式会社

〒150-6019　東京都渋谷区恵比寿 4 -20- 3
　恵比寿ガーデンプレイスタワー

［Tel.］03-5424-6600（代表）

［URL］https://www.nof.co.jp

［設立］1949年７月

［資本金］177億4,200万円

［社長］宮道建臣

◎業績［連結］

　2021年３月期　売上高172,645（百万円）

［主な製造品目］油化事業、化成事業、化薬事業、
　食品事業、ライフサイエンス事業、ＤＤＳ事
　業、防錆事業など

［従業員数］1,715名

［上場市場（証券コード）］東京《4403》

日産化学　株式会社

〒103-6119　東京都中央区日本橋 2 - 5 - 1

［Tel.］03-4463-8111

［URL］https://www.nissanchem.co.jp

［設立］1921年４月

［資本金］189億4,200万円

［社長］八木晋介

◎業績［連結］

　2021年３月期　売上高209,121（百万円）

［主な製造品目］化学品、機能性材料、農業化
　学品、医薬品

［従業員数］1,924名

［上場市場（証券コード）］東京《4021》

日鉄ケミカル＆マテリアル株式会社

〒103-0027　東京都中央区日本橋 1 -13- 1
　日鉄日本橋ビル

［Tel.］03-3510-0301

［URL］https://www.nscm.nipponsteel.com

［設立］1956年10月

［資本金］50億円

［社長］榮　敏治

◎業績［連結］

　2021年３月期　売上高178,700（百万円）

［主な製造品目］コールケミカル、化学品、機
　能材料、炭素繊維複合材など

［従業員数］3,200名（連結）

日本板硝子　株式会社

［東京本社］〒108-6321　東京都港区三田 3 -
　5 -27　住友不動産三田ツインビル西館

［Tel.］03-5443-9522

［URL］http://www.nsg.co.jp

［設立］1918年11月

［資本金］1,166億4,300万円

［代表者］森　重樹（代表執行役社長；ＣＥＯ）

◎業績［連結］

　2021年３月期　売上高499,224（百万円）

［主な製造品目］建築用ガラス、自動車用ガラス、
　情報通信デバイスなど

［従業員数］1,980名

［上場市場（証券コード）］東京《5202》

日本カーボン　株式会社

〒104-0032　東京都中央区八丁堀 1 -10- 7
　TMG八丁堀ビル

［Tel.］03-6891-3730（大代表）

［URL］https://www.carbon.co.jp

［設立］1915年12月

［資本金］74億277万円

［社長］宮下尚史

◎業績［連結］

　2020年12月期　売上高26,802（百万円）

［主な製造品目］電気製鋼炉用人造黒鉛電極、半導体用高純度および超高純度等方性黒鉛、リチウムイオン電池負極材など

［従業員数］180名

［上場市場（証券コード）］東京《5302》

日本ガイシ 株式会社

〒467-8530　愛知県名古屋市瑞穂区須田町2-56

［Tel.］052-872-7181

［URL］https://www.ngk.co.jp

［設立］1919年5月

［資本金］698億4,900万円

［社長］小林　茂

◎業績［連結］

　2021年3月期　売上高452,043（百万円）

［主な製造品目］がいしおよび電力関連機器、産業用セラミックス、特殊金属製品など

［従業員数］4,316名

［上場市場（証券コード）］東京　名古屋《5333》

日本化学工業 株式会社

〒136-8515　東京都江東区亀戸9-11-1

［Tel.］03-3636-8111（ダイヤルイン案内台）

［URL］https://www.nippon-chem.co.jp

［設立］1915年9月

［資本金］57億5,711万605円

［代表取締役社長］棚橋洋太

◎業績［連結］

　2021年3月期　売上高34,642（百万円）

［主な製造品目］無機化学品（リン製品・珪酸塩・バリウム塩・クロム塩など）、有機化学品、電子材料・農薬ほか

［従業員数］596名

［上場市場（証券コード）］東京《4092》

日 本 化 薬 株式会社

［本社］〒100-0005　東京都千代田区丸の内2-1-1　明治安田生命ビル19・20階

［Tel.］03-6731-5200（大代表）

［URL］https://www.nipponkayaku.co.jp

［設立］1916年6月

［資本金］149億3,200万円

［社長］涌元厚宏（代表取締役社長）

◎業績［連結］

　2021年3月期　売上高173,381（百万円）

［主な製造品目］医薬品、医薬原薬・中間体、エポキシ樹脂、機能性フィルム、液晶パネル、半導体製造用洗浄剤・薬液、農薬など

［従業員数］2,401名

［上場市場（証券コード）］東京《4272》

日本ゼオン 株式会社

〒100-8246　東京都千代田区丸の内1-6-2　新丸の内センタービル

［Tel.］03-3216-1772

［URL］https://www.zeon.co.jp

［設立］1950年4月

［資本金］242億1,100万円

［社長］田中公章

◎業績［連結］

　2021年3月期　売上高301,961（百万円）

［主な製造品目］合成ゴム、合成ラテックス、化学品、電子材料、高機能樹脂など

［従業員数］1,600名

［上場市場（証券コード）］東京《4205》

日 本 曹 達 株式会社

〒100-8165　東京都千代田区大手町 2 - 2 - 1
[Tel.] 03-3245-6054（ダイヤルイン）
[URL] https://www.nippon-soda.co.jp
[設立] 1920年 2 月
[資本金] 291億6,600万円
[代表取締役社長] 阿賀英司
◎業績［連結］
　2021年 3 月期　売上高139,363（百万円）
[主な製造品目] 農薬、医薬品原料、機能性化
　学品、環境化学品、基礎化学品など
[従業員数] 1,396名
[上場市場（証券コード）] 東京《4041》

日 本 農 薬 株式会社

〒104-8386　東京都中央区京橋 1 -19- 8
[Tel.] 03-6361-1400
[URL] https://www.nichino.co.jp
[設立] 1926年 3 月
[資本金] 149億3,900万円
[社長] 友井洋介
◎業績［連結］
　2021年 3 月期　売上高71,525（百万円）
[主な製造品目] 農薬、医薬品、動物用医薬品、
　木材用薬品、農業資材など
[従業員数] 382名
[上場市場（証券コード）] 東京《4997》

長谷川香料 株式会社

〒103-8431　東京都中央区日本橋本町 4 - 4 -
　14
[Tel.] 03-3241-1151（大代表）
[URL] https://www.t-hasegawa.co.jp
[設立] 1961年12月
[資本金] 53億6,485万円
[社長] 海野隆雄

◎業績［連結］
　2020年 9 月期　売上高50,192（百万円）
[主な製造品目] 各種香料（香粧品、食品、合成）、
　各種食品添加物および食品
[従業員数] 1,082名
[上場市場（証券コード）] 東京《4958》

株式会社 ブリヂストン

〒104-8340　東京都中央区京橋 3 - 1 - 1
[Tel.] 03-6836-3001
[URL] https://www.bridgestone.co.jp
[設立] 1931年 3 月
[資本金] 1,263億5,400万円
[取締役] 石橋秀一（代表執行役ＣＥＯ）
◎業績［連結］
　2020年12月期　売上高2,994,524（百万円）
[主な製造品目] 各種タイヤ・チューブ、自動
　車用品、電子精密部品、工業資材関連用品な
　ど
[従業員数] 14,858名
[上場市場（証券コード）] 東京　名古屋　福岡
　《5108》

古河電気工業 株式会社

〒100-8322　東京都千代田区丸の内 2 - 2 - 3
[Tel.] 03-3286-3001（ダイヤルイン受付台）
[URL] https://www.furukawa.co.jp
[設立] 1896年 6 月
[資本金] 693億9,500万円
[社長] 小林敬一
◎業績［連結］
　2021年 3 月期　売上高811,600（百万円）
[主な製造品目] 電力ケーブル、自動車用エレ
　クトロニクス材料、光ファイバ・光部品、電
　子部品、半導体用テープなど
[従業員数] 4,084名（単体）
[上場市場（証券コード）] 東京《5801》

ＨＯＹＡ 株式会社

〒160-8347　東京都新宿区西新宿 6 -10- 1
日土地西新宿ビル

[Tel.] 03-6911-4811（代表）

[URL] http://www.hoya.co.jp

[設立] 1944年 8 月

[資本金] 62億6,420万1,967円

[取締役] 鈴木　洋（代表執行役；ＣＥＯ）

◎業績［連結］
　2021年 3 月期　売上収益547,921（百万円）

[主な製造品目] ヘルスケア関連製品、メディ
カル関連製品、エレクトロニクス関連製品、
映像関連製品など

[従業員数] 37,245名（連結）

[上場市場（証券コード）] 東京《7741》

北興化学工業 株式会社

〒103-8341　東京都中央区日本橋本町 1 - 5 -
4 　住友不動産日本橋ビル

[Tel.] 03-3279-5151（大代表）

[URL] https://www.hokkochem.co.jp

[設立] 1950年 2 月

[資本金] 32億1,400万円

[社長] 佐野健一

◎業績［連結］
　2020年11月期　売上高39,641（百万円）

[主な製造品目] 農薬、ファインケミカル製品

[従業員数] 642名

[上場市場（証券コード）] 東京《4992》

保土谷化学工業 株式会社

〒104-0028　東京都中央区八重洲 2 - 4 - 1
住友不動産八重洲ビル

[Tel.] 03-5299-8000

[URL] https://www.hodogaya.co.jp

[設立] 1916年12月

[資本金] 111億9,600万円

[社長] 松本祐人（社長執行役員）

◎業績［連結］
　2021年 3 月期　売上高41,199（百万円）

[主な製造品目] 機能性色素、機能性樹脂、基
礎化学品、アグロサイエンス

[従業員数] 449名

[上場市場（証券コード）] 東京《4112》

丸善石油化学 株式会社

〒104-8502　東京都中央区入船 2 - 1 - 1 　住
友入船ビル

[Tel.] 03-3552-9361（代表）

[URL] http://www.chemiway.co.jp

[設立] 1959年10月

[資本金] 100億円

[社長] 鍋島　勝

[主な製造品目] エチレン、プロピレン、ブタ
ン・ブチレン、ベンゼン等の基礎石油化学
製品、メチルエチルケトン等の溶剤及びポ
リパラビニルフェノール

三井金属鉱業 株式会社

〒141-8584　東京都品川区大崎 1 -11- 1
ゲートシティ大崎ウエストタワー

[Tel.] 03-5437-8000（ダイヤルイン番号案内）

[URL] https://www.mitsui-kinzoku.co.jp

[設立] 1950年 5 月

[資本金] 421億2,946万円

[社長] 納　武士

◎業績［連結］
　2021年 3 月期　売上高522,936（百万円）

[主な製造品目] 非鉄金属製錬、機能材料・電
子材料、自動車部品ほか

[従業員数] 2,096名

[上場市場（証券コード）] 東京《5706》

三 菱 製 紙 株式会社

〒130-0026 東京都墨田区両国2-10-14 両
国シティコア

[Tel.] 03-5600-1488

[URL] https://www.mpm.co.jp

[設立] 1898年4月

[資本金] 365億6,163万9,647円

[社長] 立藤幸博(取締役社長)

◎業績[連結]

2021年3月期 売上高162,325(百万円)

[主な製造品目] 洋紙、イメージング製品、機
能材(エアフィルター、不織布、電池セパレー
タなど)、ヘルスケア＆アメニティほか

[従業員数] 611名

[上場市場(証券コード)] 東京《3864》

株式会社 ヤクルト本社

〒105-8660 東京都港区海岸1-10-30

[Tel.] 03-6625-8960(大代表)

[URL] https://www.yakult.co.jp

[設立] 1955年4月

[資本金] 311億1,765万円

[社長] 成田 裕

◎業績[連結]

2021年3月期 売上高385,706(百万円)

[主な製造品目] 乳製品乳酸菌飲料、はっ酵乳、
化粧品、抗癌剤、乳酸菌製剤ほか

[従業員数] 2,874名

[上場市場(証券コード)] 東京《2267》

ユ ニ チ カ 株式会社

[大阪本社] 〒541-8566 大阪市中央区久太郎
町4-1-3 大阪センタービル

[Tel.] 06-6281-5695

[URL] https://www.unitika.co.jp

[設立] 1889年6月

[資本金] 1億45万円

[代表取締役社長] 上埜修司

◎業績[連結]

2021年3月期 売上高110,375(百万円)

[主な製造品目] フィルム(ナイロン・ポリエス
テル)、樹脂(ナイロン・ポリエステル・ポリ
アリレート)、不織布(ポリエステルバンド・
綿スパンレース)、生分解材料など

[従業員数] 1.378名

[上場市場(証券コード)] 東京《3103》

横 浜 ゴ ム 株式会社

〒105-8685 東京都港区新橋5-36-11

[Tel.] 03-5400-4531(大代表)

[URL] https://www.y-yokohama.com

[設立] 1917年10月

[資本金] 389億900万円

[社長] 山石昌孝

◎業績[連結]

2020年12月期 売上高570,572(百万円)

[主な製造品目] タイヤ、産業用ゴム、航空部品、
ゴルフ用品など

[従業員数] 5,538名

[上場市場(証券コード)] 東京《5101》

ラ イ オ ン 株式会社

〒130-8644 東京都墨田区本所1-3-7

[Tel.] 03-3621-6211

[URL] https://www.lion.co.jp

[設立] 1918年9月

[資本金] 344億3,372万円

[代表取締役] 掬川正純(社長執行役員)

◎業績[連結]

2020年12月期 売上高355,532(百万円)

[主な製造品目]歯磨き、歯ブラシ、石けん、洗剤、
ヘアケア・スキンケア製品、クッキング用品、
薬品、化学品などの製造販売ほか

［従業員数］3,119名

［上場市場（証券コード）］東京《4912》

【外資系製造業者】

クラリアントジャパン 株式会社

Clariant（Japan）K.K.

〒113-8662 東京都文京区本駒込 2 -28- 8
文京グリーンコートセンターオフィス 9 階

［Tel.］03-5977-7880

［URL］https://www.clariant.com/ja-JP/
Corporate

［設立］1966年 9 月

［資本金］ 4 億5,000万円

［社長］田中成紀

［主な製造品目］工業用界面活性剤、化粧品・
洗剤用界面活性剤ほか

［従業員数］182名

バイエル クロップサイエンス 株式会社

Bayer CropScience K.K.

〒100-8262 東京都千代田区丸の内 1 - 6 - 5
丸の内北口ビル

［Tel.］03-6266-7007（代表）

［URL］https://cropscience.bayer.jp

［設立］1941年 1 月

［資本金］11億7,505万円

［社長］H.プリンツ

［主な製造品目］殺虫剤、殺菌剤、殺虫・殺菌剤、
除草剤ほか

［従業員数］322名

販売業者

伊藤忠エネクス 株式会社

〒100-6028　東京都千代田区霞が関 3 - 2 - 5
　　霞が関ビルディング

[Tel.] 03-4233-8000

[URL] https://www.itcenex.com

[設立] 1961年 1 月

[資本金] 198億7,767万円

[社長] 岡田賢二

◎業績 [連結]
　　2021年 3 月期　売上高739,067(百万円)

[主な販売品目] 石油製品、ＬＰガス、電力、
　　産業用ガス、熱供給、自動車ほか

[従業員数] 580名

[上場市場(証券コード)] 東京《8133》

伊藤忠商事 株式会社

[大阪本社] 〒530-8448　大阪市北区梅田 3 -
　　1 - 3

[Tel.] 06-7638-2121(ダイヤルイン受付台)

[URL] https://www.itochu.co.jp

[東京本社] 〒107-8077　東京都港区北青山 2 -
　　5 - 1

[Tel.] 03-3497-2121(ダイヤルイン受付台)

[設立] 1949年12月

[資本金] 2,534億4,800万円

[社長] 石井敬太

◎業績 [連結]
　　2021年 3 月期　売上高10,362,628(百万円)

[主な販売品目] 有機化学品、無機化学品、合
　　成樹脂、包装資材、生活関連雑貨、精密化学品、
　　電子材料、医薬品、原油・石油製品、LPG・

LNG、天然ガス、水素など

[従業員数] 125,994名(連結)　4,125名(単体)

[上場市場(証券コード)] 東京《8001》

稲 畑 産 業 株式会社

[大阪本社] 〒542-8558　大阪市中央区南船場
　　1 - 15 - 14

[Tel.] 06-6267-6051

[東京本社] 〒103-8448　東京都中央区日本橋
　　本町 2 - 8 - 2

[Tel.] 03-3639-6415

[URL] https://www.inabata.co.jp

[設立] 1918年 6 月

[資本金] 93億6,400万円

[代表取締役社長] 稲畑勝太郎(社長執行役員)

◎業績 [連結]
　　2021年 3 月期　売上高577,583(百万円)

[主な販売品目] 化学品、電子材料、合成樹脂、
　　建築材料、医薬品原体・中間体

[従業員数] 536名

[上場市場(証券コード)] 東京《8098》

岩 谷 産 業 株式会社

[大阪本社] 〒541-0053　大阪市中央区本町
　　3 - 6 - 4

[東京本社] 〒105-8458　東京都港区西新橋
　　3 - 21 - 8

[Tel.] 03-5405-5711

[URL] http://www.iwatani.co.jp

[設立] 1945年 2 月

[資本金] 350億9,600万円

[代表取締役] 間島　寛（社長執行役員）

◎業績 [連結]

　2021年3月期　売上高635,590（百万円）

[主な販売品目] 総合エネルギー（LPガス・電力・都市ガスなど）、産業ガス（水素など）、産業機械、マテリアル、自然産業ほか・設備ほか

[従業員数] 1,306名

[上場市場(証券コード)] 東京《8088》

宇 津 商 事 株式会社

〒103-0023　東京都中央区日本橋本町2-8-8　宇津共栄ビル

[Tel.] 03-3663-5581（営業部）　03-3663-7747（総務部）

[URL] https://www.utsu.co.jp

[設立] 1963年10月

[資本金] 8,000万円

[社長] 宇津憲一

[主な販売品目] 基礎化学品・機能化学品・食品関連化学品、高機能フィルム、半導体・電子・光学材料、エアフィルターほか

オー・ジー 株式会社

〒532-8555　大阪市淀川区宮原4-1-43

[Tel.] 06-6395-5000（ダイヤルイン受付台）

[URL] http://www.ogcorp.co.jp

[設立] 1923年1月

[資本金] 11億1,000万円

[社長] 福井英治

◎業績 [連結]

　2021年3月期　売上高160,209（百万円）

[主な販売品目] 染料、顔料、染色用薬剤、化学工業薬品、塗料、原料樹脂、樹脂製品、医薬品、機能材料食品、機械機器及びそのソフトウェアほか

[従業員数] 465名

兼 松 株式会社

[東京本社] 〒105-8005　東京都港区芝浦1-2-1　シーバンスN館

[Tel.] 03-5440-8111

[URL] http://www.kanematsu.co.jp

[設立] 1918年3月

[資本金] 277億8,100万円

[社長] 宮部佳也

◎業績 [連結]

　2021年3月期 営業収益649,142（百万円）

[主な販売品目] 食料、電子・デバイス、鉄鋼・素材・プラント、車両・航空

[従業員数] 795名

[上場市場(証券コード)] 東京《8020》

C B C 株式会社

〒104-0052　東京都中央区月島2-15-13

[Tel.] 03-3536-4500（ダイヤルイン受付台）

[URL] https://www.cbc.co.jp

[創立] 1925年1月

[資本金] 51億円

[代表取締役社長] 土井正太郎

◎業績 [連結]

　2021年3月期　売上高176,893（百万円）

[主な販売品目] 合成樹脂、化成品、医薬、農薬、食品、電子機材・光学機器、産業機械、医療機器・歯科材料、介護福祉関連、衣料・生活関連製品等の輸出入業、国内販売業及び、医薬原薬・中間体、光学レンズ、IT・自動車部品、蒸着加工等を中心とした製造業

[従業員数] 423名

昭 光 通 商 株式会社

〒105-8432　東京都港区芝公園2-4-1

[Tel.] 03-3459-5111

[URL] https://www.shoko.co.jp

［設立］1947年5月

［資本金］50億円

［社長］稲泉淳一

◎業績［連結］

　2020年12月期　売上高100,726（百万円）

［主な販売品目］有機合成原料、無機工業薬品、機能性化学品、食品添加物、分析機器、理化学機器・消耗品、安定同位体、合成樹脂原料・製品・関連機械装置、アルミニウム合金・軽圧品・加工製品、蒸発器、黒鉛電極、研削材、耐火材、管工機材、不動産関連事業、肥料、農薬、農業資材、農産物流通、培養土

［従業員数］202名

［上場市場（証券コード）］東京《8090》

住 友 商 事 株式会社

［東京本社］〒104-8601　東京都千代田区大手町2-3-2　大手町プレイス　イーストタワー

［Tel.］03-6285-5000（代表）

［URL］https://www.sumitomocorp.com/ja/jp

［設立］1919年12月

［資本金］2,198億円

［社長］兵頭誠之

◎業績［連結］

　2021年3月期　営業収益4,645,059（百万円）

［主な販売品目］新素材、電子、電池、バイオ、医薬、農薬、ペットケア用品、合成樹脂など

［従業員数］5,390名

［上場市場（証券コード）］東京　名古屋　福岡《8053》

ソーダニッカ 株式会社

〒103-8322　東京都中央区日本橋3-6-2　日本橋フロント5階

［Tel.］03-3245-1802（代表）

［URL］http://www.sodanikka.co.jp

［設立］1947年4月

［資本金］37億6,250万円

［社長］長洲崇彦

◎業績［連結］

　2021年3月期　売上高94,586（百万円）

［主な販売品目］化学工業薬品、石油化学製品、合成樹脂及び加工製品、電子材料、燃料、各種機器容器など

［従業員数］269名

［上場市場（証券コード）］東京《8158》

双 日 株式会社

〒100-8691　東京都千代田区内幸町2-1-1

［Tel.］03-6871-5000

［URL］https://www.sojitz.com

［設立］2003年4月

［資本金］1,603億3,900万円

［社長］藤本昌義

◎業績［連結］

　2021年3月期　営業収益1,602,485（百万円）

［主な販売品目］メタノール、硫黄・硫酸、合成樹脂（グリーンポリエチレンなど）、工業塩、レアアースほか

［従業員数］2,645名

［上場市場（証券コード）］東京《2768》

第 一 実 業 株式会社

〒101-8222　東京都千代田区神田駿河台4-6　御茶ノ水ソラシティ17階

［Tel.］03-6370-8600

［URL］http://www.djk.co.jp

［設立］1948年8月

［資本金］51億500万円

［社長］宇野一郎

◎業績［連結］

　2021年3月期　売上高140,029（百万円）

［主な販売品目］石油精製、石油化学用プラン

トおよび電子部品実装関連システム、樹脂加工設備、自動車製造設備など

[従業員数] 1,229名（連結）

[上場市場（証券コード）] 東京《8059》

蝶 理 株式会社

[大阪本社] 〒540-8603 大阪市中央区淡路町1-7-3

[Tel.] 06-6228-5000（代表）

[東京本社] 〒108-6216 東京都港区港南二丁目15番3号 品川インターシティC棟

[Tel.] 03-5781-6200

[URL] https://www.chori.co.jp

[設立] 1948年9月

[資本金] 68億円

[社長] 先濱一夫

◎業績 [連結]

2021年3月期　売上高216,233（百万円）

[主な販売品目] 基礎化学品、石油化学製品、ガラス基板原料、リチウムイオン電池向け材料、農業関連材料、肥料関連材料、リン酸、リン酸塩、樹脂原料、金属表面処理原料、医薬原薬・中間体ほか

[従業員数] 360名

[上場市場（証券コード）] 東京《8014》

巴 工 業 株式会社

〒141-0001 東京都品川区北品川5-5-15 大崎ブライトコア

[Tel.] 03-3442-5120（代表）

[URL] https://www.tomo-e.co.jp

[設立] 1941年5月

[資本金] 10億6,121万円

[社長] 山本　仁

◎業績 [連結]

2020年10月期　売上高39,218（百万円）

[主な販売品目] 合成樹脂原料・製品、セラミッ

ク原料・製品、炭素・黒鉛製品、有機・無機系の素材・材料・添加剤ほか

[従業員数] 421名

[上場市場（証券コード）] 東京《6309》

豊 田 通 商 株式会社

[名古屋本社] 〒450-8575 愛知県名古屋市中村区名駅4-9-8　センチュリー豊田ビル

[Tel.] 052-584-5000（代表）

[東京本社] 〒108-8208 東京都港区港南二丁目3番13号（品川フロントビル）

[Tel.] 03-4306-5000（代表）

[URL] https://www.toyota-tsusho.com

[設立] 1948年7月

[資本金] 649億3,600万円

[社長] 加留部淳

◎業績 [連結]

2021年3月期　営業収益6,309,303（百万円）

[主な販売品目] 金属、機械・エネルギー・プラントプロジェクト、グローバル部品・ロジスティクス、自動車、化学品・エレクトロニクス、食料・生活産業ほか

[従業員数] 2,751名

[上場市場（証券コード）] 東京　名古屋《8015》

長 瀬 産 業 株式会社

[大阪本社] 〒550-8668 大阪市西区新町1-1-17

[Tel.] 06-6535-2114（ダイヤルイン）

[東京本社] 〒103-8355 東京都中央区日本橋小舟町5-1

[Tel.] 03-3665-3021

[URL] https://www.nagase.co.jp

[設立] 1917年12月

[資本金] 96億9,900万円

[社長] 朝倉研二

◎業績 [連結]

2021年3月期　売上高830,240（百万円）

[主な販売品目] 化学品、合成樹脂、電子材料、化粧品、健康食品など

[従業員数] 875名

[上場市場(証券コード)] 東京《8012》

日鉄物産 株式会社

[本社] 〒107-8527　東京都港区赤坂 8 - 5 -27　日鉄物産ビル

[Tel.] 03-5412-5001

[URL] https://www.nst.nipponsteel.com

[設立] 1977年 8 月

[資本金] 163億8,905万9,776円

[社長] 佐伯康光

◎業績 [連結]

2021年 3 月期　売上高2,073,240（百万円）

[主な販売品目] 鉄鋼、産機・インフラ、繊維、食糧その他の商品の販売および輸出入業

[従業員数] 1,861名（単体）　7,971名（連結）

[上場市場(証券コード)] 東京《9810》

丸　　　紅　株式会社

[本社] 〒100-8088　東京都千代田区大手町一丁目4番2号

[Tel.] 03-3282-2111

[URL] https://www.marubeni.com/jp

[設立] 1949年12月

[資本金] 2,626億8,600万円

[代表取締役社長] 柿木真澄

◎業績 [連結]

2021年 3 月期　営業収益6,332,414（百万円）

[主な販売品目] 石油化学基礎製品および合成樹脂など誘導品、塩およびクロール・アルカリ、食品機能材・飼料添加剤、オレオケミカル、パーソナルケア素材などライフサイエンス関連製品、電子材料、無機鉱物資源、肥料原料および無機化学品ほか

[従業員数] 4,389名

[上場市場(証券コード)] 東京　名古屋《8002》

三 木 産 業 株式会社

[本社] 〒103-0027　東京都中央区日本橋 3 -15- 5

[Tel.] 03-3271-4186

[URL] http://www.mikisangyo.co.jp

[設立] 1918年 4 月

[資本金] 1 億円

[社長] 三木　緑

◎業績

2021年 3 月期　売上高566億円

[主な販売品目] ファインケミカル製品、医農薬中間体、電子部品材料、合成樹脂、製紙材料ほか

[従業員数] 210名

三 谷 産 業 株式会社

[東京本社] 〒101-8429　東京都千代田区神田神保町 2 -36- 1　住友不動産千代田ファーストウイング

[金沢本社] 〒920-8685　石川県金沢市玉川町 1 - 5

[Tel.] 076-233-2151

[URL] https://www.mitani.co.jp

[設立] 1949年 8 月

[資本金] 48億800万円

[社長] 三谷忠照

◎業績 [連結]

2021年 3 月期　売上高80,541（百万円）

[主な販売品目] 化成品、機能性素材、医農薬中間体、医薬品原薬ほか

[従業員数] 512名

[上場市場(証券コード)] 東京　名古屋《8285》

三 井 物 産 株式会社

[本店] 〒100-8631 東京都千代田区丸の内
    1-1-3 日本生命丸の内ガーデンタワー
    （登記上の本店所在地）
[本店] 〒100-8631 東京都千代田区大手町1-
    2-1
[Tel.] 03-3285-1111（ダイヤルイン受付台）
[URL] https://www.mitsui.com/jp/ja
[設立] 1947年7月
[資本金] 3,420億8,009万2,006円
[代表取締役社長] 堀 健一
◎業績 ［連結］
    2021年3月期 営業収益8,010,235（百万円）
[主な販売品目] 鉄鋼製品、金属資源、プロジェ
    クト、モビリティ、化学品、エネルギー、食
    糧、流通事業ほか
[従業員数] 5,587名
[上場市場（証券コード）] 全国4市場《8031》

三 菱 商 事 株式会社

〒100-8086 東京都千代田区丸の内2-3-1
    三菱商事ビルディング
[Tel.] 03-3210-2121（ダイヤルイン受付台）
[URL] https://www.mitsubishicorp.com/jp/ja
[設立] 1950年4月
[資本金] 2,044億7,326万円
[社長] 垣内威彦
◎業績 ［連結］
    2021年3月期 営業収益 12,884,521（百万円）
[主な販売品目] セメント・生コン、硅砂、炭素材、
    塩ビ・化成品、鉄鋼製品、原油、石油製品、
    LPG、石油化学製品、塩、メタノールほか
[従業員数] 5,725名
[上場市場（証券コード）] 東京《8058》

明 和 産 業 株式会社

〒100-8311 東京都千代田区丸の内3-3-1
    新東京ビル
[Tel.] 03-3240-9011（代表）
[URL] https://www.meiwa.co.jp
[設立] 1947年7月
[資本金] 40億2,400万円
[社長] 吉田 毅
◎業績 ［連結］
    2021年3月期 売上高130,201（百万円）
[主な販売品目] 資源・環境ビジネス、樹脂・
    難燃剤、石油製品、高機能素材、機能建材、
    電池材料、自動車等の関連事業
[従業員数] 193名（単体）
[上場市場（証券コード）] 東京《8103》

アリスタ ライフサイエンス 株式会社

Arysta LifeScience Corporation

〒104-6591　東京都中央区明石町 8 - 1　聖路
　加タワー38階

[Tel.] 03-3547-4500

[URL] https://arystalifescience.jp

[設立] 2001年10月

[資本金] 1億円

[代表取締役社長] 小林久哉（ＣＥＯ）

[主な販売品目] 農薬、医薬品・部外品、動物
　用薬品などの輸出入、国内・外国間販売

[従業員数] 96名

シンジェンタ ジャパン 株式会社

Syngenta Japan K.K.

〒104-6021　東京都中央区晴海 1 - 8 -10　オ
　フィスタワーＸ21階

[Tel.] 03-6221-1001

[URL] http://www.syngenta.co.jp

[設立] 1992年 6 月

[資本金] 4 億7,500万円

[社長] 的場　稔

[主な販売品目] 農薬・中間体、種苗などの研
　究開発、製造、販売ほか

[従業員数] 330名

ダウ・ケミカル日本 株式会社

Dow Chemical Japan Limited

〒140-8617　東京都品川区東品川 2 - 2 -24
　天王洲セントラルタワー

[Tel.] 03-5460-2100（代表）

[URL] https://jp.dow.com/ja-jp

[設立] 2016年 9 月

[資本金] 4億円

[社長] 桜井恵理子

[主な販売品目] 包装、インフラ、コンシューマー
　分野向け製品など

[従業員数] 150名

デュポン 株式会社

Du Pont Kabushiki Kaisha

〒100-6111　東京都千代田区永田町 2 -11- 1
　山王パークタワー

[Tel.] 03-5521-8500

[URL] http://www.dupont.com

[設立] 1993年 6 月

[資本金] 4 億6,000万円

[社長] 大羽隆元

[主な販売品目] デュポン製品の製造・輸出入・
　販売、研究・開発、技術サービス及び合弁会
　社に関する業務

ＢＡＳＦジャパン 株式会社

BASF Japan Ltd.

〒103-0022　東京都中央区日本橋室町 3 - 4 -
　4　OVOL日本橋ビル

[Tel.] 03-5290-3000

[URL] https://www.basf.com/jp

[設立] 1949年10月

[代表取締役社長] 石田博基

[主な販売品目] 石油化学品、中間体、パフォー
　マンスマテリアルズ、モノマー、ディスパー
　ジョン＆ピグメント、パフォーマンス・ケミ
　カルズ、触媒、コーティングス、ニュートリ
　ション＆ヘルス、ケア・ケミカルズ、アグロ
　ソリューション

[従業員数] 955名（連結）

協会・団体

一般社団法人 日本化学工業協会

〒104-0033 東京都中央区新川 1 - 4 - 1　住友不動産六甲ビル 7 階

[Tel.] 03-3297-2550（総務部）

　　　03-3297-2555（広報部）

[URL] https://www.nikkakyo.org

[会長] 森川宏平（昭和電工）

[企業会員] 179社　[団体会員] 80団体

◎統計資料：

　グラフで見る日本の化学工業（日本語、英語）

塩ビ工業・環境協会

〒104-0033 東京都中央区新川 1 - 4 - 1　住友不動産六甲ビル

[Tel.] 03-3297-5601（代表）

[URL] http://www.vec.gr.jp

[会長] 斉藤恭彦（信越化学工業）

[会員会社] 8 社　[協賛会員] 4 社

◎統計資料：

　塩化ビニル樹脂（生産・出荷実績、用途別出荷量、製品別出荷量）、塩化ビニルモノマー（生産・出荷実績）、生産能力（塩化ビニル樹脂、塩化ビニルモノマー）、プラスチックの種類別生産量（プラスチック原材料の生産推移）、世界の塩ビ（世界の塩ビ樹脂生産量、世界の塩ビ樹脂使用量、アジアの塩ビ樹脂生産量、アジアの塩ビ樹脂使用量、主要国の一人当たりの塩ビ消費量、世界のメーカー別生産能力、世界の塩ビ需要予測）、各種データ（二塩化エチレンの生産・輸入・輸出量、安定剤の出荷量、可塑剤の出荷量、PRTR集計データなど）

一般財団法人 化学研究評価機構

〒101-0032 東京都千代田区岩本町 2 -11- 9　イトーピア橋本ビル 7 階

[Tel.] 03-5823-5521

[URL] http://www.jcii.or.jp

[理事長] 西出徹雄

化成品工業協会

〒107-0052 東京都港区赤坂 2 -17-44　福吉坂ビル 4 階

[Tel.] 03-3585-3371

[URL] http://kaseikyo.jp

[会長] 赤堀金吾（住友化学）

[会員会社] 111社（正会員）

[賛助会員] 21社

◎統計資料：

　化成品工業協会関係主要品目統計－合成染料（直接染料、分散染料、蛍光染料、反応染料、有機溶剤溶解染料、その他の合成染料）、有機顔料（アゾ顔料、フタロシアニン系顔料）、有機ゴム薬品（ゴム加硫促進剤、ゴム老化防止剤）、アニリン、フェノール、無水フタル酸、無水マレイン酸

関西化学工業協会

〒550-0002 大阪市西区江戸堀 1 -12- 8　明治安田生命肥後橋ビル 9 階

[Tel.] 06-6479-3808

[URL] https://www.kankakyo.gr.jp

[会長] 小河義美（ダイセル）

[加盟会員] 90社、7団体

一般社団法人　触媒工業協会

〒101-0032　東京都千代田区岩本町 1 - 4 - 2
　　H・I ビル 5 階
[Tel.] 03-5687-5721
[URL] https://cmaj.jp
[会長] 一瀬宏樹(キャタラー)
[正会員] 16社　[賛助会員] 32社
◎統計資料：
　　触媒生産出荷・輸出入・需給統計

公益社団法人　新化学技術推進協会

〒102-0075　東京都千代田区三番町 2　三番
　　町 K S ビル 2 階
[Tel.] 03-6272-6880(代表)
[URL] http://www.jaci.or.jp
[会長] 十倉雅和(住友化学)
[正会員] 81社　[特別会員] 33団体

石油化学工業協会

〒104-0033　東京都中央区新川 1 - 4 - 1　住
　　友不動産六甲ビル
[Tel.] 03-3297-2011
[URL] https://www.jpca.or.jp
[会長] 和賀昌之(三菱ケミカル)
[会員会社] 26社
◎統計資料：
　　月次統計資料(最新実績メモ、主要製品生産
　　実績、4樹脂生産・出荷・在庫実績および推
　　移、MMA生産・出荷・在庫実績および推移)、
　　年次統計資料(石油化学製品の生産・輸出入・
　　国別輸出入額、エチレン換算輸出入バランス、
　　石油化学と合成樹脂、汎用 5 大樹脂の用途別
　　出荷内訳、プラスチック加工製品の分野別生
　　産比率、石油化学と合成繊維、石油化学と合

成ゴム、石油化学用原料ナフサ、化学工業に
占める石油化学工業の比率、石油化学と主な
関連業界の出荷額・従業員数、石油化学製品
の需要分布)

石 油 連 盟

〒100-0004　東京都千代田区大手町 1 - 3 - 2
　　経団連会館17 階
[Tel.] 03-5218-2305
[URL] https://www.paj.gr.jp
[会長] 杉森　務(ENEOS HD)
[会員会社] 11社
◎統計資料：
　　《石油統計》月次統計(原油バランス、石油製
　　品バランス、石油製品国別輸入、原油国別・
　　油種別輸入、非精製用原油油種別出荷、液化
　　石油(LP)ガス需給、原油・石油製品輸入金額、
　　製油所装置能力、石油備蓄日数、都道府県別
　　販売実績、ポンド扱石油製品(ジェット燃料
　　油・BC重油)、外航タンカー用船状況の推移)
　　年次統計(今日の石油産業データ集)など

日本化学繊維協会

〒103-0023　東京都中央区日本橋本町 3 - 1 -
　　11　繊維会館
[Tel.] 03-3241-2311
[URL] https://www.jcfa.gr.jp
[会長] 竹内郁夫(東洋紡)
[正会員] 18社　[準会員] 1 社　[賛助会員]
　　23社
◎統計資料：
　　生産在庫統計、内外の化繊工業の動向、国内
　　ミル消費など

一般社団法人 日本化学品輸出入協会

〒103-0013　東京都中央区日本橋人形町 2 -33

-8　アクセスビル

[Tel.] 03-5652-0014（代表）

[URL] https://www.jcta.or.jp

[会長] 竹内修身（三菱商事）

[会員会社] 226社

◎統計資料：

　化学品通関統計データベースシステム［会員
　限定］

一般社団法人　日本ゴム工業会

〒107-0051　東京都港区元赤坂 1 - 5 -26　東
　部ビル 2 階

[Tel.] 03-3408-7101（代表）

[URL] https://www.rubber.or.jp

[会長] 池田育嗣（住友ゴム工業）

[会員会社] 110社（準会員11社、 4 団体含む）

◎統計資料：

　ゴム製品の生産・出荷・在庫、ゴム製品の輸
　出入、合成ゴム品種別出荷量、新ゴム消費予
　想量

日本ソーダ工業会

〒104-0033　東京都中央区新川 1 - 4 - 1 　住
　友不動産六甲ビル 8 階

[Tel.] 03-3297-0311（総務部門）

[URL] https://www.jsia.gr.jp

[会長] 山本寿宣（東ソー）

[会員会社] 19社28工場

◎統計資料：

　生産・出荷・在庫（カ性ソーダ、液体塩素、
　合成塩酸、副生塩酸、塩酸、次亜塩素酸ナト
　リウム、高度さらし粉、ソーダ灰）など

一般社団法人　日本塗料工業会

〒150-0013　東京都渋谷区恵比寿 3 -12- 8
　東京塗料会館

[Tel.] 03-3443-2011

[URL] https://www.toryo.or.jp

[会長] 毛利訓士（関西ペイント）

[正会員] 99社

[賛助会員] 177社

◎統計資料：

　塗料の各統計（生産、出荷、在庫、金額）、貿
　易統計、需要実績

日本肥料アンモニア協会

〒101-0041　東京都千代田区神田須田町 2 - 9
　宮川ビル 9 階

[Tel.] 03-5297-2210

[URL] http://www.jaf.gr.jp

[会長] 岩田圭一（住友化学）

[会員会社] 20社

◎統計資料：

　単・複合肥料需給実績、単・複合肥料都道府
　県別出荷実績、アンモニア需給実績など

日本プラスチック工業連盟

〒103-0025　東京都中央区日本橋茅場町 3 - 5
　- 2 　アロマビル 5 階

[Tel.] 03-6661-6811

[URL] http://www.jpif.gr.jp

[会長] 岩田圭一（住友化学）

[団体会員] 46団体　[企業会員] 77社

◎統計資料：

　《月次統計》プラスチック（原材料生産実績、
　製品生産実績、原材料販売実績、製品販売実
　績）、《年次資料》プラスチック（原材料生産
　実績、原材料販売実績）

日本無機薬品協会

〒103-0025　東京都中央区日本橋茅場町 2 -
　4 -10　大成ビル 3 階

［Tel.］03-3663-1235（代表）

［URL］http://www.mukiyakukyo.gr.jp

［会長］城詰秀尊（ADEKA）

［会員会社］60社

◎資料：主要取扱製品

農薬工業会

〒103-0025　東京都中央区日本橋茅場町 2 -
　　3 - 6　宗和ビル 4 階

［Tel.］03-5649-7191（代表）

［URL］https://www.jcpa.or.jp

［会長］本田　卓（日産化学）

［正会員］34社　　［賛助会員］42社

◎統計資料：農薬年度出荷実績

一般社団法人
　　プラスチック循環利用協会

〒103-0025　東京都中央区日本橋茅場町 3 -
　　7 - 6　茅場町スクエアビル 9 階

［Tel.］03-6855-9175

［URL］https://www.pwmi.or.jp

［会長］和賀昌之（三菱ケミカル）

［正会員］18社、3 団体　［賛助会員］3 団体

官　庁

経済産業省

Ministry of Economy, Trade and Industry

〒100-8901　東京都千代田区霞が関 1 - 3 - 1

[Tel.] 03-3501-1511（代表）

[URL] https://www.meti.go.jp

資源エネルギー庁

[URL] https://www.enecho.meti.go.jp

中小企業庁

[URL] https://www.chusho.meti.go.jp

特　許　庁

〒100-8915　東京都千代田区霞が関 3 - 4 - 3

[Tel.] 03-3581-1101（代表）

[URL] https://www.jpo.go.jp

（独立行政法人）製品評価技術基盤機構

〒151-0066　東京都渋谷区西原 2 -49-10

[Tel.] 03-3481-1921（代表）

[URL] https://www.nite.go.jp

（独立行政法人）経済産業研究所

[URL] https://www.rieti.go.jp

（国立研究開発法人）産業技術総合研究所

[URL] https://www.aist.go.jp

（独立行政法人）工業所有権情報・研修館

[URL] https://www.inpit.go.jp

農林水産省

Ministry of Agriculture, Forestry
and Fisheries

〒100-8950　東京都千代田区霞が関 1 - 2 - 1

[Tel.] 03-3502-8111

[URL] http://www.maff.go.jp

（国立研究開発法人）農業・食品産業技術
総合研究機構

〒305-8517　茨城県つくば市観音台 3 - 1 - 1

[Tel.] 029-838-8998

[URL] http://www.naro.go.jp

文部科学省

Ministry of Education, Culture, Sports,
Science and Technology

〒100-8959　東京都千代田区霞が関 3 - 2 - 2

[Tel.] 03-5253-4111（代表）

[URL] http://www.mext.go.jp

（国立研究開発法人）科学技術振興機構

本部：〒332-0012　埼玉県川口市本町 4 - 1 -
8　川口センタービル

[Tel.] 048-226-5601

[URL] https://www.jst.go.jp

東京本部：〒102-8666　東京都千代田区四番
町5-3　サイエンスプラザ

[Tel.] 03-5214-8404（総務部広報課）

厚生労働省

Ministry of Health, Labour and Welfare

〒100-8916　東京都千代田区霞が関 1－2－2
　中央合同庁舎 5 号館

[Tel.]　03-5253-1111

[URL]　https://www.mhlw.go.jp

国立医薬品食品衛生研究所

〒210-9501　神奈川県川崎市川崎区殿町 3－25-26

[Tel.]　044-270-6600

[URL]　http://www.nihs.go.jp/index-j.html

環　境　省

Ministry of the Environment

〒100-8975　東京都千代田区霞が関 1－2－2
　中央合同庁舎 5 号館

[Tel.]　03-3581-3351

[URL]　http://www.env.go.jp

(国立研究開発法人)国立環境研究所

[URL]　http://www.nies.go.jp

(独立行政法人)環境再生保全機構

[URL]　https://www.erca.go.jp

地球環境パートナーシッププラザ

[URL]　http://www.geoc.jp

総務省 消防庁

Fire and Disaster Management Agency

〒100-8927　東京都千代田区霞が関 2－1－2
　中央合同庁舎第 2 号館

[Tel.]　03-5253-5111（代表）

[URL]　https://www.fdma.go.jp

国土交通省

Ministry of Land, Infrastructure, Transport and Tourism

〒100-8918　東京都千代田区霞が関 2－1－3
　中央合同庁舎 3 号館

東京都千代田区霞が関 2－1－2　中央合同庁舎
　2 号館（分館）

[Tel.]　03-5253-8111（代表）

[URL]　http://www.mlit.go.jp

財　務　省

Ministry of Finance

〒100-8940　東京都千代田区霞が関 3－1－1

[Tel.]　03-3581-4111（代表）

[URL]　https://www.mof.go.jp

第4部

化学産業の
情報収集

◎法令、統計、化学物質、学術論文などの検索データベース情報

名　　　　称	所　　管
【法　令】	
電子政府の総合窓口（法令検索等）	総務省
日本法令外国語訳データベースシステム	法務省
官　報（法律、政省令等）	（独法）国立印刷局
【統　計】	
薬事工業生産動態統計 医薬品・医療機器産業実態　など	厚生労働省
日本標準産業分類	総務省
生産動態統計 　化学工業統計編／資源・窯業・建材統計編／紙・印刷・ 　プラスチック製品・ゴム製品統計編／鉄鋼・非鉄金属・ 　金属製品統計編／繊維・生活用品統計編／機械統計編	経済産業省
工業統計	経済産業省
商業統計	経済産業省
貿易統計	財務省
農林水産統計	農林水産省
【データベース、役立つ検索サイト】	
〔化学物質等〕	
化審法データベース（J-CHECK）	（独法）製品評価技術基盤機構《NITE》　化学 物質管理センター［厚生労働省、経済産業省、 環境省の共同］
化学物質総合情報提供システム（CHRIP）	（独法）製品評価技術基盤機構《NITE》　化学物 質管理センター
化学物質データベース　WebKis-Plus	国立環境研究所　環境リスク・健康研究セン ター
職場のあんぜんサイト　化学物質情報	厚生労働省
国際化学物質安全性カード（ICSC）日本語版	国立医薬品食品衛生研究所《NIHS》
ケミココ　chemi COCO　化学物質情報検索支援システム	環境省

内　　容	U R L
法令(憲法・法律・政令・勅令・府令・省令)の検索	http://elaws.e-gov.go.jp
法令(日本語、英訳)の検索	http://www.japaneselawtranslation.go.jp/?re=01
直近 1 カ月の官報の閲覧	https://kanpou.npb.go.jp

内　　容	U R L
生産金額、経営実態等の把握など (厚生労働統計一覧)	https://www.mhlw.go.jp/toukei/itiran
日本の産業を分類 (大分類、中分類、小分類、細分類)	http://www.soumu.go.jp/toukei_toukatsu/index/seido/sangyo
生産、出荷、在庫等の統計など (経済産業省生産動態統計)	https://www.meti.go.jp/statistics/tyo/seidou/result/ichiran/08_seidou.html
工業実態	https://www.meti.go.jp/statistics/tyo/kougyo/index.html
商業実態	https://www.meti.go.jp/statistics/tyo/syoudou/
輸出入の数量、金額(財務省貿易統計)	https://www.customs.go.jp/toukei/info/
経営、生産、流通等の統計(農林水産省)	http://www.maff.go.jp/j/tokei

内　　容	U R L
化審法化学物質の検索、対象物質リスト	https://www.nite.go.jp/jcheck/top.action?request_locale=ja
化学物質の番号や名称等から、有害性情報、法規制情報等を検索、法規制等の対象物質リスト	https://www.nite.go.jp/chem/chrip/chrip_search/systemTop
物質名、CAS番号で化学物質情報等を検索 (化審法、PRTR法、農薬取締法等)	https://www.nies.go.jp/kisplus/
安衛法名称公表化学物質等、GHS対応モデルラベル・モデルSDS情報等の検索、災害事例等	http://anzeninfo.mhlw.go.jp/user/anzen/kag/kagaku_index.html
日本語版ICSC情報の検索	https://www.nihs.go.jp/ICSC
物質名、法律名・用語などから関連情報を外部データベースにて検索	http://www.chemicoco.env.go.jp

名　　　　　称	所　　管
〔労働災害等〕	
職場のあんぜんサイト　労働災害事例	厚生労働省
職場のあんぜんサイト　労働災害統計	厚生労働省
危険物総合情報システム	危険物保安技術協会
化学物質リスク評価支援ポータルサイト JCIA BIGDr	(一社)日本化学工業協会
失敗知識データベース	(特非)失敗学会
事故情報	高圧ガス保安協会
製油所の安全安定運転の支援―国内/海外の事故事例	(一財)石油エネルギー技術センター
廃棄物および循環資源における安全情報データベース	京都大学大学院工学研究科都市環境工学専攻 大下和徹　准教授（2021年現在）
〔研究論文、研究者等〕	
CiNii Articles	国立情報学研究所《NII》
データベース・コンテンツサービス	(国研)科学技術振興機構《JST》
科学技術情報発信・流通総合システム（J-STAGE）	(国研)科学技術振興機構《JST》
researchmap	(国研)科学技術振興機構《JST》、国立情報学研究所《NII》
科学研究費助成事業データベース（KAKEN）	国立情報学研究所《NII》
J-GLOBAL	(国研)科学技術振興機構《JST》
〔その他〕	
特許情報プラットフォーム（J-Plat Pat）	(独法)工業所有権情報・研修館
日本産業規格（JIS）検索	日本産業標準調査会《JISC》
全国自治体マップ検索	地方公共団体情報システム機構《J-LIS》
J-Net21 支援情報ヘッドライン	(独法)中小企業基盤整備機構
国立国会図書館サーチ	国立国会図書館
日本製薬工業協会（製薬協：JPMA）刊行物（資料室）	日本製薬工業協会
産業技術史資料データベース	国立科学博物館

内　　容	Ｕ Ｒ Ｌ
死亡災害、労働災害(死傷)、ヒヤリ・ハット事例、機械災害などのデータベース	https://anzeninfo.mhlw.go.jp/anzen_pg/SAI_FND.aspx
死亡災害件数、死傷災害件数、度数率、強度率、災害原因要素の分析など	https://anzeninfo.mhlw.go.jp/user/anzen/tok/toukei_index.html
事故事例集、用語集など(要登録。有料)	http://www.khk-syoubou.or.jp/hazardinfo/guide.html
有害性データ・曝露情報の収集、作業者リスクの評価など(一部有料)	https://www.jcia-bigdr.jp
機械、化学、石油などのカテゴリー別に事故事例がまとめられている	http://www.shippai.org/fkd/index.php
高圧ガス事故情報(事例データベース、統計資料など)、ＬＰガス事故情報(統計資料など)	https://www.khk.or.jp/public_information/incident_investigation
国内/海外の製油所における事故事例	http://www.pecj.or.jp/japanese/safer/safer.html

日本の学術論文情報の検索	https://ci.nii.ac.jp
文献、特許・技術、産学官連携、研究者、研究機関等の検索	https://www.jst.go.jp/data
日本の科学技術情報関係の電子ジャーナル等の検索	https://www.jstage.jst.go.jp/browse/-char/ja
国内の大学・公的研究機関等に関する研究機関、研究者、研究課題、研究資源の検索	https://researchmap.jp
研究者情報の検索	https://nrid.nii.ac.jp/
研究者、文献、特許、研究課題、機関、科学技術用語、化学物質、遺伝子、研究資源等の検索	https://jglobal.jst.go.jp

特許・実用新案、意匠、商標の検索	https://www.j-platpat.inpit.go.jp
JIS(規格番号、規格名称、単語で)検索	https://www.jisc.go.jp/app/jis/general/GnrJISSearch.html
地方公共団体ホームページへのリンク一覧	https://www.j-lis.go.jp/spd/map-search/cms_1069.html
イベント・セミナー等の情報検索	https://j-net21.smrj.go.jp/snavi/event
国会図書館をはじめ、全国の公共図書館、公文書館、美術館や学術研究機関などの情報を検索	https://iss.ndl.go.jp
てきすとぶっく、DATA BOOKなど、製薬協発行の刊行物を閲覧可能	http://www.jpma.or.jp/news_room/issue/index.html
日本の産業技術の発展を示す資料の所蔵場所を、分野ごとに検索できる	http://sts.kahaku.go.jp/sts/

◎ 図　書　館 （開館日時などについては、ウェブサイトなどでご確認ください）

【官公庁】

名　　称・連　絡　先	分　　野
国立国会図書館（東京本館） 　〒100-8924　東京都千代田区永田町１-10-１ 　電話　03-3506-3300（自動音声案内）	全般
国立国会図書館（関西館） 　〒619-0287　京都府相楽郡精華町精華台８-１-３ 　電話　0774-98-1200（自動音声案内）	全般（科学技術関係資料の収集に注力）
経済産業省図書館 　〒100-8901　東京都千代田区霞が関１-３-１　経済産 　業省別館１階 　電話　03-3501-5864（ダイヤルイン）	経済産業、対外経済、ものづくり、エネルギーなどの政策
厚生労働省図書館 　〒100-8916　東京都千代田区霞が関１-２-２　中央合 　同庁舎第５号館19階 　電話　03-5253-1111（内線7687、7688）	社会福祉、社会保険、公衆衛生および社会・労働関係
農林水産省図書館 　〒100-8950　東京都千代田区霞が関１-２-１　農林水 　産省本館１階 　電話　03-3591-7091（ダイヤルイン）	農林水産業および農林水産行政。林野図書資料館（森林、林業、木材産業関係）を併設。同資料館は各種イベントに力を入れており、web上で「お山ん画」などの漫画を公開中
総務省統計図書館（国立国会図書館支部） 　〒162-8668　東京都新宿区若松町19-１　総務省第２ 　庁舎（統計局）１階 　電話　03-5273-1132	国内・海外の統計関係資料など。なお、第２庁舎敷地内には統計資料館がある
環境省図書館 　〒100-8975　東京都千代田区霞が関１-２-２　中央合 　同庁舎５号館19階 　電話　03-3581-3351（内線6200、7200）	環境省の報告書、調査書など
国土交通省図書館 　〒100-8918　東京都千代田区霞が関２-１-２　合同庁 　舎第２号館14階 　電話　03-5253-8332	国土交通省の報告書、関連する図書など
文部科学省図書館 　〒100-8959　東京都千代田区霞が関３-２-２　旧文部 　省庁舎３階 　電話　03-5253-4111	文部科学省発行物や、教育、科学技術などの図書・資料
物質・材料研究機構図書館 　〒305-0047　茨城県つくば市千現１-２-１ 　〒305-0044　茨城県つくば市並木１-１ 　電話　029-859-2053	材料分野を中心に、物理・化学・生物・工学分野の図書資料やデータベース、データシート、データブック

名　称・連　絡　先	分　野
JAEA図書館（原子力専門図書館） 〒319-1195 茨城県那珂郡東海村大字白方2－4 電話　029-282-5376	原子力関連の専門図書・雑誌、研究レポート
宇宙航空研究開発機構図書館 〒182-8522 東京都調布市深大寺東町7－44－1　調布航空宇宙センター内 電話　0422-40-3938 筑波宇宙センター、相模原キャンパス、角田宇宙センターにも図書室あり	宇宙航空分野に関する、基礎的研究から開発に至るまでの、資料や専門書
農研機構図書館 〒305-8604　茨城県つくば市観音台3－1－3 mail：ref-naro@ml.affrc.go.jp	農業環境に関した多岐にわたる図書、明治26年からの旧農事試験場・農林水産省農環研時代の貴重な資料も数多く所蔵

【公　立】

名　称・連　絡　先	分　野
東京都立中央図書館 〒106-8575 東京都港区南麻布5－7－13（有栖川宮記念公園内） 電話　03-3442-8451（代表）	ビジネス・法律・医療情報、工業技術、環境、（専門）新聞閲覧など
神奈川県立産業技術総合研究所図書室 〒243-0435 神奈川県海老名市下今泉705－1 電話　046-236-1500（代表，内線2310）	理工系の一般図書、科学技術関係の雑誌や図書など
神奈川県立川崎図書館 〒213-0012 神奈川県川崎市高津区坂戸3－2－1 電話　044-299-7825（代表）	自然科学、工学、産業技術系の資料、国内外の工業規格、会社史、団体史など
品川区立大崎図書館 〒141-0001 東京都品川区北品川5－2－1 電話　03-3440-5600	ものづくりの産業情報を中心にした新聞・雑誌・データベースなど
大阪府立中之島図書館 〒530-0005 大阪市北区中之島1－2－10 電話　06-6203-0474（代表）	ビジネス支援、会社史、古典籍

【関係団体等】

名　称・連　絡　先	分　野
自動車図書館 〒105-0012 東京都港区芝大門1－1－30　日本自動車会館1階 電話　03-5405-6139	自動車に関する国内外の図書や文献、自動車雑誌

名　称・連絡先	分　野
ＢＩＣライブラリー 　　〒105-0011 東京都港区芝公園3-5-8　機械振興会 　　館 B 1階 　　電話　03-3434-8255	機械産業を中心としたビジネス情報
ジェトロビジネスライブラリー 　　〒541-0052 大阪市中央区安土町2-3-13　大阪国際 　　ビルディング29階 　　電話　06-4705-8604	世界各国の統計、会社・団体情報、貿易・投 資制度、関税率表などの資料など
ジェトロ アジア経済研究所図書館 　　〒261-8545 千葉市美浜区若葉3-2-2 　　電話　043-299-9716	開発途上地域の経済、政治、社会等を中心と する諸分野の学術的文献、資料など
食の文化ライブラリー 　　（東京）〒108-0074 東京都港区高輪3-13-65　味の 　　素グループ高輪研修センター内 　　電話　03-5488-7319 　　【食のライブラリー】 　　（大阪）〒530-0005 大阪市北区中之島6-2-57　味 　　の素グループ大阪ビル2階 　　電話　06-6449-5842	食文化やその周辺分野の書籍、雑誌、ＤＶＤ など
紙博図書室 　　〒114-0002 東京都北区王子1-1-3　紙の博物館1階 　　電話　03-3916-2320	紙・パルプ・製紙業・和紙およびその周辺分 野の図書・雑誌を所蔵
印刷博物館ライブラリー 　　〒112-8531 東京都文京区水道1-3-3　トッパン小 　　石川ビル 　　電話　03-5840-2300	印刷および関連分野（出版、広告、文字、イ ンキ、紙など）
日本医薬情報センター附属図書館 　　〒150-0002 東京都渋谷区渋谷2-12-15　長井記念館 　　4階 　　電話　03-5466-1827	医薬関連の書籍のほか、世界の医薬品集・価 格表、世界の公定書、医薬品安全性関連情報 誌など
日本鉄鋼会館ライブラリー 　　〒103-0025 東京都中央区日本橋茅場町3-2-10 　　電話　03-3669-4821	内外の鉄鋼業や鉄鋼需要に関する図書・資料、 DVDなど
石油天然ガス・金属鉱物資源機構　金属資源情報センター （図書館） 　　〒105-0001 東京都港区虎ノ門2-10-1　虎ノ門ツイ 　　ンビルディング西棟15階 　　電話　03-6758-8080	国内唯一の金属資源に関する専門図書館
全国市有物件災害共済会　防災専門図書館 　　〒102-0093 東京都千代田区平河町2-4-1　日本都 　　市センター会館内 　　電話　03-5216-8716	災害・防災・減災等に関する資料を所蔵する専 門図書館

名　　称・連絡先	分　　野
海事図書館 〒102-0093 東京都千代田区平河町２－６－４　海運ビル９階 電話　03-3263-9422	海運、港湾、造船および関連産業など、海事に関する国内外の図書・雑誌
名古屋市工業研究所　産業技術図書館 〒456-0058 愛知県名古屋市熱田区６－３－４－41 電話　052-661-3161	内外の技術図書・雑誌約３万冊や、特許情報、企業・人材など各種データベース
東京大学薬学図書館 〒113-0033 東京都文京区本郷７－３－１ 電話　03-5841-4705、4745	薬学系の図書、新聞、和洋雑誌のほか、薬剤師試験参考書、大学院薬学系の過去入試問題など
慶応義塾大学　理工学メディアセンター　松下記念図書館 〒223-8522 神奈川県横浜市港北区日吉３－14－１ 電話　045-566-1477	理工学分野の専門図書館

●COVID-19と技術革新②
産業機械市場の新市場開拓

　産業機械メーカー、プラント関連企業などが優れた独自技術を駆使してCOVID-19対策用の新製品・新システムの開発を進めています。2020年は世界的な景気後退で設備投資が低迷し、産業機械市場は急速にシュリンクしました。今後の展望がなかなか見いだせないなか、各社は今後、ウイズコロナ、アフターコロナ時代にあった「安全と安心」をキーワードに新しい市場を開拓しています。

　例えば日立造船は、室内の浮遊ウイルス対策向けに業務用空気殺菌機を開発、販売を始めました。空気をファンで吸い込み深紫外線ＬＥＤを照射することで、微生物や病原性ウイルスを殺菌・不活化させる仕組みです。浮遊ウイルス試験では25平方メートルの空間を19分で99.9％不活化し、ウイルス抑制効果を発揮しました。これは床面積100平方メートル換算で最大風量条件の場合、インフルエンザウイルスを3時間以内に99.9％不活化できる能力に相当します。

　特徴は、深紫外線ＬＥＤでウイルスを不活化しＨＥＰＡフィルターで捕集し外部に排出させない２重構造にあります。そしてこの殺菌機は約２年間２４時間連続で稼働するとのことです。

　また、横河電機は、国境を越える移動や出張が困難となるなか、リモートエンジニアリングによるサービス充実を図っています。すでにリモートＦＡＴ（工場受入検査）やコミッショニング（機器の立ち上げ試運転）などの受注が順調に増加しているとのことです。

　エキスパートである横河電機のサービス員と、海外にあるプラントの現場作業員をオンラインで結ぶこのリモートサービスは、ハード、ソフト、インテグレーションなどの信頼性が評価され、カナダ、オマーン、イラクなど海外プラントで採用されました。

　当面、世界的な移動制限が継続される見通しのため対面型ビジネスが困難になるなか、横河電機はリモートエンジニアリングの受注が順調に拡大すると予測しています。

◎ 博　物　館（開館日時などについては、ウェブサイトなどでご確認ください）

【官公庁、自治体、大学等】

名　称・連　絡　先	概　　要
科学技術館 　〒102-0091　東京都千代田区北の丸公園2－1 　電話　03-3212-8544	現代から近未来の科学技術や産業技術に関するものを展示
日本科学未来館 　〒135-0064　東京都江東区青海2－3－6 　電話　03-3570-9151（代表）	素朴な疑問から最新テクノロジー、地球環境、宇宙、生命などさまざまなスケールで現在進行形の科学技術を体験できる
TEPIA 先端技術館 　〒107-0061　東京都港区北青山2－8－44 　電話　03-5474-6128	機械・情報・新素材・バイオ・エネルギーなどの最新の先端技術を分かりやすく展示
埼玉県環境科学国際センター　展示館 　〒347-0115　埼玉県加須市上種足914 　電話　0480-73-8351	日常生活レベルの身近な環境問題から地球規模の問題まで楽しく学べる
千葉県立現代産業科学館 　〒272-0015　千葉県市川市鬼高1－1－3 　電話　047-379-2000（代表）	現代の日本および千葉県の基幹産業である電力産業・石油産業・鉄鋼産業、先端技術などについて展示
神奈川県立生命の星・地球博物館 　〒250-0031　神奈川県小田原市入生田499 　電話　0465-21-1515	恐竜や隕石から昆虫など、実物標本を中心に、地球の歴史と生命の多様性を展示した自然博物館
大阪科学技術館 　〒550-0004　大阪市西区靱本町1－8－4 　電話　06-6441-0915	エネルギー、エレクトロニクス、地球環境、情報通信など、最新の科学技術を体験型のクイズやゲームで楽しく学ぶ
四日市公害と環境未来館 　〒510-0075　三重県四日市市安島1－3－16 　電話　059-354-8065	昭和30年代の四日市公害の経緯と被害、環境改善の取り組みなどを体系的に展示し、未来に向けて公害と環境問題について学ぶ
大牟田市　石炭産業科学館 　〒836-0037　福岡県大牟田市岬町6－23 　電話　0944-53-2377	近代日本の発展をエネルギー面から支えた石炭産業の歴史を紹介
東京工業大学　博物館（百年記念館） 　〒152-8550　東京都目黒区大岡山2－12－1 　電話　03-5734-3340 　すずかけ台分館：〒226-8503 神奈川県横浜市緑区長津 　　田町4259 　電話　045-924-5991	様々な先端研究や社会への応用実績などを発信。すずかけ台分館では環境・バイオ・材料・情報・機能機械などの分野から生まれた、独自性の高い新技術やその技術移転成果を展示
東京農業大学　「食と農」の博物館 　〒158-0098　東京都世田谷区上用賀2－4－28 　電話　03-5477-4033	食と農を通して、生産者と消費者、シニア世代と若い世代、農村と都市を結ぶ。多様なイベントや隣接する展示温室 "バイオリウム" で楽しい学びの場を提供

名　　称・連絡先	概　　要
東京農工大学　科学博物館 〒184-8588 東京都小金井市中町 2 − 24 − 16 電話　042-388-7163 分館：〒183-8509 東京都府中市幸町 3 − 5 − 8 電話　042-367-5655	養蚕・製糸・機織に関する資料、最新の化学繊維などのほか、農学・工学の研究成果を展示
日本工業大学　工業技術博物館 〒345-8501 埼玉県南埼玉郡宮代町学園台 4 − 1 電話　0480-33-7545	歴史的工作機械250点以上を実際に動かせる状態で展示。SLも定期的に運行
静岡大学　高柳記念未来技術創造館 〒432-8011 静岡県浜松市中区城北 3 − 5 − 1 電話　053-478-1402	初期のブラウン管テレビから最新の有機ELテレビまで、テレビの発展と歴史を直接目で見て体感できる

【民間（関係企業、団体等）】

名　　称・連絡先	概　　要
サッポロビール博物館 〒065-8633 北海道札幌市東区北 7 条東 9 − 1 − 1 電話　011-748-1876	明治初期に活躍した「開拓使」の紹介から、サッポロビールの誕生、近代日本ビール産業を牽引した「大日本麦酒」時代、そして現在までを歴史的資料を通して学べる
TDK歴史みらい館 〒018-0402 秋田県にかほ市平沢字画書面15 電話　0184-35-6580	「磁性」技術を中心にした製品や技術の歴史とともに未来への取り組みを紹介する
がすてなーに　ガスの科学館 〒135-0061 東京都江東区豊洲 6 − 1 − 1 電話　03-3534-1111	「エネルギー」や「ガス」の役割や特長を分かりやすく学習できる
食とくらしの小さな博物館 〒108-0074 東京都港区高輪 3 − 13 − 65 味の素グループ　高輪研修センター内 2 階 電話　03-5488-7305	味の素グループの100年にわたる歴史と、将来に向けた活動を紹介
Daiichi Sankyo　くすりミュージアム 〒103-8426 東京都中央区日本橋本町 3 − 5 − 1 電話　03-6225-1133	くすりの働きや仕組み、くすりづくり、くすりと日本橋の関係などに関して、楽しく、分かりやすく、学ぶことができる体験型施設
花王ミュージアム 〒131-8501 東京都墨田区文花 2 − 1 − 3　花王すみだ 事業場内　電話　03-5630-9004（事前予約制）	花王がこれまで収集した数々の史料を展示・公開、清浄文化の移り変わりについて紹介
紙の博物館 〒114-0002 東京都北区王子 1 − 1 − 3 電話　03-3916-2320	和紙・洋紙を問わず、古今東西の紙に関する資料を幅広く収集・保存・展示する世界有数の紙の総合博物館
印刷博物館 〒112-8531 東京都文京区水道 1 − 3 − 3　トッパン小石川ビル 電話　03-5840-2300	古いポスター、チラシ、書籍から最近の印刷物まで、バラエティ豊かな資料を収蔵

名　称・連絡先	概　要
容器文化ミュージアム 　〒141-8627　東京都品川区東五反田２−18−１　大崎 　フォレストビルディング１階 　電話　03-4531-4446	文明の誕生と容器の関わりから、最新の容器 包装まで、その歴史や技術、工夫を紹介する
Bridgestone Innovation Gallery 　〒187-8531　東京都小平市小川東町３−１−１ 　電話　042-342-6363	ゴムやタイヤについての情報を実物やパネ ル、実験装置で分かりやすく紹介
三菱みなとみらい技術館 　〒220-8401　神奈川県横浜市西区みなとみらい３−３− 　　１　三菱重工横浜ビル 　電話　045-200-7351	航空宇宙、海洋、交通・輸送、環境・エネルギー などのゾーンに分け最先端の技術を展示
トヨタ産業技術記念館 　〒451-0051　愛知県名古屋市西区則武新町４−１−35 　電話　052-551-6115	産業遺産の赤レンガの豊田自動織機工場を利 用し、繊維機械、自動車、蒸気機関など、実 物や装置を幅広く展示
大阪ガス　ガス科学館 　〒592-0001　大阪府高石市高砂３−１ 　電話　072-268-0071	「地球環境の保全とエネルギーの有効利用」 をテーマに、天然ガスや、地球環境について 学べる
坂出市塩業資料館 　〒762-0015　香川県坂出市大屋冨町1777−12 　電話　0877-47-4040	古代から現代までの塩づくりの歴史、文献な どを展示。

◎ 取得しておきたい資格

◉衛生管理者

国家資格
【所管：厚生労働省】

労働者の健康障害を防止するための作業環境管理、作業管理、健康管理、労働衛生教育の実施、健康の保持増進措置などを行う。

- **第1種**：すべての業種の事業場
- **第2種**：有害業務と関連の薄い業種－情報通信業、金融・保険業、卸売・小売業など一定の業種の事業場のみ

[問い合わせ]
公益財団法人　安全衛生技術試験協会
〒101-0065　東京都千代田区西神田3-8-1　千代田ファーストビル東館9階
電話　03-5275-1088
URL　https://www.exam.or.jp

◉エネルギー管理士

国家資格
【所管：経済産業省】

エネルギーの使用の合理化に関して、エネルギーを消費する設備の維持、エネルギーの使用の方法の改善、監視、その他経済産業省令で定めるエネルギー管理の業務を行う。
第1種エネルギー管理指定工場（製造業、鉱業、電気供給業、ガス供給業、熱供給業の5業種）事業者は、エネルギーの使用量に応じて1～4名のエネルギー管理者を選任しなければならない。

[問い合わせ]
一般財団法人　省エネルギーセンター
〒108-0023　東京都港区芝浦2-11-5　五十嵐ビルディング
電話　03-5439-4970（エネルギー管理試験・講習本部　試験部）
URL　https://www.eccj.or.jp

◉火薬類関係

国家資格
【所管：経済産業省】

危険度の高い火薬類の貯蔵・消費・製造に関して、安全性の確保を最優先として取り扱い状況（火薬庫の構造、保安教育の実施など）や製造状況（製造施設・方法・危険予防規程の遵守など）のチェックを行う。

- **火薬類取扱保安責任者**：火薬庫、火薬類の消費場所。**甲種、乙種**がある
- **火薬類製造保安責任者**：火薬類の製造工場。**甲種、乙種、丙種**がある

[問い合わせ]
公益社団法人　全国火薬類保安協会
〒104-0032　東京都中央区八丁堀4-13-5　幸ビル8階
電話　03-3553-8762
URL　http://www.zenkakyo-ex.or.jp

◉危険物取扱者

一定数量以上の危険物を貯蔵し、取り扱う化学工場、ガソリンスタンド、石油貯蔵タンク、タンクローリー等には、危険物を取り扱うために必ず危険物取扱者を置かなければならない。

甲種：全類の危険物の取り扱いと定期点検、保安の監督
乙種：指定の類の危険物について、取り扱いと定期点検、保安の監督
丙種：特定の危険物(ガソリン、灯油、軽油、重油など)に限り、取り扱いと定期点検

[問い合わせ]
一般財団法人　消防試験研究センター
〒100-0013 東京都千代田区霞が関 1 - 4 - 2　大同生命霞が関ビル19階
電話　03-3597-0220
URL https://www.shoubo-shiken.or.jp

◉技術士・技術士補

科学技術の高度な専門的応用能力を必要とする事項について、計画、研究、設計、分析、試験、評価、またはこれらに関する指導業務を行う。二次試験の技術部門には、機械、船舶・海洋、航空・宇宙、電気電子、化学、繊維、金属、資源工学、建設、上下水道、衛生工学、農業、森林、水産、経営工学、情報工学、応用理学、生物工学、環境、原子力・放射線、総合技術監理がある。

[問い合わせ]
公益社団法人　日本技術士会(技術士試験センター)
〒105-0011 東京都港区芝公園 3 - 5 - 8　機械振興会館 4 階
電話　03-6432-4585
URL https://www.engineer.or.jp

◉高圧ガス関係

それぞれの資格に定められた職務経験を有している場合に限り、保安、安全管理、監視、販売等の職務を行うことができる。

• **高圧ガス販売主任者**(第 1 種、第 2 種)　• **高圧ガス製造保安責任者**〔甲種・乙種化学、丙種化学(液化石油ガス、特別試験科目)、甲種・乙種機械など〕
• **液化石油ガス設備士**　• **特定高圧ガス取扱主任者**　• **高圧ガス移動監視者**

[問い合わせ]
高圧ガス保安協会
〒105-8447 東京都港区虎ノ門 4 - 3 -13　ヒューリック神谷町ビル
電話　03-3436-6100(代表)
URL https://www.khk.or.jp

◉公害防止管理者

国家資格
【所管：経済産業省】

大気汚染、水質汚濁、騒音、振動等を防止するため、公害発生施設または公害防止施設の運転、維持、管理、燃料、原材料の検査等を行う。
- **大気関係：第1種～第4種**
- **騒音・振動関係**
- **一般粉じん関係**
- **ダイオキシン類関係**
- **水質関係：第1種～第4種**
- **特定粉じん関係**
- **公害防止主任管理者**

［問い合わせ］
一般社団法人　産業環境管理協会
〒101-0044 東京都千代田区鍛冶町2-2-1　三井住友銀行神田駅前ビル
電話　03-5209-7713（試験部門　公害防止管理者試験センター）　　　URL http://www.jemai.or.jp

◉作業主任者

国家資格
【所管：厚生労働省】

労働災害を防止するための管理を必要とする一定の作業について、その作業区分に応じて選任が義務付けられている。
（主な作業主任者）
- **石綿作業主任者**：人体に有害な石綿が使用されている建築物、工作物の解体等の作業に係る業務を安全に行うための作業主任者
- **ガス溶接作業主任者**：アセチレン溶接装置、ガス集合溶接装置を用いて行う金属の溶接、溶断、加熱の作業を行う場合にて、その作業全般の責任者

［問い合わせ］（石綿作業主任者など）
一般財団法人　労働安全衛生管理協会
〒336-0017 埼玉県さいたま市南区南浦和2-27-15　信庄ビル3階
電話　048-885-7773　　　URL http://www.roudouanzen.com

◉電気主任技術者

国家資格
【所管：経済産業省】

電気工作物（電気事業用および自家用電気工作物）の工事、維持、運用に関する保安の監督を行う。
- **第1種電気主任技術者**：すべての事業用電気工作物
- **第2種電気主任技術者**：電圧17万V未満の事業用電気工作物
- **第3種電気主任技術者**：電圧5万V未満の事業用電気工作物（出力5,000kW以上の発電所を除く）

［問い合わせ］
一般財団法人　電気技術者試験センター
〒104-8584 東京都中央区八丁堀2-9-1　RBM東八重洲ビル8階
電話　03-3552-7691　　　URL https://www.shiken.or.jp

◉毒物劇物取扱責任者

国家資格
【所管：厚生労働省】

毒劇物の製造業・輸入業・販売業を行う場合に必要な管理・監督をする専任の責任者。
- **一般毒物劇物取扱者**：全品目
- **農業用品目毒物劇物取扱者**：農業上、必要なもの
- **特定品目毒物劇物取扱者**：限定されたもの

- 欠格事項に該当せず、資格を有する者
  1. 薬剤師
  2. 厚生労働省令で定める学校で、応用化学に関する学課を修了した者
  3. 各都道府県が実施する毒物劇物取扱者試験に合格した者

［問い合わせ］　認定：各都道府県庁

◉ボイラー関係

国家資格
【所管：厚生労働省】

- **ボイラー技士**：建造物のボイラー安全運転を保つためにボイラーの監視・調整・検査などの業務を行う。特級（大規模な工場等）、1級（大規模な工場や事務所・病院等）、2級（一般に設置されている製造設備、暖冷房、給湯用など）
- **ボイラー整備士**：一定規模以上のボイラーや第1種圧力容器の整備など（清掃、点検、交換、運転の確認など）を行う。
- **ボイラー溶接士**：ボイラーや第1種圧力容器の溶接を行う。特別、普通がある。

［問い合わせ］
公益財団法人　安全衛生技術試験協会
〒101-0065 東京都千代田区西神田3-8-1　千代田ファーストビル東館9階
電話　03-5275-1088　　URL https://www.exam.or.jp

◉環境カウンセラー

登録資格
【所管：環境省】

市民活動や事業活動の中での環境保全に関する取り組みについて豊富な実績や経験を有し、環境保全に取り組む市民団体や事業者等に対してきめ細かな助言を行うことのできる人材として登録。
登録期間：3年
- **事業者部門**：環境マネジメントシステム監査、環境専門分野の講師等
- **市民部門**：環境教育セミナーの講師や環境関連ワークショップの進行役、地域環境活動へのアドバイス、企画等

［問い合わせ］
公益財団法人　日本環境協会
〒101-0032 東京都千代田区岩本町1-10-5　TMMビル5階
電話　03-5829-6524　　URL https://www.jeas.or.jp

◉化学物質管理士

民間資格

企業に向け、化学物質管理における適切な情報や、必要に応じた役務を提供する。
公益社団法人日本技術士会の化学、生物工学、環境部門他の技術士で、化学物質管理の実務経験豊富な
専門家を対象に、一般社団法人化学物質管理士協会(Pro-MOCS)が認定する。

[問い合わせ]
一般社団法人　化学物質管理士協会
〒105-0003 東京都港区西新橋2‐8‐1 ワカサビル4階
電話　03-6314-7979　　　URL http://www.pro-mocs.or.jp/index.html

参考資料

◎ノーベル化学賞　受賞者一覧

年度	受　賞　者	国　籍	受　賞　理　由
1901	J. H. ファント・ホフ	オランダ	化学動力学と溶液の浸透圧の法則の発見
1902	H. E. フィッシャー	ドイツ	糖類およびプリンの合成
1903	S. A. アレニウス	スウェーデン	電離の電極理論による化学の進歩への貢献
1904	W. ラムゼー	イギリス	空気中の不活性気体元素の発見と、周期律におけるその位置の確定
1905	J. F. W. A. v. バイヤー	ドイツ	有機染料とヒドロ芳香族化合物の研究による有機化学と化学工業への貢献
1906	H. モワサン	フランス	フッ素の研究と分離、モワサン電気炉の科学での利用
1907	E. ブフナー	ドイツ	生化学の研究と無細胞発酵の発見
1908	E. ラザフォード	イギリス	元素の崩壊と放射性物質の化学の研究
1909	W. オストヴァルト	ドイツ	触媒の研究、化学平衡と反応速度の基礎原理の研究
1910	O. ヴァラッハ	ドイツ	脂環式化合物の分野での先駆的研究による有機化学および化学工業への貢献
1911	M. S. キュリー	フランス	ラジウムとポロニウムの発見、ラジウムの分離とその性質および化合物の研究
1912	V. グリニャール	フランス	グリニャール試薬の発見
	P. サバティエ	フランス	微細な金属粒子を用いる有機化合物水素化法
1913	A. ウェルナー	スイス	分子内の原子の結合に関する研究
1914	T. W. リチャーズ	アメリカ	多くの元素の原子量の正確な決定
1915	R. M. ウィルシュテッター	ドイツ	植物の色素、特にクロロフィルの研究
受賞者なし（1916 〜 1917）			
1918	F. ハーバー	ドイツ	元素からのアンモニアの合成
受賞者なし（1919）			
1920	W. ネルンスト	ドイツ	熱化学における業績
1921	F. ソディー	イギリス	放射性物質の化学への貢献、同位体の起源と性質の研究
1922	F. W. アストン	イギリス	質量分析による多くの非放射性元素の同位体の発見、整数法則の発見
1923	F. プレーグル	オーストリア	有機物の微量分析法の発明
受賞者なし（1924）			
1925	R. A. ジグモンディ	ドイツ	コロイド溶液の不均一性の証明、コロイド化学の研究法の開発
1926	T. スヴェドベリ	スウェーデン	分散系の研究
1927	H. O. ビーランド	ドイツ	胆汁酸と関連物質の構造の研究
1928	A. O. R. ウィンダウス	ドイツ	ステロール類の構造とそのビタミン類との関係の研究
1929	A. ハーデン	イギリス	糖類の発酵と発酵酵素の研究
	H. K. A. S. v. オイラーーフェルピン	スウェーデン	
1930	H. フィッシャー	ドイツ	ヘミンとクロロフィルの構造の研究、ヘミンの合成
1931	C. ボッシュ F. ベルギウス	ドイツ	化学における高圧法の発明と発展
1932	I. ラングミュア	アメリカ	界面化学における発見と研究
受賞者なし（1933）			
1934	H. C. ユーリー	アメリカ	重水素の発見
1935	F. ジョリオ I. ジョリオーキュリー	フランス	新種の放射性元素の合成
1936	P. J. W. デバイ	オランダ	双極子モーメントおよびX線の回折、気体中の電子の回折による分子構造の決定
1937	W. N. ハース	イギリス	炭水化物とビタミンCの研究
	P. カーラー	スイス	カロテノイド、フラビン、ビタミンAおよびB2の研究
1938	R. クーン	ドイツ	カロテノイドとビタミンの研究

年度	受 賞 者	国 籍	受 賞 理 由
1939	A. F. J. ブーテナント	ドイツ	性ホルモンの研究
	L. ルジチカ	スイス	ポリメチレンおよび高位テルペンの研究
	受賞者なし（1941～1943）		
1943	G. ド・ヘヴェシー	ハンガリー	化学反応の研究に同位体をトレーサーとして用いる方法
1944	O. ハーン	ドイツ	重い原子核の分裂の発見
1945	A. I. ヴィルタネン	フィンランド	農業化学と栄養化学における研究と発明、特に飼い葉の保存法
1946	J. B. サムナー	アメリカ	酵素が結晶化されることの発見
	J. H. ノースロップ W. M. スタンリー	アメリカ	酵素とウイルスのタンパク質を純粋な形で調製
1947	R. ロビンソン	イギリス	生物学的に重要な植物の生成物、特にアルカロイドの研究
1948	A. W. K. ティセーリウス	スウェーデン	電気泳動と吸着分析、特に血清タンパク質の複雑な性質に関する発見
1949	W. F. ジオーク	アメリカ	化学熱力学への貢献、特に極低温での物質の振る舞いについての研究
1950	O. P. H. ディールス K. アルダー	ドイツ	ジエン合成の発見と発展
1951	E. M. マクミラン G. T. シーボーグ	アメリカ	超ウラン元素の化学での発見
1952	A. J. P. マーティン R. L. M. シンジ	イギリス	分配クロマトグラフィーの発明
1953	H. シュタウディンガー	ドイツ	高分子化学での発見
1954	L. ポーリング	アメリカ	化学結合の性質の研究、複雑な物質の構造の解明
1955	V. デュ・ヴィニョー	アメリカ	生化学的に重要なイオウ化合物の研究、特にポリペプチド・ホルモンの合成
1956	C. N. ヒンシェルウッド	イギリス	化学反応の機構の研究
	N. N. セミョーノフ	ソ連	
1957	A. R. トッド	イギリス	ヌクレオチドとヌクレオチド補酵素の研究
1958	F. サンガー	イギリス	タンパク質、特にインシュリンの構造決定
1959	J. ヘイロフスキー	チェコ スロヴァキア	ポーラログラフィーの発見と発展
1960	W. F. リビー	アメリカ	考古学、地質学、地球物理学およびその他の関連する科学において、年代決定に炭素14を用いた方法
1961	M. カルヴィン	アメリカ	植物における二酸化炭素の同化の研究
1962	M. F. ペルーツ J. C. ケンドリュー	イギリス	球状タンパク質の構造に関する研究
1963	K. ツィーグラー	ドイツ	高分子ポリマーの科学と技術における発見
	G. ナッタ	イタリア	
1964	D. C. ホジキン	イギリス	X線回折による重要な生化学物質の構造決定
1965	R. B. ウッドワード	アメリカ	有機合成における業績
1966	R. S. マリケン	アメリカ	化学結合と分子の電子構造の分子軌道法による基礎研究
1967	M. アイゲン	西ドイツ	超短時間エネルギーパルスでの超高速化学反応の研究
	R. G. W. ノーリッシュ	イギリス	
	G. ポーター	イギリス	
1968	L. オンサーガー	アメリカ	オーサンガーの相反定理の発見、不可逆過程の熱力学の基礎の確立
1969	D. H. R. バートン	イギリス	立体配座の概念の展開と化学への応用
	O. ハッセル	ノルウェー	
1970	L. F. レロアール	アルゼンチン	糖ヌクレオチドと炭水化物の生合成におけるその役割の発見
1971	G. ヘルツベルグ	カナダ	分子、特に遊離基の電子構造と幾何的構造の研究

年度	受　賞　者	国　籍	受　賞　理　由
1972	C. B. アンフィンゼン	アメリカ	リボヌクレアーゼの研究、特にアミノ酸配列と生物学的に活性な構造の関係
	S. ムーア W. H. スタイン	アメリカ	リボヌクレアーゼ分子の活性中心の化学構造と触媒作用との関係
1973	E. O. フィッシャー	西ドイツ	サンドウィッチ構造の有機金属化学
	G. ウィルキンソン	イギリス	
1974	P. J. フローリー	アメリカ	高分子物理化学の理論と実験における基礎的研究
1975	J. W. コーンフォース	イギリス	酵素触媒反応の立体化学の研究
	V. プレローグ	スイス	有機分子と有機反応の立体化学
1976	W. N. リプスコム	アメリカ	ボランの構造と化学結合の研究
1977	I. プリゴジン	ベルギー	非平衡熱力学、特に散逸構造の理論
1978	P. ミッチェル	イギリス	化学浸透説による生物学的エネルギー輸送の研究
1979	H. C. ブラウン	アメリカ	ホウ素およびリンを含む化合物の試薬の有機合成における利用
	G. ヴィティッヒ	西ドイツ	
1980	P. バーグ	アメリカ	核酸の生化学、DNA組換えの研究
	W. ギルバート	アメリカ	核酸の塩基配列の決定
	F. サンガー	イギリス	
1981	福井謙一	日　本	化学反応過程の理論
	R. ホフマン	アメリカ	
1982	A. クルーグ	イギリス	結晶学的電子分光法の開発、核酸・タンパク質複合体の構造の解明
1983	H. タウビー	アメリカ	特に金属錯体における電子遷移反応の機構
1984	R. B. メリフィールド	アメリカ	固相反応による化学合成法の発展
1985	H. A. ハウプトマン J. カール	アメリカ	結晶構造を直接決定する方法の確立
1986	D. R. ハーシュバック Y. T. リー	アメリカ	化学反応の素過程の動力学
	J. C. ポラニー	カナダ	
1987	D. J. クラム	アメリカ	高い選択性のある構造特異的な相互作用を起こす分子の開発と利用
	J-M. レーン	フランス	
	C. J. ビーダーセン	アメリカ	
1988	J. ダイゼンホーファー R. フーバー H. ミヘル	西ドイツ	光合成の反応中心の三次元構造の決定
1989	S. アルトマン	カナダ、 アメリカ	RNAの触媒としての性質の発見
	T. R. チェック	アメリカ	
1990	E. J. コーリー	アメリカ	有機合成の理論と方法
1991	R. R. エルンスト	スイス	高分解能の核磁気共鳴（NMR）分光法
1992	R. A. マーカス	アメリカ	化学系における電子遷移反応の理論
1993	K. B. マリス	アメリカ	ポリメラーゼ連鎖反応（PCR）法の発明
	M. スミス	カナダ	オリゴヌクレオチドを用いた位置特異的突然変異法
1994	G. A. オラー	アメリカ	炭素陽イオンの化学への貢献
1995	P. J. クルツェン	オランダ	大気化学、特にオゾンの形成と分解
	M. J. モリーナ F. S. ローランド	アメリカ	
1996	R. F. カール	アメリカ	フラーレンの発見
	H. W. クロート	イギリス	
	R. E. スモーリー	アメリカ	
1997	P. D. ボイヤー	アメリカ	ATP合成の酵素的機構の解明
	J. E. ウォーカー	イギリス	
	J. C. スコー	デンマーク	イオン輸送酵素の発見

年度	受 賞 者	国 籍	受 賞 理 由
1998	W. コーン	アメリカ	密度関数理論の展開
	J. A. ポープル	イギリス	量子化学における計算機利用法
1999	A. H. ズヴェイル	エジプト	フェムト秒分光学を用いた化学反応における遷移状態の研究
2000	A. J. ヒーガー A. G. マクダイアミド	アメリカ	**導電性ポリマーの発見と展開**
	白川英樹	**日 本**	
2001	W. S. ノールズ	アメリカ	**キラルな触媒による水素化反応**
	野依良治	**日 本**	
	K. B. シャープレス	アメリカ	キラルな触媒による酸化反応
2002	J. B. フェン	アメリカ	**生体高分子の質量分析法のための穏和な脱着イオン化法の開発**
	田中耕一	**日 本**	
	K. ビュートリヒ	スイス	溶液中の生体高分子の立体構造決定のための核磁気共鳴分光法の開発
2003	P. アグレ	アメリカ	細胞膜の水チャンネルの発見
	R. マキノン	アメリカ	細胞膜のイオンチャンネルの研究
2004	A. チカノーバー A. ハーシュコ	イスラエル	ユビキチンを介したタンパク質の分解の発見
	I. ローズ	アメリカ	
2005	Y. ショーバン	フランス	有機合成におけるメタセシス法の開発
	R. H. グラッブス R. R. シュロック	アメリカ	
2006	R. D. コーンバーグ	アメリカ	真核生物における転写の研究
2007	G. エルトゥル	ドイツ	固体表面の化学反応過程の研究
2008	**下村 脩**	**日 本**	**緑色蛍光タンパク質（GFP）の発見とその応用**
	M. チャルフィー R. Y. チエン	アメリカ	
2009	V. ラマクリシュナン T. A. スタイツ	アメリカ	リボソームの構造と機能の研究
	A. E. ヨナス	イスラエル	
2010	R. F. ヘック	アメリカ	**有機合成におけるパラジウム触媒クロスカップリング**
	根岸英一 鈴木 章	**日 本**	
2011	D. シェヒトマン	イスラエル	準結晶の発見
2012	R. レフコウィッツ B. コビルカ	アメリカ	Gタンパク共役型受容体の研究
2013	M. カープラス	アメリカ	複雑な化学反応に関するマルチスケールモデルの開発
	M. レヴィット	アメリカ、イギリス、イスラエル	
	A. ウォーシェル	アメリカ、イスラエル	
2014	E. ベツィグ	アメリカ	超高解像度蛍光顕微鏡の開発
	S. ヘル	ドイツ	
	W. E. モーナー	アメリカ	
2015	T. リンダール	スウェーデン	DNA修復の仕組みの研究
	P. モドリッチ	アメリカ	
	A. サンジャル	アメリカ、トルコ	
2016	J. - P. ソヴァージュ	フランス	分子機械の設計と合成
	J. F. ストッダード	イギリス	
	B. L. フェリンハ	オランダ	
2017	J. フランク	アメリカ	溶液中の生体分子を高分解能で構造決定できるクライオ電子顕微鏡法の開発
	J. ドゥボシエ	スイス	
	R. ヘンダーソン	イギリス	

年度	受賞者	国籍	受賞理由
2018	F. H. アーノルド	アメリカ	酵素の指向性進化法の開発
	G. P. スミス	アメリカ	ペプチドおよび抗体のファージディスプレイの開発
	G. P. ウィンター	イギリス	
2019	J.B. グッドイナフ	アメリカ	リチウムイオン二次電池の開発
	M.S. ウィッティンガム	イギリス、アメリカ	
	吉野 彰	日本	
2020	E. シャルパンティエ	フランス	ゲノム編集の新手法開発
	J. ダウドナ	アメリカ	
2021	B. リスト	ドイツ	不斉有機触媒の開発
	D. マクミラン	イギリス、アメリカ	

●COVID-19と技術革新③

経営判断・研究開発にAI

コロナ禍によって、化学業界のデジタル化は加速しています。生産設備の異常予測や不良品検知精度の向上、調達管理の効率化など、IoT（モノのインターネット）やビッグデータの活用が目立ちますが、これからは経営や研究開発面のデジタル化も一気に水準が上がっていきます。経営判断を支援するERP（統合業務パッケージソフトウェア）は社内の情報システムでデータを処理するオンプレ版から、ネットワークを使って化学物質の地域別管理なども可能なクラウド版への移行が着々と進んでいます。クラウドとビッグデータの活用にともなってセキュリティ対策も高度化しており、いまやリアルタイムでストリーミングデータを取り込んで異常診断を行うなど、新たな世代を迎えようとしています。研究開発面においてはマテリアルズ・インフォマティクス（MI）がどんどん使われるようになりました。これには、COVID-19対策で実験ができなくなったことも要因にあります。次の段階は新たな目的物質の合成作業を自動化することですが、これらデジタル化に共通するのは機械学習というAI（人工知能）ツールです。

現在、欧米ベンダーが主導するERP市場が活況を呈しています。ERP導入は規模にもよりますが、数十億円から数百億円のコストと数年にわたる立ち上げ期間が必要となります。社を挙げての一大事業となるものであるにも関わらず、化学業界の導入意欲は高まっています。

もともと独化学大手から発展していったERP導入ですが、最大手である独SAPの日本法人は、「グローバル競争の激化がERPの導入気運を高めている」とみています。同社はユーザーの要望に応えて、既存ERP製品のサポート終了時期が2025年に切れる「25年の壁」を2年延長し「27年の壁」に変更しましたが、多くのユーザーが7年後のバージョンアップを待つのではなく、競争力を高められるクラウド版ERPへと移行しています。これは「守りよりも攻めの姿勢が大きい」ことの表れといえるでしょう。

元素の周期表

周期＼族	1	2	3	4	5	6	7	8	9	10	11	12	13	14	15	16	17	18
1	1 H 水素 1.008																	2 He ヘリウム 4.003
2	3 Li リチウム 6.941	4 Be ベリリウム 9.012											5 B ホウ素 10.81	6 C 炭素 12.01	7 N 窒素 14.01	8 O 酸素 16.00	9 F フッ素 19.00	10 Ne ネオン 20.18
3	11 Na ナトリウム 22.99	12 Mg マグネシウム 24.31											13 Al アルミニウム 26.98	14 Si ケイ素 28.09	15 P リン 30.97	16 S 硫黄 32.07	17 Cl 塩素 35.45	18 Ar アルゴン 39.95
4	19 K カリウム 39.10	20 Ca カルシウム 40.08	21 Sc スカンジウム 44.96	22 Ti チタン 47.88	23 V バナジウム 50.94	24 Cr クロム 52.00	25 Mn マンガン 54.94	26 Fe 鉄 55.85	27 Co コバルト 58.93	28 Ni ニッケル 58.69	29 Cu 銅 63.55	30 Zn 亜鉛 65.39	31 Ga ガリウム 69.72	32 Ge ゲルマニウム 72.61	33 As ヒ素 74.92	34 Se セレン 78.95	35 Br 臭素 79.90	36 Kr クリプトン 83.80
5	37 Rb ルビジウム 85.47	38 Sr ストロンチウム 87.62	39 Y イットリウム 88.91	40 Zr ジルコニウム 91.22	41 Nb ニオブ 92.91	42 Mo モリブデン 95.94	43 Tc テクネチウム (99)	44 Ru ルテニウム 101.1	45 Rh ロジウム 102.9	46 Pd パラジウム 106.4	47 Ag 銀 107.9	48 Cd カドミウム 112.4	49 In インジウム 114.8	50 Sn スズ 118.7	51 Sb アンチモン 121.8	52 Te テルル 127.6	53 I ヨウ素 126.9	54 Xe キセノン 131.3
6	55 Cs セシウム 132.9	56 Ba バリウム 137.3	57～71 L ランタノイド	72 Hf ハフニウム 178.5	73 Ta タンタル 180.9	74 W タングステン 183.8	75 Re レニウム 186.2	76 Os オスミウム 190.2	77 Ir イリジウム 192.2	78 Pt 白金 195.1	79 Au 金 197.0	80 Hg 水銀 200.6	81 Tl タリウム 204.4	82 Pb 鉛 207.2	83 Bi ビスマス 209.0	84 Po ポロニウム (210)	85 At アスタチン (210)	86 Rn ラドン (222)
7	87 Fr フランシウム (223)	88 Ra ラジウム (226)	89～103 A アクチノイド	104 Rf ラザホージウム (267)	105 Db ドブニウム (268)	106 Sg シーボーギウム (271)	107 Bh ボーリウム (272)	108 Hs ハッシウム (277)	109 Mt マイトネリウム (276)	110 Ds ダームスタチウム (281)	111 Rg レントゲニウム (280)	112 Cn コペルニシウム (285)	113 Nh ニホニウム (278)	114 Fl フレロビウム (289)	115 Mc モスコビウム (289)	116 Lv リバモリウム (293)	117 Ts テネシン (293)	118 Og オガネソン (294)

原子番号
元素記号
元素名
原子量

57～71 L ランタノイド

57 La ランタン 138.9	58 Ce セリウム 140.1	59 Pr プラセオジム 140.9	60 Nd ネオジム 144.2	61 Pm プロメチウム (145)	62 Sm サマリウム 150.4	63 Eu ユーロピウム 152.0	64 Gd ガドリニウム 157.3	65 Tb テルビウム 158.9	66 Dy ジスプロシウム 162.5	67 Ho ホルミウム 164.9	68 Er エルビウム 167.3	69 Tm ツリウム 168.9	70 Yb イッテルビウム 173.0	71 Lu ルテチウム 175.0

89～103 A アクチノイド

89 Ac アクチニウム (227)	90 Th トリウム 232.0	91 Pa プロトアクチニウム 231.0	92 U ウラン 238.0	93 Np ネプツニウム (237)	94 Pu プルトニウム (244)	95 Am アメリシウム (243)	96 Cm キュリウム (247)	97 Bk バークリウム (247)	98 Cf カリホルニウム (252)	99 Es アインスタイニウム (252)	100 Fm フェルミウム (257)	101 Md メンデレビウム (258)	102 No ノーベリウム (259)	103 Lr ローレンシウム (260)

典型非金属元素　　典型金属元素　　遷移金属元素

●COVID-19と技術革新④
伸長する半導体産業

　コロナ禍の影響が多産業に及ぶなか、半導体産業が伸びをみせました。2020年のシリコンウエハー出荷面積は前年比で5%増となり、材料、装置販売額は過去最高を更新しました。上半期はメモリー半導体の在庫水準が課題になっていたものの、世界的なテレワーク移行やデジタル化が需要を後押しした形です。2021年はデータセンター（ＤＣ）、仮想通貨、新型ゲーム機、中華スマホの競争激化などの要因で半導体不足が顕在化しました。2022年末までの長期継続も懸念されています。

　半導体産業は2019年に調整局面になり、2020年も当初はコロナ禍による川下産業の需要減が課題とみられていました。しかし、ふたを開けるとテレワークやテレビ会議によるサーバー需要増、現場人数の抑制につながるデジタ

ル化機運など複数の要因で需要が伸長しました。指標となるシリコンウエハー出荷面積で124億700万平方インチ、半導体材料出荷金額では前年比4.9%増の553億ドルとなりました。

　とくに好調なのは先端半導体のシングルナノメートルノードです。極紫外線（ＥＵＶ）向けフォトレジストは先行するＪＳＲや東京応化工業や信越化学工業に加えて、住友化学、富士フイルムも生産拡大にまい進しています。

　半導体製造設備への投資も活況が続いています。2020年の販売額は19%増の712億ドルでした。国内トップの東京エレクトロンは2021年3月期決算で売上高、売上総利益、営業利益で過去最高を更新しています。ＥＵＶ露光機を一手に担う蘭ＡＳＭＬも売上高で過去最高を記録し、2021年1〜3月も前年同期比79%増と急伸しています。

■ SI基本単位

量	単位の名称	単位記号
長　　さ	メートル	m
質　　量	キログラム	kg
時　　間	秒	s
電　　流	アンペア	A
温　　度	ケルビン	K
物　質　量	モル	mol
光　　度	カンデラ	cd

■ 固有の名称とその独自の記号によるSI組立単位

量	単位の名称	単位記号	基本単位による表現
平　面　角	ラジアン	rad	$m \cdot m^{-1} = 1$
立　体　角	ステラジアン	sr	$m^2 \cdot m^{-2} = 1$
周　波　数	ヘルツ	Hz	s^{-1}
力	ニュートン	N	$m \cdot kg \cdot s^{-2}$
圧力、応力	パスカル	Pa	$m^{-1} \cdot kg \cdot s^{-2}$
エネルギー、仕事、熱量	ジュール	J	$m^2 \cdot kg \cdot s^{-2}$
工率、放射束	ワット	W	$m^2 \cdot kg \cdot s^{-3}$
電荷、電気量	クーロン	C	$s \cdot A$
電位差（電圧）、起電力	ボルト	V	$m^2 \cdot kg \cdot s^{-3} \cdot A^{-1}$
静　電　容　量	ファラド	F	$m^{-2} \cdot kg^{-1} \cdot s^4 \cdot A^2$
電　気　抵　抗	オーム	Ω	$m^2 \cdot kg \cdot s^{-3} \cdot A^{-2}$
コンダクタンス	ジーメンス	S	$m^{-2} \cdot kg^{-1} \cdot s^3 \cdot A^2$
磁　　束	ウェーバ	Wb	$m^2 \cdot kg \cdot s^{-2} \cdot A^{-1}$
磁　束　密　度	テスラ	T	$kg \cdot s^{-2} \cdot A^{-1}$
インダクタンス	ヘンリー	H	$m^2 \cdot kg \cdot s^{-2} \cdot A^{-2}$
セルシウス温度	セルシウス度	℃	K
光　　束	ルーメン	lm	$m^2 \cdot m^{-2} \cdot cd = cd \cdot sr$
照　　度	ルクス	lx	$m^2 \cdot m^{-4} \cdot cd = m^{-2} \cdot cd$
（放射性核種の）放射能	ベクレル	Bq	s^{-1}
吸収線量・カーマ	グレイ	Gy	$m^2 \cdot s^{-2} (= J/kg)$
（各種の）線量当量	シーベルト	Sv	$m^2 \cdot s^{-2} (= J/kg)$
酵　素　活　性	カタール	kat	$s^{-1} \cdot mol$

■ SI 接頭語

乗数	接頭語	記号	乗数	接頭語	記号
10^{24}	ヨタ	Y	10^{-1}	デシ	d
10^{21}	ゼタ	Z	10^{-2}	センチ	c
10^{18}	エクサ	E	10^{-3}	ミリ	m
10^{15}	ペタ	P	10^{-6}	マイクロ	μ
10^{12}	テラ	T	10^{-9}	ナノ	n
10^{9}	ギガ	G	10^{-12}	ピコ	p
10^{6}	メガ	M	10^{-15}	フェムト	f
10^{3}	キロ	k	10^{-18}	アト	a
10^{2}	ヘクト	h	10^{-21}	ゼプト	z
10^{1}	デカ	da	10^{-24}	ヨクト	y

広 告 索 引

ケミカルビジネス情報MAP 2022

2021年11月30日　初版1刷発行

発行者　　佐　藤　　豊
発行所　　㈱化 学 工 業 日 報 社
☎103-8485　東京都中央区日本橋浜町3-16-8
電話　　　03(3663)7935(編集)
　　　　　03(3663)7932(販売)
Fax.　　　03(3663)7929(編集)
　　　　　03(3663)7275(販売)
振替　　　00190-2-93916
支社　大阪　　**支局**　名古屋　シンガポール　上海　バンコク
URL　https://www.chemicaldaily.co.jp

印刷・製本：平河工業社
DTP：創基
カバーデザイン：田原佳子

ISBN978-4-87326-748-7　C2034